广西职业教育食品加工技术专业及专业群建设研究基地成果
新型高等职业院校教材

食品安全与质量控制技术

覃海元　主编
麻少莹　唐　婷　副主编

中国农业大学出版社
·北京·

内 容 简 介

本书共11个项目31个任务，适合任务驱动式教学使用。使用者可以根据教学需要，灵活选择、修改、更新学习任务及其知识链接。

全书按照认知食品安全危害→识别食品安全危害→评估食品安全危害→控制（单项控制→卫生控制→重点控制→系统控制）食品安全危害的食品安全控制能力形成规律，重点编排了食品安全控制技术，同时安排了质量管理中最常用的传统七种管理工具、统计抽样检验和5S管理活动。

本书可作为高职食品质量与安全、食品药品监督管理专业学生的教材，其他食品类专业可以根据教学需要选择其中部分内容。

书中引用的致病菌特性和卫生规范数据均来自官方权威机构，可供食品企业参考采用。

图书在版编目（CIP）数据

食品安全与质量控制技术／覃海元主编. —北京：中国农业大学出版社，2020.6（2025.1重印）

ISBN 978-7-5655-2378-6

Ⅰ.①食… Ⅱ.①覃… Ⅲ.①食品安全－高等职业教育－教材②食品－质量控制－高等职业教育－教材 Ⅳ.①TS201.6②TS207.7

中国版本图书馆CIP数据核字(2020)第112106号

书　名　食品安全与质量控制技术

作　者　覃海元　主编

策划编辑　司建新　　**责任编辑**　田树君　许晓婧
封面设计　郑　川
出版发行　中国农业大学出版社
社　址　北京市海淀区圆明园西路2号　　**邮政编码**　100193
电　话　发行部 010-62733489,1190　　读者服务部 010-62732336
编辑部 010-62732617,2618　　出　版　部 010-62733440
网　址　http://www.caupress.cn　　**E-mail** cbsszs@cau.edu.cn
经　销　新华书店
印　刷　北京时代华都印刷有限公司
版　次　2020年8月第1版　2025年1月第3次印刷
规　格　787×1092　16开本　19.75印张　430千字
定　价　59.00元

编写人员

主　　编　覃海元（广西农业职业技术大学）

副 主 编　麻少莹（广西农业职业技术大学）

唐　婷（广西农业职业技术大学）

参编人员　何基宁（广西黑五类食品集团有限公司）

蒙耀峰（中鉴认证有限责任公司）

林晋如（广西那佰峰庄园酒业公司）

前　言

食品质量与安全关系到人民健康和国计民生，关系到国家和社会的繁荣与稳定，关系到农业和食品工业的发展，也关系到老百姓的生活质量，党和国家对此高度重视。

虽然近几年我国食品质量与安全工作取得了巨大的成就，但是，我国食品安全工作仍面临不少困难和挑战，形势依然复杂和严峻。微生物和重金属污染、农药兽药残留超标、添加剂使用不规范、制假售假等问题时有发生，环境污染对食品安全的影响逐渐显现。这些问题影响人民群众的获得感、幸福感、安全感，成为全面建成小康社会、全面建设社会主义现代化国家的明显短板。

党的二十大报告指出，强化食品药品安全监管，健全生物安全监管预警防控体系。

食品生产经营企业是食品质量与安全的责任主体，承担着为全社会提供色香味俱全、营养和安全食品的责任。本书根据食品生产企业食品质量与安全管理工作岗位的实际需求，编排了食品安全危害、良好操作规范（GMP）、危害分析和关键控制点（HACCP）、食品防护计划、质量管理传统七种工具、统计抽样检验和5S管理活动等内容，以真实的企业工作任务组织安排教学任务，在实战中提高学生的专业技能。

本书由广西农业职业技术大学具有多年食品生产企业质量安全管理经验的老

师以及食品生产企业人员编写。具体分工如下：项目一、项目二、项目三、项目六和项目八由覃海元编写，项目四和项目七由麻少莹编写，项目五由唐婷编写，项目九由林晋如编写，项目十由何基宁编写，项目十一由蒙耀峰编写。由于编者水平所限，书中难免有疏漏和错误，恳请读者与同行们批评指正。

编　者

2024 年 12 月

目　录

项目一 食品质量安全及其管理的现状与展望

【知识目标】

1. 了解我国食品质量与安全工作取得的成就和面临的挑战；
2. 了解我国今后食品安全工作的总要求；
3. 了解食品质量安全管理的发展历程；
4. 理解食品安全与质量的基本术语。

【素质目标】

1. 培养学生语言表达、文字表达、团队协作等素质；
2. 培养学生发现问题、分析问题和解决问题的能力。

【思政目标】

1. 激发学生强烈的爱党爱国热情；
2. 树立诚信、友善及自觉遵守法律法规和规范的意识；
3. 树立“四个最严”的食品安全观。

任务一　认知我国食品质量安全面临的形势和未来展望

一、我国食品质量与安全工作的成就

民以食为天，食以安为先。食品质量与安全关系着人民群众的身体健康和生命安全，关系着中华民族的未来。党的十九大报告明确提出实施食品安全战略，让人民吃得放心。这是党中央着眼党和国家事业全局，对食品安全工作做出的重大部署，是决胜全面建成小康社会、全面建设社会主义现代化国家的重大任务。

党的十八大以来，以习近平同志为核心的党中央坚持以人民为中心的发展思想，从党和国家事业发展全局、实现中华民族伟大复兴中国梦的战略高度，把食品安全工作放在"五位一体"总体布局和"四个全面"战略布局中统筹谋划部署，在体制机制、法律法规、产业规划、监督管理等方面采取了一系列重大举措。各地区各部门认真贯彻党中央、国务院决策部署，食品产业快速发展，安全标准体系逐步健全，检验检测能力不断提高，全过程监管体系基本建立，重大食品安全风险得到控制，人民群众饮食安全得到保障，食品安全形势不断好转。

（一）加工食品质量与安全水平稳步提高

1. 食品加工业快速健康发展

一是部分食品企业加工技术和装备接近或达到国际领先水平。肉制品、乳制品、饮料、啤酒等行业的大型企业普遍拥有世界一流水平的生产设备和检验设备，产品质量得到了保证。二是企业质量管理更加科学规范。食品生产企业须获得食品生产许可方可从事食品生产活动，部门食品生产企业建立了质量管理体系和食品安全管理体系。三是产品结构趋于优化，有效满足了消费者日益增长的多层次需求。精深加工食品的比重均有不同程度的上升，如液体乳产量占到乳制品总量的85%以上；软饮料制造业打破过去一直以碳酸饮料为主的局面，形成了包装饮用水、碳酸饮料、果蔬饮料、茶饮料等多元化发展的态势。

2. 食品质量不断提高

经过对食品生产加工企业的专项整顿和多年的严格监管，中国食品质量安全水平整体得到很大程度的提高，特别是日常大量消费的重点行业的食品质量提高显著。据统计，中国消费量最大的前10类食品分别为：食用油、油脂及制品，酒类，水产制品，粮食加工品，饮料，肉制品，乳制品，调味品，淀粉及淀粉制品，食糖；近年来食品专项抽查合格率均在90%以上。

3. 优质食品成为市场主导产品

随着食品产业的发展，食品企业规模不断扩大，生产集中度不断提高，大中型企业产品质量优良。2006年，销售收入排名前100家的食品企业销售总额占全行业比重达24.9%；乳制品行业10强企业销售收入占全行业的54.7%；饮料行业10强企业产量占全行业的39.5%；制糖行业10强企业产量占全行业的43.6%；肉制品50强企业的生产能力和销售量占整个行业的70%；啤酒行业中100万kL以上的8家企业集团产量占全国总产量的57%；葡萄酒产量前10位的企业占全国葡萄酒产量的62.1%；方便面行业中最大的3家中国名牌企业占据中国国内市场份额的76%。

（二）农产品质量与安全稳步提高

1. 安全优质的品牌农产品快速发展

优质品牌农产品市场占有率稳步提高。农业标准化能力显著提高，促进了农民增收和农业生产方式的转变。无公害、绿色、有机等品牌农产品已成为出口农产品的主体，占到出口农产品的90%。

2. 农产品质量合格率持续上升

当前农产品质量安全总体是好的，是安全的。2013年全国范围内的例行检测，蔬菜合格率96.6%，畜产品合格率99.7%，水产品合格率94.4%，水产品产地合格率达到98%以上，比上年都有不同程度的提高，保持了比较平稳的局面，呈现出向好的基本态势。2015年上半年，农业部组织91家检测机构，开展了两个季度国家农产品质量安全例行监测（风险监测），共抽检了31个省（区、市）、152个大中城市、4大类食用农产品、96个品种、20 948个样品，检测指标94项，总体合格率为96.2%。其中，蔬菜、茶叶、畜禽产品和水产品监测合格率分别为95.2%、96.4%、99.4%和94.8%，畜产品"瘦肉精"监测合格率99.9%，农产品质量安全水平继续稳中趋好。

（三）进口食品质量与安全保持高水平

近年来，我国进口食品质量安全状况总体稳定，没有发生区域性、行业性、系统性食品安全问题。海关总署按照"预防在先、风险管理、全程管控、国际共治"的原则，建立了符合国际惯例，覆盖"进口前、进口时、进口后"各个环节的进口食品安全"全过程"治理体系，坚决拒绝不合格进口食品，有力地保障了进口食品安全。2017年共检出不符合我国法律法规和标准、未准入境食品6 631批、4.9万t、6 953.7万美元。安全卫生问题中，主要项目为食品添加剂超范围或超限量使用、微生物污染等，占未准入境食品总批次的20.9%；非安全卫生问题中，主要项目为品质不合格、标签不合格、证书不合格，占未准入境食品总批次的57.6%。

二、我国食品质量与安全存在的主要问题

虽然近几年我国食品质量与安全工作取得了巨大的成就，但是，我国食品安全工作仍面临不少困难和挑战，形势依然复杂严峻。微生物和重金属污染、农药兽药残留超标、添加剂使用不规范、制假售假等问题时有发生，环境污染对食品安全的影响逐渐显现；违法成本低，维权成本高，法制不够健全，一些生产经营者唯利是图、主体责任意识不强；新业态、新资源潜在风险增多，国际贸易带来的食品安全问题加深；食品安全标准与最严谨标准要求尚有一定差距，风险监测评估预警等基础工作薄弱，基层监管力量和技术手段跟不上；一些地方对食品安全重视不够，责任落实不到位，安全与发展的矛盾仍然突出。这些问题影响到人民群众的获得感、幸福感、安全感，成为全面建成小康社会、全面建设

社会主义现代化国家的明显短板。

人民日益增长的美好生活需要对加强食品安全工作提出了新的更高要求；推进国家治理体系和治理能力现代化，推动高质量发展，实施健康中国战略和乡村振兴战略，为解决食品安全问题提供了前所未有的历史机遇。必须深化改革创新，用最严谨的标准、最严格的监管、最严厉的处罚、最严肃的问责，进一步加强食品安全工作，确保人民群众“舌尖上的安全”。

三、我国食品质量与安全工作的未来展望

2019 年 5 月 9 日，2019 年第 15 号国务院公报《中共中央　国务院关于深化改革加强食品安全工作的意见》就深化改革加强食品安全，提出了工作的总体要求和具体要求。

（一）总体要求

1. 指导思想

以习近平新时代中国特色社会主义思想为指导，全面贯彻党的十九大和十九届二中、三中全会精神，坚持和加强党的全面领导，坚持以人民为中心的发展思想，紧紧围绕统筹推进“五位一体”总体布局和协调推进“四个全面”战略布局，坚持稳中求进工作总基调，坚持新发展理念，遵循“四个最严”要求，建立食品安全现代化治理体系，提高从农田到餐桌全过程监管能力，提升食品全链条质量安全保障水平，增强广大人民群众的获得感、幸福感、安全感，为实现“两个一百年”奋斗目标和中华民族伟大复兴的中国梦奠定坚实基础。

2. 基本原则

(1)坚持安全第一。把保障人民群众食品安全放在首位，坚守安全底线，正确处理安全与发展的关系，促一方发展，保一方安全。

(2)坚持问题导向。以维护和促进公众健康为目标，从解决人民群众普遍关心的突出问题入手，标本兼治、综合施策，不断增强人民群众的安全感和满意度。

(3)坚持预防为主。牢固树立风险防范意识，强化风险监测、风险评估和供应链管理，提高风险发现与处置能力。坚持“产”出来和“管”出来两手抓，落实生产经营者主体责任，最大限度消除不安全风险。

(4)坚持依法监管。强化法治理念，健全法规制度、标准体系，重典治乱，加大检查执法力度，依法从严惩处违法犯罪行为，严把从农田到餐桌的每一道防线。

(5)坚持改革创新。深化监管体制机制改革，创新监管理念、监管方式，堵塞漏洞、补齐短板，推进食品安全领域国家治理体系和治理能力现代化。

(6)坚持共治共享。生产经营者自觉履行主体责任，政府部门依法加强监管，公众积极参与社会监督，形成各方各尽其责、齐抓共管、合力共治的工作格局。

3. 总体目标

到 2020 年，基于风险分析和供应链管理的食品安全监管体系初步建立。农产品和食品抽检量达到 4 批次/千人，主要农产品质量安全监测总体合格率稳定在 97%以上，食品抽检合格率稳定在 98%以上，区域性、系统性重大食品安全风险基本得到控制，公众对食品安全的安全感、满意度进一步提高，食品安全整体水平与全面建成小康社会目标基本相适应。

到 2035 年，基本实现食品安全领域国家治理体系和治理能力现代化。食品安全标准水平进入世界前列，产地环境污染得到有效治理，生产经营者责任意识、诚信意识和食品质量安全管理水平明显提高，经济利益驱动型食品安全违法犯罪明显减少。食品安全风险管控能力达到国际先进水平，从农田到餐桌全过程监管体系运行有效，食品安全状况实现根本好转，人民群众吃得健康、吃得放心。

（二）具体工作要求

1. 建立最严谨的标准

（1）加快制修订标准。立足国情、对接国际，加快制修订农药残留、兽药残留、重金属、食品污染物、致病性微生物等食品安全通用标准，到 2020 年农药兽药残留限量指标达到 1 万项，基本与国际食品法典标准接轨。加快制修订产业发展和监管急需的食品安全基础标准、产品标准、配套检验方法标准。完善食品添加剂、食品相关产品等标准制定。及时修订完善食品标签等标准。

（2）创新标准工作机制。借鉴和转化国际食品安全标准，简化优化食品安全国家标准制修订流程，加快制修订进度。完善食品中有害物质的临时限量值制定机制。建立企业标准公开承诺制度，完善配套管理制度，鼓励企业制定实施严于国家标准或地方标准的企业标准。支持各方参与食品安全国家标准制修订，积极参与国际食品法典标准制定，积极参与国际新兴危害因素的评估分析与管理决策。

（3）强化标准实施。加大食品安全标准解释、宣传贯彻和培训力度，督促食品生产经营者准确理解和应用食品安全标准，维护食品安全标准的强制性。对食品安全标准的使用进行跟踪评价，充分发挥食品安全标准保障食品安全、促进产业发展的基础作用。

2. 实施最严格的监管

（1）严把产地环境安全关。实施耕地土壤环境治理保护重大工程。强化土壤污染管控和修复，开展重点地区涉重金属行业污染土壤风险排查和整治。强化大气污染治理，加大重点行业挥发性有机物治理力度。加强流域水污染防治工作。

（2）严把农业投入品生产使用关。严格执行农药兽药、饲料添加剂等农业投入品生产和使用规定，严禁使用国家明令禁止的农业投入品，严格落实定点经营和实名购买制度。将高毒农药禁用范围逐步扩大到所有食用农产品。落实农业生产经营记录制度、农业投入品使用记录制度，指导农户严格执行农药安全间隔期、兽药休药期有关规定，防范农药兽药残留超标。

（3）严把粮食收储质量安全关。做好粮食收购企业资格审核管理，督促企业严格落实出入厂（库）和库存质量检验制度，积极探索建立质量追溯制度，加强烘干、存储和检验监测能力建设，为农户提供粮食烘干存储服务，防止发霉变质受损。健全超标粮食收购处置长效机制，推进无害化处理和资源合理化利用，严禁不符合食品安全标准的粮食流入口粮市场和食品生产企业。

（4）严把食品加工质量安全关。实行生产企业食品安全风险分级管理，在日常监督检查全覆盖基础上，对一般风险企业实施按比例“双随机”抽查，对高风险企业实施重点检查，对问题线索企业实施飞行检查，督促企业生产过程持续合规。加强保健食品等特殊食品监管。将体系检查从婴幼儿配方乳粉逐步扩大到高风险大宗消费食品，着力解决生产过程不合规、非法添加、超范围超限量使用食品添加剂等问题。

(5)严把流通销售质量安全关。建立覆盖基地贮藏、物流配送、市场批发、销售终端全链条的冷链配送系统，严格执行全过程温控标准和规范，落实食品运输在途监管责任，鼓励使用温控标签，防止食物脱冷变质。督促企业严格执行进货查验记录制度和保质期标识等规定，严查临期、过期食品翻新销售。严格执行畜禽屠宰检验检疫制度。加强食品集中交易市场监管，强化农产品产地准出和市场准入衔接。

(6)严把餐饮服务质量安全关。全面落实餐饮服务食品安全操作规范，严格执行进货查验、加工操作、清洗消毒、人员管理等规定。集体用餐单位要建立稳定的食材供应渠道和追溯记录，保证购进原料符合食品安全标准。严格落实网络订餐平台责任，保证线上线下餐饮同标同质，保证一次性餐具制品质量安全，所有提供网上订餐服务的餐饮单位必须有实体店经营资格。

3. 实行最严厉的处罚

(1)完善法律法规。研究修订食品安全法及其配套法规制度，修订完善刑法中危害食品安全犯罪和刑罚规定，加快修订农产品质量安全法，研究制定粮食安全保障法，推动农产品追溯入法。加快完善办理危害食品安全刑事案件的司法解释，推动危害食品安全的制假售假行为“直接入刑”。推动建立食品安全司法鉴定制度，明确证据衔接规则、涉案食品检验认定与处置协作配合机制、检验认定时限和费用等有关规定。加快完善食品安全民事纠纷案件司法解释，依法严肃追究故意违法者的民事赔偿责任。

(2)严厉打击违法犯罪。落实“处罚到人”要求，综合运用各种法律手段，对违法企业及其法定代表人、实际控制人、主要负责人等直接负责的主管人员和其他直接责任人员进行严厉处罚，大幅提高违法成本，实行食品行业从业禁止、终身禁业，对再犯从严从重进行处罚。严厉打击刑事犯罪，对情节严重、影响恶劣的危害食品安全刑事案件依法从重判罚。加强行政执法与刑事司法衔接，行政执法机关发现涉嫌犯罪、依法需要追究刑事责任的，依据行刑衔接有关规定及时移送公安机关，同时抄送检察机关；发现涉嫌职务犯罪线索的，及时移送监察机关。积极完善食品安全民事和行政公益诉讼，做好与民事和行政诉讼的衔接与配合，探索建立食品安全民事公益诉讼惩罚性赔偿制度。

(3)加强基层综合执法。深化综合执法改革，加强基层综合执法队伍和能力建设，确保有足够资源履行食品安全监管职责。县级市场监管部门及其在乡镇(街道)的派出机构，要以食品安全为首要职责，执法力量向一线岗位倾斜，完善工作流程，提高执法效率。农业综合执法要把保障农产品质量安全作为重点任务。加强执法力量和装备配备，确保执法监管工作落实到位。公安、农业农村、市场监管等部门要落实重大案件联合督办制度，按照国家有关规定，对贡献突出的单位和个人进行表彰奖励。

(4)强化信用联合惩戒。推进食品工业企业诚信体系建设。建立全国统一的食品生产经营企业信用档案，纳入全国信用信息共享平台和国家企业信用信息公示系统。实行食品生产经营企业信用分级分类管理。进一步完善食品安全严重失信者名单认定机制，加大对失信人员联合惩戒力度。

4. 坚持最严肃的问责

(1)明确监管事权。各省、自治区、直辖市政府要结合实际,依法依规制定食品安全监管事权清单,压实各职能部门在食品安全工作中的行业管理责任。对产品风险高、影响区域广的生产企业监督检查,对重大复杂案件查处和跨区域执法,原则上由省级监管部门负责组织和协调,市县两级监管部门配合;也可实行委托监管、指定监管、派驻监管等制度,确保监管到位。市县两级原则上承担辖区内直接面向市场主体、直接面向消费者的食品生产经营监管和执法事项,保护消费者合法权益。上级监管部门要加强对下级监管部门的监督管理。

(2)加强评议考核。完善对地方党委和政府食品安全工作评议考核制度,将食品安全工作考核结果作为党政领导班子和领导干部综合考核评价的重要内容,作为干部奖惩和使用、调整的重要参考。对考核达不到要求的,约谈地方党政主要负责人,并督促限期整改。

(3)严格责任追究。依照监管事权清单,尽职照单免责、失职照单问责。对贯彻落实党中央、国务院有关食品安全工作决策部署不力、履行职责不力、给国家和人民利益造成严重损害的,依规依纪依法追究相关领导责任。对监管工作中失职失责、不作为、乱作为、慢作为、假作为的,依规依纪依法追究相关人员责任;涉嫌犯罪的,依法追究刑事责任。对参与、包庇、放纵危害食品安全违法犯罪行为,弄虚作假、干扰责任调查,帮助伪造、隐匿、毁灭证据的,依法从重追究法律责任。

5. 落实生产经营者主体责任

(1)落实质量安全管理责任。生产经营者是食品安全第一责任人,要结合实际设立食品质量安全管理岗位,配备专业技术人员,严格执行法律法规、标准规范等要求,确保生产经营过程持续合规,确保产品符合食品安全标准。食品质量安全管理岗位人员的法规知识抽查考核合格率要达到90%以上。风险高的大型食品企业要率先建立和实施危害分析和关键控制点体系。保健食品生产经营者要严格落实质量安全主体责任,加强全面质量管理,规范生产行为,确保产品功能声称真实。

(2)加强生产经营过程控制。食品生产经营者应当依法对食品安全责任落实情况、食品安全状况进行自查评价。对生产经营条件不符合食品安全要求的,要立即采取整改措施;发现存在食品安全风险的,应当立即停止生产经营活动,并及时报告属地监管部门。要主动监测其上市产品质量安全状况,对存在隐患的,要及时采取风险控制措施。食品生产企业自查报告率要达到90%以上。

(3)建立食品安全追溯体系。食用农产品生产经营主体和食品生产企业对其产品追溯负责,依法建立食品安全追溯体系,确保记录真实完整,确保产品来源可查、去向可追。国家建立统一的食用农产品追溯平台,建立食用农产品和食品安全追溯标准和规范,完善全程追溯协作机制。加强全程追溯的示范推广,逐步实现企业信息化追溯体系与政府部门监管平台、重要产品追溯管理平台对接,接受政府监督,互通互享信息。

(4)积极投保食品安全责任保险。因食品安全问题造成损害的,食品生产经营者要依法承担赔偿责任。推进肉蛋奶和白酒生产企业、集体用餐单位、农村集体聚餐、大宗食品配送单位、中央厨房和配餐单位主动购买食品安全责任保险,有条件的中小企业要积极投保食品安全责任保险，发挥保险的他律作用和风险分担机制。

6. 推动食品产业高质量发展

(1)改革许可认证制度。坚持“放管服”相结合，减少制度性交易成本。推进农产品认证制度改革，加快建立食用农产品合格证制度。深化食品生产经营许可改革，优化许可程序，实现全程电子化。推进保健食品注册与备案双轨运行，探索对食品添加剂经营实行备案管理。制定完善食品新业态、新模式监管制度。利用现有相关信息系统，实现全国范围内食品生产经营许可信息可查询。

(2)实施质量兴农计划。以乡村振兴战略为引领，以优质安全、绿色发展为目标，推动农业由增产导向转向提质导向。全面推行良好农业规范。创建农业标准化示范区。实施农业品牌提升行动。培育新型农业生产服务主体，推广面向适度规模经营主体，特别是小农户的病虫害统防统治专业化服务，逐步减少自行使用农药兽药的农户。

(3)推动食品产业转型升级。调整优化食品产业布局，鼓励企业获得认证认可，实施增品种、提品质、创品牌行动。引导食品企业延伸产业链条，建立优质原料生产基地及配套设施，加强与电商平台深度融合，打造有影响力的百年品牌。大力发展专业化、规模化冷链物流企业，保障生鲜食品流通环节质量安全。

(4)加大科技支撑力度。将食品安全纳入国家科技计划，加强食品安全领域的科技创新，引导食品企业加大科研投入，完善科技成果转化应用机制。建设一批国际一流的食品安全技术支撑机构和重点实验室，加快引进培养高层次人才和高水平创新团队，重点突破“卡脖子”关键技术。依托国家级专业技术机构，开展基础科学和前沿科学研究，提高食品安全风险发现和防范能力。

7. 提高食品安全风险管理能力

(1)加强协调配合。完善统一领导、分工负责、分级管理的食品安全监管体制，地方各级党委和政府对本地区食品安全工作负总责。相关职能部门要各司其职、齐抓共管，健全工作协调联动机制，加强跨地区协作配合，发现问题迅速处置，并及时通报上游查明原因、下游控制危害。在城市社区和农村建立专兼职食品安全信息员(协管员)队伍，充分发挥群众监督作用。

(2)提高监管队伍专业化水平。强化培训和考核，依托现有资源加强职业化检查队伍建设，提高检查人员专业技能，及时发现和处置风险隐患。完善专业院校课程设置，加强食品学科建设和人才培养。加大公安机关打击食品安全犯罪专业力量、专业装备建设力度。

(3)加强技术支撑能力建设。推进国家级、省级食品安全专业技术机构能力建设，提升食品安全标准、监测、评估、监管、应急等工作水平。根据标准分类加快建设7个食品安全风险评估与标准研制重点实验室。健全以国家级检验机构为龙头，省级检验机构为骨干，市县两级检验机构为基础的食品和农产品质量安全检验检测体系，打造国际一流的国家检验检测平台，落实各级食品和农产品检验机构能力和装备配备标准。严格检验机构资质认定管理、跟踪评价和能力验证，发展社会检验力量。

(4)推进“互联网+食品”监管。建立基于大数据分析的食品安全信息平台，推进大数据、云计算、物联网、人工智能、区块链等技术在食品安全监管领域的应用，实施智慧监管，逐步实现食品安全违法犯罪线索网上排查汇聚和案件网上移送、网上受理、网上监督，提升监管工作信息化水平。

(5)完善问题导向的抽检监测机制。国家、省、市、县抽检事权四级统筹、各有侧重、不重不漏，统一制订计划、统一组织实施、统一数据报送、统一结果利用，力争抽检样品覆盖到所有农产品和食品企业、品种、项目，到 2020 年达到 4 批次/千人。逐步将监督抽检、风险监测与评价性抽检分离，提高监管的靶向性。完善抽检监测信息通报机制，依法及时公开抽检信息，加强不合格产品的核查处置，控制产品风险。

(6)强化突发事件应急处置。修订国家食品安全事故应急预案，完善事故调查、处置、报告、信息发布工作程序。完善食品安全事件预警监测、组织指挥、应急保障、信息报告制度和工作体系，提升应急响应、现场处置、医疗救治能力。加强舆情监测，建立重大舆情收集、分析研判和快速响应机制。

8. 推进食品安全社会共治

(1)加强风险交流。主动发布权威信息，及时开展风险解读，鼓励研究机构、高校、协会、媒体等参与食品安全风险交流，科学解疑释惑。鼓励企业通过新闻媒体、网络平台等方式直接回应消费者咨询。建立谣言抓取、识别、分析、处置智能化平台，依法坚决打击造谣传谣、欺诈和虚假宣传行为。

(2)强化普法和科普宣传。落实"谁执法谁普法"责任制，对各类从事食品生产经营活动的单位和个人，持续加强食品安全法律法规、国家标准、科学知识的宣传教育。在中小学开展食品安全与营养教育，有条件的主流媒体可开办食品安全栏目，持续开展"食品安全宣传周"和食品安全进农村、进校园、进企业、进社区等宣传活动，提升公众食品安全素养，改变不洁饮食习俗，避免误采误食，防止发生食源性疾病。普及健康知识，倡导合理膳食，开展营养均衡配餐示范推广，提倡"减盐、减油、减糖"。

(3)鼓励社会监督。依法公开行政监管和处罚的标准、依据、结果，接受社会监督。支持行业协会建立行规行约和奖惩机制，强化行业自律。鼓励新闻媒体准确客观报道食品安全问题，有序开展食品安全舆论监督。

(4)完善投诉举报机制。畅通投诉举报渠道，落实举报奖励制度。鼓励企业内部知情人举报食品研发、生产、销售等环节中的违法犯罪行为，经查证属实的，按照有关规定给予奖励。加强对举报人的保护，对打击报复举报人的，要依法严肃查处。对恶意举报非法牟利的行为，要依法严厉打击。

9. 开展食品安全放心工程建设攻坚行动

围绕人民群众普遍关心的突出问题，开展食品安全放心工程建设攻坚行动，用 5 年左右时间，以点带面治理"餐桌污染"，力争取得明显成效。

(1)实施风险评估和标准制定专项行动。系统开展食物消费量调查、总膳食研究、毒理学研究等基础性工作，完善风险评估基础数据库。加强食源性疾病、食品中有害物质、环境污染物、食品相关产品等风险监测，系统开展食品中主要危害因素的风险评估，建立更加适用于我国居民的健康指导值。按照最严谨要求和现阶段实际，制订实施计划，加快推进内外销食品标准互补和协调，促进国民健康公平。

(2)实施农药兽药使用减量和产地环境净化行动。开展高毒高风险农药淘汰工作，5年内分期分批淘汰现存的10种高毒农药。实施化肥农药减量增效行动、水产养殖用药减量行动、兽药抗菌药治理行动，遏制农药兽药残留超标问题。加强耕地土壤环境类别划分和重金属污染区耕地风险管控与修复，重度污染区域要加快退出食用农产品种植。

(3)实施国产婴幼儿配方乳粉提升行动。在婴幼儿配方乳粉生产企业全面实施良好生产规范、危害分析和关键控制点体系，自查报告率要达到100%。完善企业批批全检的检验制度，健全安全生产规范体系检查常态化机制。禁止使用进口大包装婴幼儿配方乳粉到境内分装，规范标识标注。支持婴幼儿配方乳粉企业兼并重组，建设自有自控奶源基地，严格奶牛养殖饲料、兽药管理。促进奶源基地实行专业化、规模化、智能化生产，提高原料奶质量。发挥骨干企业引领作用，加大产品研发力度，培育优质品牌。力争3年内显著提升国产婴幼儿配方乳粉的品质、竞争力和美誉度。

(4)实施校园食品安全守护行动。严格落实学校食品安全校长(园长)负责制，保证校园食品安全，防范发生群体性食源性疾病事件。全面推行“明厨亮灶”，实行大宗食品公开招标、集中定点采购，建立学校相关负责人陪餐制度，鼓励家长参与监督。对学校食堂、学生集体用餐配送单位、校园周边餐饮门店及食品销售单位实行全覆盖监督检查。落实好农村义务教育学生营养改善计划，保证学生营养餐质量。

(5)实施农村假冒伪劣食品治理行动。以农村地区、城乡接合部为主战场，全面清理食品生产经营主体资格，严厉打击制售“三无”食品、假冒食品、劣质食品、过期食品等违法违规行为，坚决取缔“黑工厂”“黑窝点”和“黑作坊”，实现风险隐患排查整治常态化。用2～3年时间，建立规范的农村食品流通供应体系，净化农村消费市场，提高农村食品安全保障水平。

(6)实施餐饮质量安全提升行动。推广“明厨亮灶”、餐饮安全风险分级管理，支持餐饮服务企业发展连锁经营和中央厨房，提升餐饮行业标准化水平，规范快餐、团餐等大众餐饮服务。鼓励餐饮外卖对配送食品进行封签，使用环保可降解的容器包装。大力推进餐厨废弃物资源化利用和无害化处理，防范“地沟油”流入餐桌。开展餐饮门店“厕所革命”，改善就餐环境卫生。

(7)实施保健食品行业专项清理整治行动。全面开展严厉打击保健食品欺诈和虚假宣传、虚假广告等违法犯罪行为。广泛开展以老年人识骗、防骗为主要内容的宣传教育活动。加大联合执法力度，大力整治保健食品市场经营秩序，严厉查处各种非法销售保健食品行为，打击传销。完善保健食品标准和标签标识管理。做好消费者维权服务工作。

(8)实施“优质粮食工程”行动。完善粮食质量安全检验监测体系，健全为农户提供专业化社会化粮食产后烘干储存销售服务体系。开展“中国好粮油”行动，提高绿色优质安全粮油产品供给水平。

(9)实施进口食品“国门守护”行动。将进口食品的境外生产经营企业、国内进口企业等纳入海关信用管理体系，实施差别化监管，开展科学有效的进口食品监督抽检和风险监控，完善企业信用管理、风险预警、产品追溯和快速反应机制，落实跨境电商零售进口监管政策，严防输入型食品安全风险。建立多双边国际合作信息通报机制、跨境检查执法协作机制，共同防控食品安全风险。严厉打击食品走私行为。

(10)实施“双安双创”示范引领行动。发挥地方党委和政府积极性，持续开展食品安全示范城市创建和农产品质量安全县创建活动，总结推广经验，落实属地管理责任和生产经营者主体责任。

10. 加强组织领导

(1)落实党政同责。地方各级党委和政府要把食品安全作为一项重大政治任务来抓。落实《地方党政领导干部食品安全责任制规定》，明确党委和政府主要负责人为第一责任人，自觉履行组织领导和督促落实食品安全属地管理责任，确保不发生重大食品安全事件。强化各级食品安全委员会及其办公室统筹协调作用，及时研究部署食品安全工作，协调解决跨部门跨地区重大问题。各有关部门要按照管行业必须管安全的要求，对主管领域的食品安全工作承担管理责任。各级农业农村、海关、市场监管等部门要压实监管责任，加强全链条、全流程监管。各地区各有关部门每年 12 月底前要向党中央、国务院报告食品安全工作情况。

(2)加大投入保障。健全食品和农产品质量安全财政投入保障机制，将食品和农产品质量安全工作所需经费列入同级财政预算，保障必要的监管执法条件。企业要加大食品质量安全管理方面的投入，鼓励社会资本进入食品安全专业化服务领域，构建多元化投入保障机制。

(3)激励干部担当。加强监管队伍思想政治建设，增强“四个意识”，坚定“四个自信”，做到“两个维护”，忠实履行监管职责，敢于同危害食品安全的不法行为做斗争。各级党委和政府要关心爱护一线监管执法干部，建立健全容错纠错机制，为敢于担当作为的干部撑腰鼓劲。在食品安全工作中做出突出贡献的单位和个人，按照国家有关规定给予表彰奖励，激励广大监管干部为党和人民干事创业、建功立业。

(4)强化组织实施。各地区各有关部门要根据本意见提出的改革任务和工作要求，结合实际认真研究制定具体措施，明确时间表、路线图、责任人，确保各项改革举措落实到位。国务院食品安全委员会办公室要会同有关部门建立协调机制，加强沟通会商，研究解决实施中遇到的问题。要严格督查督办，将实施情况纳入对地方政府食品安全工作督查考评内容，确保各项任务落实到位。

任务二　认知食品质量安全控制的基本术语和发展历程

一、食品安全基本术语与定义

1. 食品安全

(1)我国食品安全法对食品安全的定义　《中华人民共和国食品安全法》(以下简称《食品安全法》)规定，食品安全指食品无毒、无害，符合应当有的营养要求，对人体健康不造成任何急性、亚急性或者慢性危害。

我国食品安全法对食品安全的界定，不仅要求食品无毒、无害，而且还有营养要求。当然，这里提到的营养要求主要是针对专供婴幼儿和其他特定人群的主辅食品。

(2)国际组织对食品安全的定义　国际组织，如国际食品法典委员会(CAC)、国际标准化组织(ISO)，对食品安全的定义为：食品安全指按照预期用途进行制备和(或)食用时，食品不会对消费者造成不良健康影响的保证。食品安全与食品安全危害的发生有关，但不包括与人类健康相关的其他方面，如营养不良。

也就是说，食品中的营养成分不符合要求，在国际上属于食品质量问题，不属于食品安全问题。

需要注意的是，食品安全是相对的，世界上没有绝对安全的食品。在实际工作中，食品生产经营企业提供的食品，只要符合相应的食品安全标准要求，就可以认为是安全的。

2. 食品安全危害

食品安全危害指食品中所含有的对健康有潜在不良影响的生物、化学或物理的因素。

食品安全危害包括过敏原和放射性物质。

对饲料和饲料配料而言，相关食品安全危害是指可能存在或出现于饲料和饲料配料中，再通过动物消费饲料转移至食品中，并由此可能导致人类不良健康后果的因素。对饲料和食品的间接操作(如包装材料、清洁剂等的生产者)而言，相关食品安全危害是指按所提供产品和(或)服务的预期用途，可能直接或间接转移到食品中，并由此可能造成人类不良健康后果的因素。

《食品安全法》第三十四条规定了十三种食品不得生产和销售，涉及的食品安全危害如表1-1所示。

表1-1　我国食品安全法确定的食品安全危害种类

序号	食品安全危害
1	非食品原料
2	食品添加剂以外的化学物质和其他可能危害人体健康的物质
3	作为食品生产原料的回收食品
4	致病性微生物，农药残留、兽药残留、生物毒素、重金属等污染物质以及其他危害人体健康的物质
5	超过保质期的食品原料、食品添加剂
6	超范围、超限量使用的食品添加剂
7	营养成分不符合食品安全标准的专供婴幼儿和其他特定人群的主辅食品
8	腐败变质、油脂酸败、霉变生虫、污秽不洁、混有异物、掺假掺杂或者感官性状异常的食品、食品添加剂
9	病死、毒死或者死因不明的禽、畜、兽、水产动物肉类及其制品
10	未按规定进行检疫或者检疫不合格的肉类，或者未经检验或者检验不合格的肉类制品
11	被包装材料、容器、运输工具等污染的食品、食品添加剂

续表 1-1

序号	食品安全危害
12	无标签的预包装食品、食品添加剂
13	国家为防病等特殊需要明令禁止生产经营的食品
14	其他不符合法律、法规或者食品安全标准的食品、食品添加剂、食品相关产品

食品安全危害按其性质可分为生物性危害、化学性危害和物理性危害 3 大类，按其来源可分为内源性危害、外源性危害和诱发性危害 3 大类，见表 1-2。

表 1-2　食品安全危害分类

危害性质	危害来源		示例	对人体危害
生物性危害	外源性危害	细菌	沙门氏菌、布鲁氏杆菌	食物中毒、人畜共患疾病
		病毒	甲肝病毒、禽流感病毒	食物中毒、人畜共患疾病
		寄生虫	肝吸虫、绦虫	器官损害
化学性危害	内源性危害	天然毒物	真菌毒素、贝类毒素、河豚毒素、过敏原	毒性作用、食物中毒
	外源性危害	化学性污染物	农药、兽药、重金属、润滑剂、清洁剂、油墨	
		添加的化学物质	食品添加剂、非食品添加剂	
	诱发性危害	加工贮藏过程中形成的毒物	苯并[a]芘、丙烯酰胺、组胺、二氯丙醇、亚硝酸盐	
物理性危害	外源性危害	非正常存在的外来物	玻璃、金属、石块、塑料	物理性损伤

3. 食品污染和食品污染物

食品污染指在食品或加工环境中引入或产生包含食品安全危害的污染物。

二次污染指食品已经完成所有加工制作，其食品安全危害已达到可接受水平后又受到污染物污染。

食品污染物是食品从初级生产(包括农作物种植、动物饲养和兽医用药)、加工、包装、贮存、运输、销售，直至食用等过程中产生的或由环境污染带入的、非有意加入的生物性、化学性、物理性危害因素。

生物性污染物包括微生物(细菌、真菌、酵母、病毒)、寄生虫，化学性污染物包括农药残留、兽药残留、真菌毒素、放射性物质、重金属(铅、镉、汞、砷、铬)、苯并[a]芘、N-二甲基亚硝胺等，物理性污染物包括头发、石头沙子、金属碎屑等异物。

食品安全危害与食品污染物的含义基本一致，不同之处是真菌和酵母属于生物性污染但不属于生物性危害。真菌和酵母本身没有致病性，不是致病微生物。但部分真菌污染食品后会产生真菌毒素，其危害因素是化学物质，因此，真菌属于化学性危害。

我国先后制定了 GB 29921—2013《食品安全国家标准　食品中致病菌限量》、GB 2761—2017《食品安全国家标准　食品中真菌毒素限量》、GB 2762—2017《食品安全国家

标准　食品中污染物限量》、GB 2763—2019《食品安全国家标准　食品中农药最大残留限量》、动物性食品中兽药最高残留限量(农业部 2002 年 235 号公告)等基础性的食品安全标准,用于控制食品中的污染物限量。

4. 食源性疾病

食源性疾病指食品中致病因素进入人体引起的感染性、中毒性等疾病。通俗地讲,食源性疾病就是"吃出来的病"。

食源性疾病包括食物中毒、食源性肠道传染病、食源性寄生虫病、人畜共患传染病、食物过敏等。

按致病因子分类,食源性疾病包括细菌性食源性疾病、食源性病毒感染、食源性寄生虫感染、食源性化学性中毒、食源性真菌毒素中毒、动物性毒素中毒和植物性毒素中毒共 7 类。按发病机制分类,食源性疾病包括食源性感染和食源性中毒 2 类。

5. 食物中毒

食物中毒指食用了被有毒有害物质污染的食品或者食用了含有毒有害物质的食品后出现的急性、亚急性疾病。

食物中毒是最重要的一种食源性疾病。我国《食物中毒事故处理办法》规定,县级以上地方人民政府卫生行政部门对发生在管辖范围内的下列食物中毒或者疑似食物中毒事故,实施紧急报告制度:①中毒人数超过 30 人的,应当于 6 h 内报告同级人民政府和上级人民政府卫生行政部门;②中毒人数超过 100 人或者死亡 1 人以上的,应当于 6 h 内上报卫生部(现称卫健委),并同时报告同级人民政府和上级人民政府卫生行政部门;③中毒事故发生在学校、地区性或者全国性重要活动期间的,应当于 6 h 内上报卫生部,并同时报告同级人民政府和上级人民政府卫生行政部门。任何单位和个人不得干涉食物中毒或者疑似食物中毒事故的报告。

表 1-3 是江苏省制定的食物中毒事件的分级标准。

表 1-3　江苏省食物中毒事件分级

食物中毒事件分级		分级标准
Ⅰ级	特别重大食物中毒事件	影响特别重大的食物中毒事件由国务院卫生行政部门报国务院批准后可确定
Ⅱ级	重大食物中毒事件	一次食物中毒人数超过 100 人并出现死亡病例;或出现 10 例以上死亡病例;或食物中毒发生在地区性或全国性重要活动期间,一次中毒人数 5 人以上或死亡 1 人以上
Ⅲ级	较大食物中毒事件	一次食物中毒人数超过 100 人;或出现死亡病例;或食物中毒发生在学校、幼儿园、建筑工地等集体单位,一次中毒人数 5 人以上
Ⅳ级	一般食物中毒事件	一次食物中毒人数 31～99 人,未出现死亡病例

6. 食品安全事故

食品安全事故指食源性疾病、食品污染等源于食品,对人体健康有危害或者可能有危害的事故。

《国家食品安全事故应急预案》规定,食品安全事故共分 4 级,即特别重大食品安全事故、重大食品安全事故、较大食品安全事故和一般食品安全事故。食品安全事故发生后，卫生行政部门依法组织对事故进行分析评估，核定事故级别。特别重大食品安全事故，由卫生部会同食品安全办向国务院提出启动Ⅰ级响应的建议，经国务院批准后，成立国家特别重大食品安全事故应急处置指挥部（以下简称指挥部），统一领导和指挥事故应急处置工作；重大、较大、一般食品安全事故，分别由事故所在地省、市、县级人民政府组织成立相应应急处置指挥机构，统一组织开展本行政区域事故应急处置工作。

《广西壮族自治区食品安全事故应急预案》规定，食品生产经营者发现其生产经营的食品造成或者可能造成公众健康损害的情况和信息，应当在 2 h 内向所在地县级食品安全办、卫生行政部门和负责本单位食品安全监管工作的有关部门报告；发生可能与食品有关的急性群体性健康损害的单位，应当在 2 h 内向所在地县级食品安全办、卫生行政部门和有关监管部门报告；接收食品安全事故病人治疗的单位，应当按照卫生部有关规定及时向所在地县级食品安全办、卫生行政部门和有关监管部门报告；食品安全相关技术机构、有关社会团体及个人发现食品安全事故相关情况，应当及时向县级食品安全办、卫生行政部门和有关监管部门报告或举报；有关监管部门发现食品安全事故或接到食品安全事故报告或举报，应当立即报告同级食品安全办、通报同级卫生行政部门和其他有关部门。经初步核实后，要继续收集相关信息，并及时将有关情况进一步报告食品安全办、通报卫生行政部门和其他有关监管部门；经初步核实为食品安全事故且需要启动应急响应的，食品安全办按规定向本级人民政府及上级食品安全办报告；Ⅰ级事故由自治区人民政府报告国务院，发生Ⅰ级、Ⅱ级事故期间，应当采取日报告和零报告制度，直至事故处置工作结束。

表 1-4 是江苏省食品安全事故应急预案操作手册中规定的食品安全事故分级标准。

表 1-4　江苏省食品安全事故分级

事故分级		分级标准
Ⅰ级	特别重大食品安全事故	事故危害范围跨越省级行政辖区，并有进一步扩大趋势的； 超出我省处置范围的； 需要报请国务院或国务院授权部门负责处置的
Ⅱ级	重大食品安全事故	事故危害严重，影响范围涉及省内 2 个以上市级行政区域的； 造成伤害人数 100 人以上，并出现死亡病例的； 造成 10 例以上死亡病例的； 学校发生食物中毒事故、造成伤害人数 50 人以上的； 在全国性或地区性重大活动、重要会议造成伤害人数 50 人以上的； 省级政府认定的其他重大食品安全事故
Ⅲ级	较大食品安全事故	事故影响范围涉及市级行政区域内 2 个以上县级行政区域，给人民群众饮食安全带来严重危害的； 造成伤害人数 100 人以上或出现死亡病例的； 市级政府认定的其他较大食品安全事故
Ⅳ级	一般食品安全事故	事故影响范围涉及县级行政区域内 2 个以上乡镇，给大众饮食安全带来严重危害的； 造成伤害人数 30 人以上、100 人以下、未出现死亡病例的； 县级政府认定的其他一般食品安全事故

7. 食品安全控制措施

食品安全控制措施是指能够用于防止或消除食品安全危害或将其降低到可接受水平的行动或活动。

控制某一特定危害可能需要采用一个以上的控制措施，而某一个特定的控制措施也可能用来控制一个以上的危害。

(1)致病菌的控制措施　时间/温度控制：控制适当的冷藏和存储时间，最大程度降低或阻止细菌性病原体生长；通过加热和蒸煮消除(杀死)细菌性病原体；冷冻阻止细菌性病原体生长；通过发酵和/或控制 pH，确保食物的酸性从而阻止细菌性病原体生长；添加盐或其他防腐剂可以阻止细菌性病原体的生长；通过干燥确保食物中蒸发出足够的水分从而阻止细菌性病原体生长；进行源头控制或者从满足要求的来源购买原料，将细菌性病原体的风险降低到可接受水平。

(2)致病病毒的控制措施　通过设计的蒸煮方法消除(破坏)病毒；进行源头控制或者从满足要求的来源购买原料，将病毒的风险降低到可接受水平。

(3)对寄生虫的控制措施　在适当的温度、适宜的时间下进行蒸煮，消除(杀死)寄生虫；在适当的温度、适宜的时间下进行冷冻，消除(杀死)寄生虫。

(4)化学性危害的控制措施　进行源头控制，以减少从存在化学危害的区域采购原材料，比如含量水平可导致消费者患病或受伤害的环境污染物或者天然毒素，如西加毒素；通过控制时间/温度来控制有毒有害物质(如组胺、苯并[a]芘)的形成；生产控制以确保任何食品添加剂的适量使用；通过标签控制，确保消费者了解产品中存在已知的过敏原，如花生。

(5)物理性危害的控制措施示例　源头控制，降低由卖主提供的产品存在物理危害(如金属或玻璃)的风险；生产控制，如使用磁铁、金属探测器、筛网或者其他设备，防止含有金属或其他物理危害的成品进入市场。

8. 食品卫生

食品卫生是指在食物链的所有环节保证食品的安全性和适宜性所必须具有的一切条件和措施。

从食品安全与食品卫生的定义可以看出，食品安全是目的也是结果，食品卫生是手段也是过程。食品卫生的目的包括两个，一是保证食品安全，即保证食品不对消费者健康造成伤害；二是保证食品适宜性，即保证食品适合人类食用，如食品加工人员的汗水或口水污染食品，就算污染量非常少且是无毒的，但这种食品仍然不适合人类食用。

食品卫生包括条件和措施，前者如食品加工应具备的厂房车间、设施设备、空气洁净度、环境温度和湿度等条件，后者如人员更衣、洗手、消毒，设备和环境的清洁、消毒等措施。

9. 质量

质量是指实体的若干固有特性满足要求的程度。质量在某些场合也用品质来表达。

(1)实体　实体指可感知或想象的任何事物。如产品、服务、过程、人、组织、体系、资源。实体可能是物质的(如一台发动机、一张纸、一颗钻石)，非物质的(如转换率、一个项目计划)或想象的(如组织未来的状态)。

(2)固有特性　特性指“可区分的特征”。可以有各种类别的特性,如感官的特性(如食品色、香、味等);时间的特性(如交货期、食品保质期)和功能的特性(如食品的营养功能、保健功能等)等。特性可以是固有的或赋予的。“固有的”就是指某事或某物中本来就有的,尤其是那种永久的特性。例如,食品的含糖量、酒精度、净重等技术特性。赋予特性不是固有的,而是完成产品后因不同的要求而对产品所增加的特性,如产品的价格、供货时间等特性。

(3)要求　要求指明示的、通常隐含的或必须履行的需求或期望。明示的要求可以理解为规定的要求,如标准中阐明的要求或顾客明确提出的要求。通常隐含的要求是指组织、顾客和其他相关方的惯例或一般做法,所考虑的需求或期望是不言而喻的,例如:食品的营养性、安全性、有利于健康等。必须履行的要求是指法律法规要求的或有强制性标准要求的,如食品卫生安全法规,组织在产品的实现过程中必须执行这类标准。

要求可以由不同的相关方提出,不同的相关方对同一产品的要求可能是不相同的。例如:对食品包装来说,顾客要求美观、方便,但社会要求对环境不产生污染。组织在确定产品要求时,应兼顾顾客及相关方的要求。

10. 质量特性

质量特性是指产品、过程或体系与要求有关的固有特性。

产品质量特性是指直接与食品产品相关的特性。过程质量特性是指与产品生产和加工过程有关的特性。体系质量特性是指与产品质量、安全等管理体系有关的质量特性。表 1-5 归纳了食品质量特性的主要内容。

表 1-5　食品质量特性

体系质量特性	过程质量特性	产品质量特性			
		内在指标		外在指标	
		食品安全	营养	感官	性能
ISO 9001	工人福利	致病菌	脂肪	滋味	方便性
ISO 22000	动物福利	药物残留	蛋白质	质地	货架期
HACCP	基因工程技术	生长素	碳水化合物	香味	
ISO 14001	有机生产与加工	添加剂	维生素	黏度	
GAP	可追溯性	毒素	矿物质	色泽	
	环境保护	物理性污染	膳食纤维	大小	
	可持续发展农业				

二、食品安全与质量管理的发展

(一)质量检验阶段

20 世纪 60 年代以前,世界上的食品安全管理主要还是依靠对产品的检验来保证食品的安全。我国在 20 世纪 80 年代以前主要依靠产品检验来保证食品的安全。

（二）良好行为规范阶段

从20世纪50年代至80年代，欧洲食品安全控制得到巨大改进。伴随乳和乳制品的巴氏消毒以及主要从事奶牛厂到超市的生产链中有效的卫生系统的引入，食品安全管理进入良好行为规范阶段。

良好行为规范包括良好卫生规范（GHP）、良好操作规范（GMP）和卫生标准操作程序（SSOP），是为了保证食品安全而对食品加工人员、设施设备、原材料、生产工艺过程、工作环境、检验等食品生产加工的基本条件和活动所规定的规范要求。

1. 良好卫生规范（GHP）

国际食品法典委员会（CAC）于2003年发布了第4次修订的《食品卫生通则》，内容包括初级生产、设计及设施、操作的控制、维护和卫生、个人卫生、运输、产品信息和消费者的意识、培训等方面，且以附录的形式制定了《危害分析和关键控制点（HACCP）体系及其应用指南》。截至目前，CAC共发布40余项涉及食品生产经营过程的卫生操作规范或指导性文件。以上标准采用了风险评估结果，具有充足的科学依据，受到世贸组织（WTO）成员的广泛认可，成为各国制定食品生产过程管理标准的重要参考。美国、欧盟、澳大利亚、新西兰等国家都制定了食品生产过程规范类标准，作为食品安全法规标准体系的重要组成部分。以控制食品中微生物污染为例，国际食品法典标准和各国食品安全法规标准均强调对食品生产过程的控制，对终产品中微生物指标特别是卫生指示菌的要求在监管中则多由企业自行管理。

2. 良好操作规范（GMP）

良好操作规范（GMP）由美国于1963年正式将其引入药品生产，且美国于1969年制定了适用于食品生产的GMP。食品GMP是一种特别注重产品在整个制造过程的品质与卫生的保障制度，其基本精神是：①降低食品制造过程中的人为错误；②防止食品在制造过程中遭受污染或品质劣变；③建立完善的质量管理体系。

我国食品生产企业执行《食品安全国家标准 食品生产通用卫生规范》（GB14881—2013）。该标准规定了食品生产过程中原料采购、加工、包装、检验、贮存、运输等环节的场所、设施、人员基本要求和管理准则，适用于各类食品（含保健食品）的生产。

3. 卫生标准操作程序（SSOP）

卫生标准操作程序（SSOP）是指企业为了达到GMP所规定的要求，保证所加工的食品符合卫生要求而制定的指导食品生产加工过程中如何实施清洗、消毒和卫生保持的作业指导文件。制定SSOP的目的是防止产品受到各种危害的污染；控制不当温度条件引起的微生物生长，以及保证维护和保养设备的程序到位。

4. 世界卫生组织的《食品安全制备十大黄金规则》和《食品安全五大要点》

20世纪90年代初期，世界卫生组织制定了《食品安全制备十大黄金规则》：选择为食品安全所加工的食品；彻底烹调食物；即时就餐已烹调好的食物；小心存放已烹调好的食物；彻底回锅烹调过的食物；避免生食物与熟食接触；反复洗手；保持厨房所有表面的清洁；防止食物受到昆虫、鼠害及其他动物的污染；使用安全的水。

为了宣传和推广的需要，2001 年，WHO 推出了《食品安全五大要点》，包含了《食品安全制备十大黄金规则》中的所有信息，其标题更简单易记：保持清洁；生熟分开；做熟；在安全温度下保存食物；使用安全的水和原料。

（三）食品质量与安全体系管理阶段

进入 20 世纪 80 年代以后，伴随“危害分析和关键控制点”（HACCP）、ISO 9001 质量管理体系和 ISO 22000 食品安全管理体系的广泛应用，食品质量与安全管理进入了“体系管理阶段”。

危害分析和关键控制点是一个鉴别、评价和控制食品安全危害的系统；危害分析和关键控制点是一个世界公认的、系统的预防方法，通过预测和预防而不是依赖于终产品的检验来控制食品安全危害。它是一个建立在 GMP 和 SSOP 基础上的食品安全管理体系。

ISO 9001 质量管理体系采用基于 PDCA 循环的过程方法和风险思维的体系管理理念，通过目标管理，以顾客为关注焦点，全过程控制影响产品和服务质量的人机料法环测 6 大因素及持续改进工作绩效和有效性，帮助组织提高内部管理水平和整体绩效，并证实组织具有提供既满足顾客要求又满足适用法规要求的产品和服务的能力，为推动组织可持续发展奠定良好基础。

ISO 22000 食品安全管理体系是将 HACCP 和 ISO 9001 有机融合的食品安全管理体系，以 ISO 9001 质量管理体系结构为框架，基于过程方法和风险思维的体系管理理念，以前提方案（GMP、SSOP 等）为基础，以食品安全控制计划（HACCP 计划和操作性前提方案）为核心，全员参与、全过程控制食品安全危害。

复习思考题

1. 简述我国近年食品安全取得的成就。
2. 简述目前我国食品安全存在的主要问题。
3. 简述食品安全管理“四个最严”的含义。
4. 简述食品安全与食品卫生的区别与联系。
5. 简述食品质量与食品安全的区别与联系。

项目二
食品中的生物性危害及其控制

【知识目标】

1. 理解食品生物性危害的分类和基本术语；
2. 理解细菌性食物中毒的原因及其控制原则；
3. 理解常见食源性致病菌、病毒和寄生虫的特性、来源、危害及控制措施。

【技能目标】

1. 能分析、确定食源性细菌危害并制定控制措施；
2. 能分析、确定食源性病毒危害并制定控制措施；
3. 能分析、确定食源性寄生虫危害并制定控制措施。

【素质目标】

1. 培养学生语言表达、文字表达的能力；
2. 培养学生发现问题、分析问题和解决问题的能力。

【思政目标】

1. 培养学生精益求精的工匠精神；
2. 树立生命至上的食品安全观；
3. 铭记并践行立德明志、博文精技的校训。

任务一　认知生物性危害的分类和术语

一、生物性危害及其分类

食品中的生物性危害指生物(尤其是微生物)本身及其代谢过程、代谢产物(如毒素)对食品原料、加工过程和产品的污染,这种污染会对食品消费者的健康造成危害。

食品生物性危害,按生物的种类分主要有 3 大类:细菌性危害、病毒性危害和寄生虫性危害。

1. 细菌性危害

细菌性危害是指存在于食物中的致病菌,通过细菌活体感染或者细菌产生的毒素导致食源性疾病。细菌性危害主要是细菌性食物中毒。

致病性细菌通常称之为病原菌或致病菌,是导致大多数食物中毒的罪魁祸首。

有些细菌会使食品腐败变质,而大部分的致病菌并不会引起食品的感官变化,因此,食品的感官没有变化不等于没有受到致病菌的污染。

直接入口的食品中带有病原菌,可能是由于加工时未彻底去除,但更多的是由于受到污染所致,污染通常来自生的食物、操作环境、人和动物等。

2. 病毒性危害

指食源性病毒引起的危害,如疯牛病病毒、甲肝病毒等。

3. 寄生虫性危害

指食源性寄生虫引起的危害,如绦虫(牛肉绦虫、猪肉绦虫)等。

一般来说,酵母和真菌不会给食品带来生物性危害。虽然某些真菌能产生有害的毒素,但是这些毒素被认为是化学性危害。

二、细菌分类和影响细菌生长繁殖的因素

(一)细菌分类

1. 芽孢菌和非芽孢菌

某些细菌在缺乏营养物质和不利的环境条件下,可以形成芽孢。芽孢对高温、紫外线、化学物质等都有很强的抵抗力。

按照细菌能否形成芽孢,细菌可分为芽孢菌和非芽孢菌(表 2-1)。可形成芽孢的细菌在食物中毒方面具有特殊的意义,因为这类细菌通常能够在烹饪温度中存活下来。

芽孢通常不会对人体产生危害,但一旦条件合适可以重新变为具有危害性的细菌。

表 2-1　常见芽孢菌和非芽孢菌

类别	致病菌
芽孢菌	肉毒梭菌
	蜡样芽孢杆菌
	产气荚膜梭菌

续表 2-1

类别	致病菌
非芽孢菌	单核细胞增生李斯特氏菌
	沙门氏菌属(如鼠伤寒沙门氏菌、肠炎沙门氏菌)
	志贺氏菌属(如痢疾志贺氏菌)
	金黄色葡萄球菌
	弧菌(如霍乱弧菌、副溶血性弧菌、创伤弧菌)
	肠致病性大肠埃希氏菌
	空肠弯曲菌

2. 感染型致病菌和毒素型致病菌

按照发病机制,致病菌可分为感染型致病菌和毒素型致病菌(表 2-2)。

表 2-2 细菌性食物中毒的类型

中毒类型		特征	致病菌
感染型	纯感染型	不分泌毒素;菌体大量繁殖,随食物进入人体肠道后,侵入肠黏膜及黏膜下层,造成消化道感染,引起胃肠炎症状。临床表现除胃肠道综合征外,多伴有发热症状	沙门氏菌、志贺氏菌、单核细胞增生李斯特氏菌、弧菌、空肠弯曲菌
	毒素介导感染型	菌体在食物中不产生毒素;菌体随食物进入人体消化道内繁殖并产生毒素,引起人体发病	产气荚膜梭菌
	混合型	可以导致感染型,也可导致毒素介导感染型疾病	肠致病性大肠埃希氏菌
毒素型		菌体本身无危害,菌体在食物中繁殖并产生毒素,毒素随食物进入人体,经肠道吸收而发病。临床表现以消化道综合征(主要是恶心、呕吐)为主,发热较少见	蜡样芽孢杆菌、金黄色葡萄球菌、肉毒梭菌

感染型中毒是由于食用了能在体内(通常位于肠道中)存活的病原菌。食源性感染很像皮肤感染,是肉眼可见的,只不过感染的部位是肠道表面。食源性感染可以由沙门氏菌、志贺氏菌和单核细胞增生李斯特氏菌等细菌引起。如果在食用食品时,食品中存在这些细菌的特定菌株和一定数量,这些细菌就能够生长繁殖并感染消费者。

毒素型中毒是由于食用了预先形成的毒素引起的(例如在食用前,食物中微生物产生的毒素)。通常毒素型中毒发作的症状比感染型发作的症状更快,因为食源性感染在食用了食物后需要更多时间使细菌繁殖。毒素型食物中毒在食用后数分钟到数小时出现症状,而大部分感染型食物中毒要在食用后数小时或数天才会出现症状。毒素型中毒可以由几种特定的细菌引起,例如金黄色葡萄球菌或肉毒梭菌,分别能够产生葡萄球菌肠毒素或肉毒梭菌神经毒素。如果在食用食品之前,这些细菌的特定菌株能够在食品中生长,它们会产生一定量的毒素导致消费者中毒。

(二)影响细菌生长繁殖的因素

细菌的生长繁殖受营养成分、温度、湿度、酸度、氧气、时间等条件的影响,如图 2-1 所示。

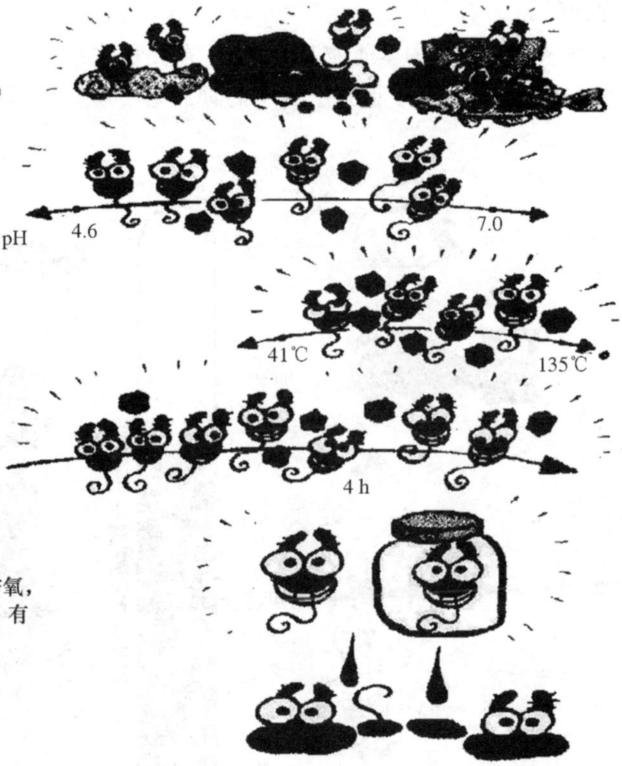

图 2-1　细菌生长繁殖的条件

1. 营养

细菌生长需要营养物质，畜禽肉、水产品、禽蛋、奶类、米饭、豆类等都是细菌易于生长繁殖的食物。

2. 温度

大多数细菌在 5～60℃能够很好地生长繁殖，因此这个温度范围被称为“危险温度带”(图 2-2)。

冷冻、冷藏可使大多数细菌休眠，但不能杀死它们，所以冰箱不是绝对保险的。

高温烧煮一定时间能杀死绝大部分细菌，所以烧熟煮透才是防止细菌繁殖的最好方法。

3. 时间

在合适的条件下，大多数细菌每 15 min 就能繁殖一代(即 1 个细菌在 15 min 内可以变成 2 个)，这意味着 1 个细菌经过 6 h 就能繁殖到 1 600 万个(图 2-3)。有些细菌需要达到很多数量才会致病，而一些细菌则是很少数量就会致病。大部分细菌使人致病都需要有一定数量，因此控制时间以防止细菌繁殖，对于预防细菌性危害具有重要意义。

时间和温度是影响食品中细菌生长繁殖最关键的因素，也是大部分食品中能够最经常运用的控制细菌生长繁殖的措施。

4. 湿度

水是细菌生长所需的基本物质之一，细菌是由大约80％的水构成的。所以在潮湿的地方细菌容易存活，而用干制方法加工的食品则不易变质。

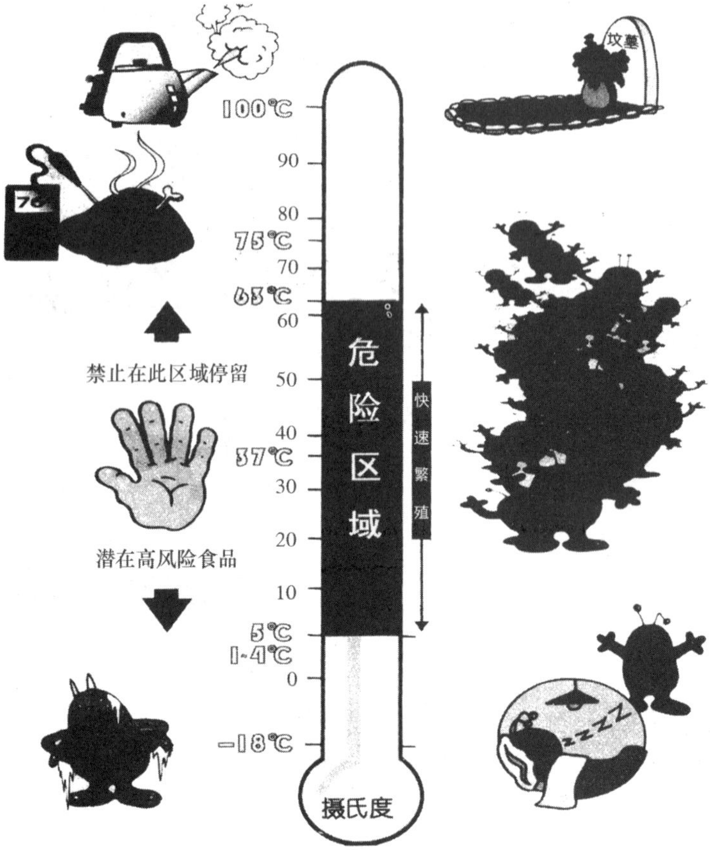

图 2-2　食品温度控制要求

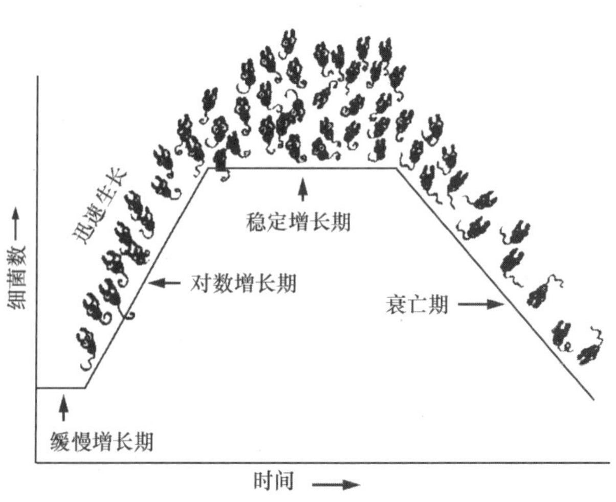

图 2-3　细菌生长曲线

5. 酸度

细菌通常不能在强酸性(如柠檬、醋)或强碱性(如苏打饼干)的食品中繁殖,在弱酸性或中性食品中较易繁殖。大部分食品都属此类,如奶类、畜禽肉、水产品、禽蛋、大部分果蔬等。

6. 氧气

有些细菌需要氧气才能生长繁殖,有些则不需要,还有一些在有氧和无氧条件下都能生长(大部分致病菌属此类)。

三、细菌耐热特性参数

(一)基本术语与定义

1. 无菌

无菌即不存在活的微生物。“无菌”从定义上来说是一个绝对的概念,但遗憾的是,在科学和技术高度发达的今天,食品药品的绝对无菌是做不到的,也无法加以证实。

美国FDA、欧洲制药工业界曾将百万分之一微生物污染率作为灭菌产品“无菌”的相对标准,它和蒸汽灭菌后产品中微生物存活的概率为10^{-6},系同一标准的不同表示法。

2. 灭菌

灭菌就是使达到无菌状态的方法,即用物理或化学方法杀灭传播媒介上所有的微生物,使其达到无菌。通常是指杀灭或除去全部活的微生物(包括营养体和芽孢)。

3. 消毒

用物理或化学方法杀灭或清除传播媒介上的病原微生物,使其达到无害化。通常是指杀死病原微生物的营养体,但不能破坏其芽孢。

4. *D* 值

D 值指在一定的环境中和一定的热力致死温度下,杀死90%的对象菌数(芽孢数)所需要的时间(min)。如在110℃下杀死90%某一细菌需要10 min,则这个细菌在110℃的耐热性可用$D_{110}=10$ min来表示,不同种类微生物的 *D* 值是不同的。*D* 值越大,表示该对象菌的耐热性越大。

$D_{65}=1$ min的含义:65℃时,灭菌时间每延长1 min,细菌数量减少为1 *D*(减少90%);延长2 min,细菌数量减少为2 *D*(减少99%);延长3 min,细菌数量减少为3 *D*(减少99.9%);延长4 min,细菌数量减少为4 *D*(减少99.99%),依此类推。

D 值是细菌死亡率的倒数,*D* 值越大死亡速度越慢,该菌的耐热性越强,并且 *D* 值不受原始细菌总数的影响;但是受到热处理温度、菌种、细菌或芽孢培养基的影响,所以不同的环境和不同的热力致死温度条件下的 *D* 值不一样。

5. *Z* 值

Z 值指一定反应效果下,使反应时间减少至原来的1/10时所需增加的温度。

Z 值越大,因温度上升而杀灭的细菌数就越少。例如:$Z=10$℃的试验菌在121℃中加热5 min全部死亡,可用$F_{121}^{10}=5$ min表示,如$Z=10$℃,杀菌温度为121℃通常可直接用 *F* 值表示,其他值时应标出。低酸性食品按$Z=10$℃肉毒梭菌计算;酸性食品在低于

100℃杀菌时可按 $Z=8$℃计算。

如果某种细菌 Z 值为 10℃，并且 $D_{65}=50$ s，那么，$D_{75}=5$ s，$D_{85}=0.5$ s，$D_{95}=0.05$ s，也就是说，要将细菌数量减少 1 D(减少 90%)，那么 65℃需要 50 s，75℃需要 5 s，85℃需要 0.5 s，95℃需要 0.05 s。

6. *F* 值

F 值又叫杀菌强度值(或杀菌致死值)，表示在一定温度下，杀死一定浓度的细菌和芽孢所需的时间(min)。它可用来比较 Z 值相同细菌的耐热性，但不适用于 Z 值不同细菌耐热性的比较。

通常在 F 值右侧上下角分别注明 Z 值和它所依据的温度，如 $Z=10$℃的细菌在 121.1℃加热 5 min 即全部杀死，可用 $F_{121.1}^{10}=5$ min 表示，为简便起见 $F_{121.1}^{10}$ 通常可直接用 F_0 来表示。其他值时应标出。低酸性食品按 $Z=10$℃肉毒梭菌计算；酸性食品在低于 100℃杀菌时可按 $Z=8$℃计算。

F 值与 D 值的关系可用 $F=nD$ 来表示，n 数是不固定的，随工厂卫生条件、食品污染微生物的种类及程度而变化。如美国 FDA 规定，低酸罐头食品以肉毒梭菌为对象菌来杀菌，罐头的杀菌 $F_0=12D$；由于肉毒梭菌 A 型芽孢(最耐热类型)的 $D=0.21$ min(表 2-3)，所以 $F_0=12\times0.21=2.5$ min；为安全起见，1978 年提出了 F_0 值不小于3 min，称为肉毒梭菌最低杀菌标准，所有低酸性罐头食品的杀菌 F 值都不能低于3 min。其他致病菌通常采用 $F=6D$。

(二)常见致病菌的耐热特性参数

表 2-3 是部分细菌的耐热特性参数。

表 2-3 部分细菌的耐热特性参数

(引自《安全食品微生物学》Stephen J. Forsythe，2007)

微生物		培养基	pH	温度/℃	D 值/min	Z 值/℃
布鲁氏菌属(*Brucella* spp.)				65.5	0.1～0.2	—
嗜热脂肪芽孢杆菌(*B. stearothermophilus*)				120	4.0～5.0	10
空肠弯曲菌(*C. jejuni*)		缓冲液	7.0	50	0.88～1.63	6.0～6.4
		牛肉		50	5.9～6.3	
产气荚膜梭菌(*Cl. perfringens*)	营养体			100	0.3～20.0	3.8
	芽孢			98.8	26～31	7.2
	毒素			90	4	5,5
肉毒梭菌(*Cl. Botulinum*)	A 和蛋白分解 B、F 型芽孢			121	0.21	10
	E 和非蛋白分解 B、F 型			82	0.49～0.74	5.6～10.7
	毒素			85	2.0	4.0～6.2

续表 2-3

微生物		培养基	pH	温度/℃	*D* 值/min	*Z* 值/℃
大肠埃希氏菌 O157:H7 (*E. coli* O157:H7)		牛肉		62.8	0.47	4.65
		苹果汁	4.5	58	2.5	4.8
单核细胞增生李斯特氏菌(*L. monocytogenes*)		牛肉		62	2.9～4.2	5.98
肠炎沙门氏菌(*S. enteritidis*)		液全蛋		62.8	0.06	3.3
金黄色葡萄球菌 (*St. aureus*)	菌体			65.5	0.2～2.0	4.8～5.4
	毒素			98.9	>2 h	约 28
小肠结肠炎耶尔森菌 (*Y. enterocolitica*)		生理盐水		60	0.4～0.5	4.0～5.2

任务二　确定食品中的细菌性危害及其控制措施

子任务一　制定细菌性食物中毒的预防措施

【任务引入】

我系毕业生毕业聚餐计划于 6 月 28 日在系实训中心举行，届时将由烹调专业的师生为约 600 名毕业生和老师准备晚餐。为了保证用餐的食品安全，除了按规定向当地城区市场监督管理局报备外，系领导还决定成立食品安全小组负责晚餐的食品安全。经学生自荐、老师推荐和集体讨论，决定任命你为食品安全小组成员，负责制定细菌性食物中毒的预防措施。

【任务分析】

要制定细菌性食物中毒的预防措施，首先要知道细菌性食物中毒发生的原因及其特点、预防的基本原则和措施，然后再结合聚餐备餐的整个过程，从备餐工作人员（健康、卫生、培训）、设施设备用具（数量、维护保养、清洁消毒）、环境卫生（含虫鼠害控制）、原材料采购贮存、粗加工与切配、烹饪、备餐与供餐等方面，制定具体的预防措施。

【任务实施】

步骤一　知识准备

认真阅读国家市场监督管理局颁布的《餐饮服务食品安全操作规范》中“附录 G 餐饮服务预防食物中毒注意事项”等有关细菌性食物中毒及其控制的材料，掌握预防细菌性食物中毒的原则、方法和措施。

步骤二　编制流程

编制从原辅料采购验收到最后用餐整个流程涉及的各个步骤。

步骤三　制定措施

在下表第一列填入步骤二编制流程的各个步骤，第二列写出每个步骤可能造成食物被致病菌污染或食物已污染致病菌繁殖的过程或活动，第三列则按照防止食品受到病原菌污染、控制病原菌繁殖和杀灭病原菌3项基本原则，分别制定每一个步骤的控制措施。

表2-4　毕业聚餐细菌性食物中毒预防措施

步骤	细菌性危害来源 （污染、繁殖）	控制措施 （防止污染、控制繁殖、杀灭）
原辅料验收		
用餐开始		
用餐结束		

【知识链接】

细菌性食物中毒

一、细菌性食物中毒的特点和原因

（一）细菌性食物中毒的特点

细菌性食物中毒是指患者摄入被致病菌和/或其毒素污染的食物或水所引起的急性中毒性食源性疾病。

1. 季节性强、高温季节发病率高

细菌性食物中毒全年都可发生，但高峰期多集中在气温较高的晚春、夏和初秋季节，通常4～5月开始发病，6～9月进入高峰期，12月至次年3月发病明显减少。这主要是由于晚春、夏和初秋季节温度较高、湿度大，适于细菌生长繁殖。另一方面，夏季人体肠道的防御机能下降，易感性增强。

2. 病原食物集中

动物性食品是引起细菌性食物中毒的主要食品，其中肉类及其制品居首位；其次为变质禽肉；病死畜肉占第三位；鱼、奶、蛋亦占一定比例。植物性食品如剩饭、米糕、米粉也会引起中毒。这是因为这些食品营养丰富，含水量大，易被细菌污染，并适合细菌生长，所以引发食物中毒的机会比较多。

3. 发病率高、病死率低

在各类原因的食物中毒中，细菌性食物中毒无论在发病起数还是发病人数上均居首位，中毒人数占全部食物中毒人数的70%～90%。虽然细菌性食物中毒的发病率较高，但病死率则明显低于其他种类的食物中毒。大多数细菌性食物中毒病程短、恢复快、预后好、病死率低，且无后遗症。但单核细胞增生李斯特氏菌、肉毒梭菌等引起的食物中毒病死率通常较高，为20%～100%。

（二）细菌性食物中毒发生的原因

细菌性食物中毒发生的原因见图2-4。

1. 食品被致病菌污染

食品在生产、加工、运输、贮藏、销售等过程中受到致病菌污染。最常见的是生熟交叉污染，如熟制后的食品被生的食品原料污染，或被接触过生的食品原料的表面（如操作台、容器、手等）污染；接触熟制后食品的操作台、容器、手等被生的食品原料污染；从业人员污染食品，即从业人员患有消化道传染病或是消化道传染病的带菌者，或手部有化脓性或渗出性伤口，加工制作时由于手部接触等原因污染食品。

图2-4　细菌性食物中毒的原因

2. 食品贮存不当，致病菌大量繁殖并产生毒素

被致病菌污染的食品如果条件（温度、有氧或无氧、水分、养分）适合，致病菌会大量繁殖，有些致病菌会产生毒素。如在8～60℃条件下存放熟制的高危易腐食品2 h以上，或在不适当温度下长时间贮存高危易腐的原料或半成品。

3. 食用含有一定数量致病菌和/或致病菌毒素的食品

在食用食品时，某些致病菌以任何数量存在于食品表面或内部，都可能导致食物中毒；某些致病菌则需要生长繁殖到一定数量，其菌体本身或其产生的毒素才达到引起危害的剂量。

进食未彻底清洗、消毒的生食品，或进食贮存不当的食品、进食未烧熟煮透的食品，如食品烧制时间不足、烹饪前未彻底解冻等原因，使食品加工时中心温度未达到70℃，经长时间贮存的食品食用前未彻底再加热至中心温度70℃以上，都可能导致细菌性食物中毒。

二、预防细菌性食物中毒的基本原则和措施

预防细菌性食物中毒，应按照防止食品受到病原菌污染、控制病原菌繁殖和杀灭病原菌3项基本原则，采取下列主要措施：

（一）防止食品受到病原菌污染

1. 保持清洁

(1)接触食品的所有物品应清洗干净；凡是接触直接入口食品的物品，还应在清洗的基础上进行消毒。

(2)保持加工场所地面、墙壁、天花板等环境的清洁。

(3)保持手的清洁。操作食物前要洗手，制备食物过程中要经常洗手；便后洗手（图2-5)；接触直接入口食品的人员还应消毒手部。

(4)避免老鼠、蟑螂等有害动物接触食物。

2. 生熟分开

(1)生食品与熟食品分开存放。

(2)生的动物性食材与果蔬等其他食材分开存放（图2-6)。

(3)生熟食品的容器、工用具要有明显的区分标记。

3. 使用安全的水和食品原料

(1)使用安全的水或将水处理成安全的。

(2)选择新鲜卫生安全的食品原料（图2-7)。

(3)熟食品的加工处理要使用净水。

(4)生吃的蔬菜水果应进行清洗消毒。

(5)不吃超过保质期的食品。

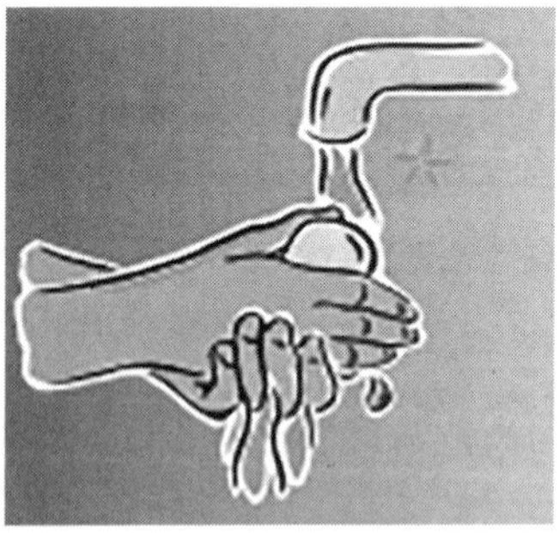
图2-5 洗手

图2-6 生熟分开

图2-7 食材安全

（二）控制病原菌的繁殖及产生毒素

细菌的生长繁殖需要合适的营养、水分、温度、酸度和空气（有氧或无氧），控制这些条件就可以抑制致病菌繁殖或产生毒素，其中温度控制是最有效的措施。

1. 控制温度

控制适当的温度以保证杀灭食品中的病原菌或防止病原菌的生长繁殖。如加热食品应使中心温度达到70℃以上。贮存熟食，要及时热藏，使食品温度保持在60℃以上，

或者及时把温度控制在5℃以下(图2-8)。

2. 控制时间

尽量缩短食品存放时间,不给病原菌生长繁殖的机会。熟食应尽量当餐食用,在室温下存放不得超过2 h(图2-9);食品原料应尽快使用完。

图2-8 食品贮存温度要求

图2-9 食品存放时间控制

3. 控制加工制作量

食品加工制作量应与加工制作条件相吻合。食品加工制作量超过加工制作场所、设施、设备和从业人员的承受能力时,加工制作行为较难符合食品安全要求,易使食品受到污染,引起食物中毒。

(三)食用前杀灭细菌及其毒素

食物在食用前加热至中心温度70℃以上,以杀灭常见致病菌的营养体,可以有效预防大多数细菌性食物中毒的发生(图2-10)。

图2-10 食品蒸煮温度要求

但要注意,有些致病菌毒素(如金黄色葡萄球菌毒素)非常耐热,一般的热处理无法破坏其活性。有些食品是生食或即食产品,在食用前不需要加热;这些产品需要采取清洗、冷杀菌(如臭氧杀菌)来降低或消除特定种类和数量的细菌。

子任务二　分析细菌性食物中毒的原因

【任务引入】

案例:小王是一家比萨店的厨师。他的拿手绝活是制作奶酪比萨饼,制作流程是将奶酪切成小块并用手撕碎,最后将碎奶酪洒在比萨饼面上,放入烤炉中在 260℃下焙烤。有一天,小王使用前一天剩余并在室温(25℃左右)放置的碎奶酪制作了 2 个比萨饼,几个吃过这 2 个比萨饼的顾客在食用比萨饼后数小时就出现恶心、呕吐、腹泻等食物中毒症状,到医院救治后被医生诊断为细菌性食物中毒;而当天食用当天制备奶酪制作的比萨饼的顾客没有发生食物中毒。

问题:日常生活中我们都知道,食物一定要煮熟了再食用,煮熟的食物放置久了也要加热后再食用,这样就可以保证我们不拉肚子。在本案例中,比萨饼已在 260℃下焙烤,为什么那些吃了用过夜碎奶酪制作的比萨饼的人还是会发生食物中毒呢?

【任务分析】

微生物学常识告诉我们,培养基在 121℃加热 30 min 以上就基本可以到达无菌要求。表面撒有室温放置过夜碎奶酪的比萨饼在 260℃下焙烤,人食用后发生细菌性食物中毒,而食用当天制备奶酪制作的比萨饼的顾客没有发生食物中毒,说明顾客中毒的元凶是室温放置过夜的碎奶酪,原因是碎奶酪污染了某种很耐热的致病菌,并且这种致病菌在室温下放置过夜导致大量繁殖,或者是碎奶酪污染了某种不耐热但可以产生耐热毒素的致病菌。

【任务实施】

步骤一　初步确定食物中毒的致病菌种类

阅读食品微生物学有关细菌分类和影响细菌生长繁殖的因素等内容,初步确定引起食物中毒的原因是产芽孢的感染型致病菌、不产芽孢的感染型致病菌、产芽孢的毒素型致病菌,还是不产芽孢的毒素型致病菌。

步骤二　确定引起食物中毒的致病菌

根据致病菌耐热特性参数和比萨饼在 260℃下焙烤后食用等信息,最终确定引起食物中毒的具体致病菌或致病菌毒素。

子任务三　识别食品的细菌性危害并制定控制措施

【任务引入】

AB食品有限公司生产预包装速冻熟制馒头、包子和散装的熟制馒头、包子供应超市。假设您是这家公司的食品安全主管，请您识别这些馒头中潜在的细菌性危害并制定控制措施。

【任务分析】

要识别食品中潜在的细菌性危害，也就是要确定食品中可能存在哪些致病菌，最简单的方法就是查阅相关产品的食品安全国家标准。食品安全国家标准中规定了限量的细菌，都是由国家食品安全风险评估中心组织专家经过风险评估确定的某类食品可能存在的致病菌。也就是说，食品安全国家标准规定了限量的细菌，是某类食品中最可能存在的致病菌，而其它致病菌存在于该类食品中的可能性则需要通过风险评估确定。

食品安全危害的控制措施是指能够用于防止或消除食品安全危害或将其降低到可接受水平的行动或活动。细菌性危害的控制包括三类：一是防止（预防）食品被致病菌污染，二是控制致病菌的繁殖及产生毒素，三是将致病菌和/或其毒素降低至可接受水平。

【任务实施】

步骤一　确定预包装速冻熟制馒头、包子和散装的熟制馒头、包子的食品类别

根据GB 29921—2021《食品安全国家标准 食品中致病菌限量》、GB 31607—2021《食品安全国家标准 散装即食食品中致病菌限量》和GB 19295—2021《食品安全国家标准 速冻面米与调制食品》，预包装速冻熟制馒头、包子属于GB 19295—2021规定的熟制速冻面米制品中熟制品和GB 29921—2021规定的熟制面米制品，散装的熟制馒头、包子属于GB 31607—2021规定的热处理散装即食食品。

步骤二　确定预包装速冻熟制馒头、包子和散装的熟制馒头、包子需要控制的细菌性危害

按照GB 19295—2021、GB 29921—2021、GB 31607—2021的规定，预包装速冻熟制馒头、包子和散装的熟制馒头、包子需要控制的细菌及其限量如表2-5所示。

表2-5　我国食品安全国家标准规定的馒头和包子的细菌限量

标准	食品类别	细菌	采样方案及限量（若非指定，均以CFU/g表示）
GB 19295	速冻面米制品：熟制品	菌落总数	$n=5, c=1, m=10^4, M=10^5$
		大肠菌群	$n=5, c=1, m=10, M=100$
		金黄色葡萄球菌	$n=5, c=1, m=10^2, M=10^3$
		沙门氏菌	$n=5, c=0, m=0/25$ g

续表 2-5

标准	食品类别	细菌	采样方案及限量（若非指定，均以 CFU/g 表示）
GB 29921	粮食制品：熟制面米制品	金黄色葡萄球菌	$n=5, c=1, m=10^2, M=10^3$
		沙门氏菌	$n=5, c=0, m=0/25$ g
GB 31607	热处理散装即食食品【包括熟制肉及其制品、熟制蛋及其制品、熟制水产品及其制品、熟制果蔬及其制品、熟制米面制品、熟制坚果炒货等】	金黄色葡萄球菌	1 000
		沙门氏菌	0/25 g

步骤三　制定细菌性危害的控制措施

阅读相关资料，了解菌落总数、大肠菌群、沙门氏菌、金黄色葡萄球菌的生物学特性和控制措施，结合预包装速冻熟制馒头、包子和散装的熟制馒头、包子的加工、保存和供应流程，制定科学合理的危害控制措施，包括防止污染、控制繁殖和/或产毒、减少或杀灭这些生物性危害至可接受水平的措施。

表 2-6　预包装速冻熟制馒头、包子和散装的熟制馒头、包子中细菌性危害的控制措施

加工工序	细菌性危害		控制措施		
	名称	可接受水平	防止污染	控制繁殖和/或产毒	降低至可接受水平
原辅料接收	菌落总数				
	大肠菌群				
	沙门氏菌				
	金黄色葡萄球菌				
和面	菌落总数				
	大肠菌群				
	沙门氏菌				
	金黄色葡萄球菌				
成型	菌落总数				
	大肠菌群				
	沙门氏菌				
	金黄色葡萄球菌				

续表 2-6

加工工序	细菌性危害		控制措施		
	名称	可接受水平	防止污染	控制繁殖和/或产毒	降低至可接受水平
醒发	菌落总数				
	大肠菌群				
	沙门氏菌				
	金黄色葡萄球菌				
熟制	菌落总数				
	大肠菌群				
	沙门氏菌				
	金黄色葡萄球菌				
速冻	菌落总数				
	大肠菌群				
	沙门氏菌				
	金黄色葡萄球菌				
包装	菌落总数				
	大肠菌群				
	沙门氏菌				
	金黄色葡萄球菌				
冷藏	菌落总数				
	大肠菌群				
	沙门氏菌				
	金黄色葡萄球菌				
运输	菌落总数				
	大肠菌群				
	沙门氏菌				
	金黄色葡萄球菌				

注：1.可接受水平一般指消费国或地区的食品安全标准限量，如在我国销售的食品的可接受水平是食品安全国家标准；可接受水平也可以是比国家标准更严格的企业标准；

2.速冻和包装是预包装速冻熟制馒头、包子特有的工序。

【知识链接】

常见食源性致病菌危害及其控制

一、感染型致病菌及其控制

(一)沙门氏菌危害及其控制

1. 沙门氏菌的生物学特性及来源

沙门氏菌属于感染型的非芽孢致病菌。

沙门氏菌属(*Salmonella*)是肠杆菌科的一个属,革兰氏阴性,兼性厌氧,非芽孢短杆菌,已发现 2 300 多个血清型(图 2-11)。天然存在于哺乳类、鸟类、两栖类和爬行类肠道内,常常通过粪便污染食物。

沙门氏菌属有的专对人类致病,有的只对动物致病,也有对人和动物都致病。其中与人体疾病有关的主要有伤寒沙门氏菌、副伤寒沙门氏菌、鼠伤寒沙门氏菌、猪霍乱沙门氏菌、肠炎沙门氏菌等。

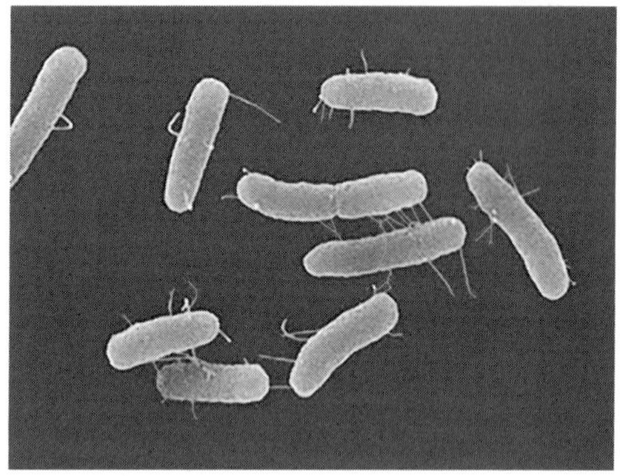

图 2-11 沙门氏菌

感染沙门氏菌的人或带菌者的粪便污染食品,可使人发生食物中毒。据统计在世界各国各种类细菌性食物中毒中,沙门氏菌引起的食物中毒常列榜首。我国内陆地区也以沙门氏菌感染为首位。

沙门氏菌对热的抵抗力较弱($D_{62.8}=0.06$ min,$Z=3.3$)。

沙门氏菌生长的条件见表 2-7。

表 2-7 沙门氏菌生长条件

最小 A_w	pH	最大盐浓度/%	温度/℃	需氧情况
0.94	3.7~9.5	8	5.2~46.2	兼性厌氧

该菌天然存在于许多食物中,特别是生畜肉和禽肉产品、鸡蛋、牛奶、奶制品、猪肉、巧克力、奶油甜点等动物性食品。

据报道,肉及其制品的沙门氏菌检出率美国为 20%~25%、英国为 9.9%、日本检查进口家禽的污染率为 10.3%,国内肉类沙门氏菌检出率在 1.1%~39.5%。中国蛋及其制品沙门氏菌检出率为 3.9%~43.7%。

2. 危害特征

沙门氏菌感染引起沙门氏菌病，潜伏期 5 h 至 5 d，症状包括恶心、呕吐、腹泻、腹部痉挛和发热，重者可引起脱水、休克、甚至引发败血症。症状通常持续 2～3 d。

儿童、老人及免疫缺陷等易感人群的感染剂量较低（<100 CFU/g）。富含脂肪的食物（如巧克力、干酪或发酵肉制品）感染剂量低（<10 CFU/g）。

伤寒沙门氏菌的致死率为 10%，其他沙门氏菌的致死率<1%。

3. 控制措施

（1）防止食品受到沙门氏菌污染　采用保持养殖场卫生，挤奶时防止污染鲜奶，屠宰动物时防止粪便污染胴体，从业人员如厕后洗手消毒等卫生措施，防止食品被污染或尽量减少污染量。

（2）控制沙门氏菌的生长繁殖　主要通过控制食品的温度和存放时间以抑制食品中沙门氏菌的生长繁殖，如将食品 5℃以下冷藏（表 2-8）。

（3）加热杀菌处理　一般食品采取 70℃ 5 min 以上的热处理。牛乳经过 72℃ 15 s 或 80℃ 5 s 的巴氏杀菌处理后，沙门氏菌含量至少有 10 *D* 的减少；全蛋液经过 63℃处理 30 s，沙门氏菌肠炎有 10 *D* 的减少（$D_{63}=0.06$ min）。

（4）控制食品中的沙门氏菌含量　杀菌后的食品通过各种卫生措施，如环境空气消毒净化、容器包装材料等食品接触面的清洁消毒、操作人员卫生等，防止杀菌后的产品被二次污染，确保消费者食用的食品中沙门氏菌含量符合我国食品安全标准的要求。

表 2-8　控制沙门氏菌生长繁殖时间/温度的指导

（引自《水产品 HACCP 指南（第四版）》，美国 FDA，2011）

产品温度/℃	最多累积暴露时间
5.2～10	14 d
11～21	6 h
高于 21	3 h

在我国销售的肉制品、水产制品、即食蛋制品、粮食制品、即食豆类制品、巧克力类及可可制品、即食果蔬制品、饮料、冷冻饮品、即食调味品、坚果籽实制品等 11 类预包装食品应符合 GB 29921—2013《食品安全国家标准　食品中致病菌限量》的规定。

罐头食品以及按罐头工艺生产的液态婴儿配方食品、液态特殊医学用途婴儿配方食品、液态特殊医学用途婴儿配方食品、灭菌乳等食品应达到商业无菌要求。乳与乳制品、特殊膳食食品中的致病菌限量，按照各自产品的现行食品安全国家标准执行。

非预包装食品没有规定致病菌限量，生产经营者应当严格生产经营过程卫生管理，尽可能降低致病菌污染风险。

表 2-9 为我国现行食品安全国家标准规定的各种预包装食品中致病菌限量。从表 2-9 可看出，除了罐头食品外的其他所有预包装食品均设置沙门氏菌限量规定，具体为 $n=5$，$c=0$，$m=0$（即在被检的 5 份样品中，不允许任一样品检出沙门氏菌）。

表 2-9 食品中沙门氏菌限量(CFU/25 g 或 CFU/25 mL)

食品类别	采样方案及限量			
	n	c	m	M
乳制品:巴氏杀菌乳、发酵乳、炼乳、乳粉、乳清粉、乳清蛋白粉、稀奶油、奶油、无水奶油、干酪、再制干酪	5	0	0	—
婴幼儿配方食品:粉状婴幼儿配方食品、婴幼儿谷类辅助食品、粉状特殊医学用途婴儿配方食品、固态特殊医学用途婴儿配方食品				
肉制品:熟肉制品、即食生肉制品				
水产制品:熟制水产品、即食生制水产品、即食藻类制品				
即食蛋制品				
粮食制品:熟制粮食制品(含焙烤类)、熟制带馅(料)面米制品、方便面米制品				
即食豆类制品:发酵豆制品、非发酵豆制品				
巧克力类及可可制品				
即食果蔬制品(含酱腌菜类)				
饮料(包装饮用水、碳酸饮料除外)				
冷冻饮品				
即食调味品:酱油、酱及制品、水产调味品、复合调味料(沙拉酱等)				
坚果籽实制品:坚果及籽类的泥(酱)、腌制果仁类				
酒:发酵酒及其配制酒				

(二)单核细胞增生李斯特氏菌的危害及其控制

1. 生物学特性及来源

单核细胞增生李斯特氏菌属于感染型的非芽孢致病菌。

单核细胞增生李斯特氏菌(*Listeria monocytogenes*),简称单增李斯特氏菌,是一种兼性厌氧菌(在有氧或无氧环境下都能生长),不形成芽孢,能引起食源性感染(图 2-12)。该菌能在高盐食物等多种恶劣环境下生存,而且与其他大多数食源性致病菌不同的是,它能在冷藏温度(低于5℃)下生长。因此,该菌对食品服务业是很重要的。

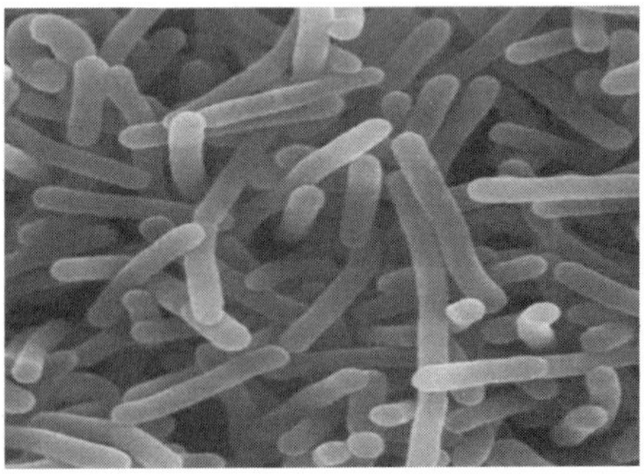

图 2-12 单增李斯特氏菌

单增李斯特氏菌生长的条件见表 2-10。

表 2-10 单增李斯特氏菌生长条件

(引自《水产品 HACCP 指南(第四版)》,美国 FDA,2011)

最小 A_w	pH	最大盐浓度/%	温度/℃	需氧情况
0.92	4.4~9.4	10	−0.4~45	兼性厌氧

单增李斯特氏菌广泛分布于自然环境中,曾经从土壤、植物、海水沉积物和水中分离出来。该菌几乎无处不在,存在于许多食物中,最常见的是生畜肉、生禽肉、奶制品(奶酪、冰激凌、生牛奶)、熟午餐肉、热狗、生蔬菜、网纹甜瓜、水产品。

李斯特菌病最大的威胁来自不需进一步加热的即食食品。2013 年 10 月 30 日,某地一名孕妇因胸闷心慌、胎动减少而入院,双胞胎均不幸死亡。她在患病前 1 个月内经常吃寿司、刺身等即食食品。实验室从胎盘和新生儿身上,均检出单增李斯特氏菌,综合判断为单增李斯特氏菌感染导致孕妇流产的可能性很大。

2. 危害特征

人类的李斯特菌病是由摄入了食品中的单增李斯特氏菌引起的疾病,还包括母亲传给胎儿或新生儿的二次感染情况。

尽管单增李斯特氏菌在环境中存在广泛,但大多数健康人不会被其感染或症状为轻度类似流感症状,有恶心、呕吐、头痛、发烧、寒战和背痛等。严重感染者往往是免疫缺陷的人。高危人群包括癌症患者、服用影响身体免疫系统药品的人、酗酒者、怀孕的妇女、胃酸少的人和艾滋病患者。李斯特菌病的并发症对这些高危人群有致命威胁(如脑膜炎、流产、败血症和大量其他的疾病,甚至导致死亡)。

李斯特菌病的潜伏期为 1 d 至 3 周,症状持续时间与开始采取治疗措施的时间有关。

3. 控制措施

(1)防止食品受到单增李斯特氏菌污染　采取适当的卫生措施防止食品原料和杀菌后的产品受到环境、设施设备、人员等污染。

(2)控制细菌的生长繁殖　主要通过控制食品贮存的温度和时间(表 2-11)以抑制单增李斯特氏菌的生长繁殖,也可通过添加防腐剂和食盐等抑制单增李斯特氏菌的生长繁殖(表 2-12)。

表 2-11　控制单增李斯特氏菌生长繁殖的时间/温度的指导

(引自《水产品 HACCP 指南(第四版)》,美国 FDA,2011)

产品温度/℃	最多累积暴露时间
−0.4～5	7 d
6～10	2 d
11～21	12 h
高于 21	3 h

表 2-12　在 4℃ 和 pH 6.0 下,单增李斯特氏菌增加 10 倍所需的时间

(引自《微生物检验与食品安全》,ICMSF,2012)　　d

NaCl/%	有氧条件下		厌氧条件下	
	未加 $NaNO_2$	加 150 μg/g $NaNO_2$	未加 $NaNO_2$	加 150 μg/g $NaNO_2$
0.5	5.3	8.9	4.1	8.8
1.0	5.6	9.4	4.5	9.6
1.5	6.0	10.0	4.9	10.5

续表 2-12 d

NaCl/%	有氧条件下		厌氧条件下	
	未加 $NaNO_2$	加 150 μg/g $NaNO_2$	未加 $NaNO_2$	加 150 μg/g $NaNO_2$
2.0	6.4	10.6	5.3	11.5
2.5	6.8	11.4	5.8	12.4
3.0	7.3	12.3	6.2	13.4

(3)加热杀菌处理　单增李斯特氏菌不耐热，在热加工或巴氏杀菌法中，温度达到70℃持续1 min以上即可被杀灭至安全水平(减少6 D，见表2-13)。

表 2-13　单增李斯特氏菌的 *D* 值

(引自《微生物检验与食品安全》，ICMSF，2012)

食品	温度/℃	*D* 值/min
混合肉馅	64	2.28
牛肉	65	0.93
牛肉	70	0.14
鸡腿	65	0.53
鸡腿	70	0.11
鸡胸脯	65	0.52
鸡胸脯	70	0.13
瘦牛肉	62.8	0.6
肥牛肉	62.8	1.2
牛排	63.9	2.2
牛排	70	0.14～0.20
贝壳类	62.2	1.85
蟹肉	60	1.3～2.6
虾肉	62.8	1.1
鲑鱼	65	0.9～1.2
鲑鱼	70	0.13～0.17
鳕鱼	65	0.27～0.28
鳕鱼	70	0.13～0.17

(4)控制食品中的单增李斯特氏菌限量　在我国销售的预包装食品中，单增李斯特氏菌含量应符合我国食品安全国家标准的要求，见表2-14。从表中可看出，我国仅设置了高风险的即食肉制品、干酪和再制干酪中单增李斯特氏菌限量规定，具体为 $n=5$，$c=0$，$m=0$(即在被检的5份样品中，不允许任一样品检出单增李斯特氏菌)。

外销的食品单增李斯特氏菌含量应符合进口国的规定，如欧盟和美国进口的速冻食品均规定了单增李斯特氏菌限量。

表 2-14　食品中单增李斯特氏菌限量

食品类别	采样方案及限量(CFU/25 g)			
	n	*c*	*m*	*M*
肉制品：熟肉制品、即食生肉制品	5	0	0	—
乳制品：干酪、再制干酪	5	0	0	—

(三)肠致病性大肠埃希氏菌危害及其控制

1. 生物学特性和来源

肠致病性大肠埃希氏菌属于感染型的非芽孢致病菌。

大肠埃希氏菌(*Escherichia coli*)在人和温血动物的肠道内普遍存在。大多数大肠埃希氏菌无害，但有一部分能引起人类腹泻，这些大肠埃希氏菌被称为肠致病性大肠埃希氏菌(图2-13)。

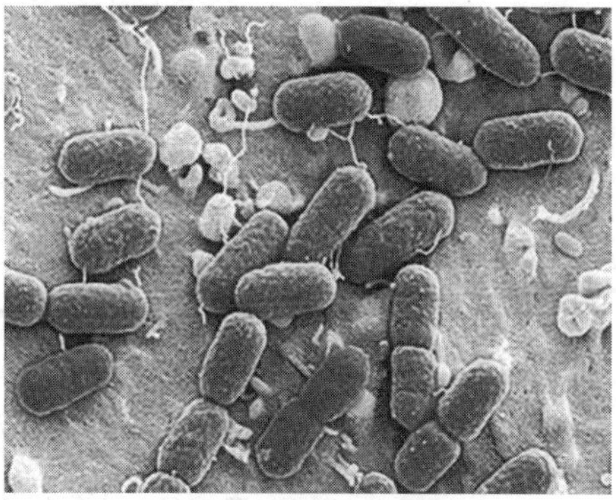

图 2-13　肠致病性大肠埃希氏菌

肠致病性大肠埃希氏菌主要有 5 种血清型，其中 O157：H7 是最臭名昭著的。这种兼性厌氧的细菌能够在温血动物，特别是母牛的肠道中找到。肠致病性大肠埃希氏菌引起的疾病可以是感染或毒素介导的感染。仅需少量的细菌就会致人发病。

肠致病性大肠埃希氏菌生长的条件见表 2-15。

表 2-15　肠致病性大肠埃希氏菌的生长条件

(引自《水产品 HACCP 指南(第四版)》，美国 FDA，2011)

最小 A_w	pH	最大盐浓度/%	温度/℃	需氧情况
0.95	4～9	6.5	6.5～49.4	兼性厌氧

肠致病性大肠埃希氏菌常污染肉蛋奶及其制品、水果和饮料等，工厂、学校的集体食堂是它最常见的“作案地点”，冷荤凉菜常常是它藏身之处。

肠致病性大肠埃希氏菌常常通过牲畜粪便污染牛肉之类的食物。在果园中放牧也会造成水果的污染，用这种水果榨成的汁如未经巴氏消毒也会造成食物中毒。如果带菌的食品从业人员在如厕后没有正确洗手也会传播病菌。同样，不干净的设备和用具也会形成交叉污染。

2. 危害特征

由肠致病性大肠埃希氏菌引起的疾病好发于 16 岁以下儿童和老年人。它会导致剧烈的腹痛、恶心、呕吐、血性腹泻、肾功能衰竭和死亡。感染通常以流感样症状和发烧开始，随后出现血性腹泻，继而发展为溶血性尿毒综合征，病情严重者甚至会死亡。

该疾病的潜伏期是 12～72 h，症状持续时间为 1～3 d。

1999年,江苏省徐州市暴发了我国历史上规模最大的一次肠出血性大肠埃希氏菌O157:H7食品安全事件,患者多为感染性腹泻并发急性肾衰症状,几个月内该市各医院共收治重症病例147例,其中因急性肾衰死亡118例,病死亡率高达80%。

3. 控制措施

(1)防止食品受到肠致病性大肠埃希氏菌污染　确保工作人员在工作接触食品前和如厕后都要彻底洗手;预防交叉污染。

(2)控制肠致病性大肠埃希氏菌的生长繁殖　主要通过控制食品贮存的温度和时间(表2-16)以抑制肠致病性大肠埃希氏菌的生长繁殖。

表2-16　控制肠致病性大肠埃希氏菌生长形成的时间/温度的指导

(引自《水产品HACCP指南(第四版)》,美国FDA,2011)

产品温度/℃	最多累积暴露时间
7～10	14 d
11～21	6 h
高于21	3 h

(3)热杀菌处理后再食用　苹果汁在58℃下保持15 min,牛肉烹调时中心温度达到63℃保持6 min,可有效杀灭大肠埃希氏菌O157:H7(表2-17)。

表2-17　大肠埃希氏菌O157:H7的耐热特性参数

(引自《安全食品微生物学》Stephen J. Forsythe,2007)

培养基	pH	温度/℃	*D*值/min	*Z*值/℃
牛肉		62.8	0.47	4.65
苹果汁	4.5	58	2.5	4.8

(4)控制食品中的肠致病性大肠埃希氏菌限量　预包装食品的大肠埃希氏菌O157:H7含量应符合GB 29921—2013《食品安全国家标准　食品中致病菌限量》的要求,见表2-18。从表中可看出,我国仅设置了熟牛肉制品和生食牛肉制品、生食果蔬制品中大肠埃希氏菌O157:H7限量规定,具体为$n=5$,$c=0$,$m=0$(即在被检的5份样品中,不允许任一样品检出大肠埃希氏菌O157:H7)。

表2-18　食品中大肠埃希氏菌O157:H7限量

食品类别	采样方案及限量/(CFU/25 g)			
	n	*c*	*m*	*M*
肉制品:熟牛肉制品、即食生牛肉制品	5	0	0	—
即食果蔬制品:生食果蔬制品	5	0	0	—

(四)副溶血性弧菌危害及其控制

1. 生物学特性和来源

副溶血性弧菌属于感染型的非芽孢致病菌。

副溶血性弧菌(*Vibrio parahaemolyticus*)是一种不形成芽孢的嗜盐兼性厌氧菌,在无盐培养基上不生长(图 2-14)。该菌天然存在于世界大多数的海水、海岸线区域、海底沉积物和鱼贝类等海产品中,并且生命力十分顽强,在抹布和砧板上能生存 1 个月以上。在很多水域,副溶血性菌在温暖的月份大量存在于环境中。

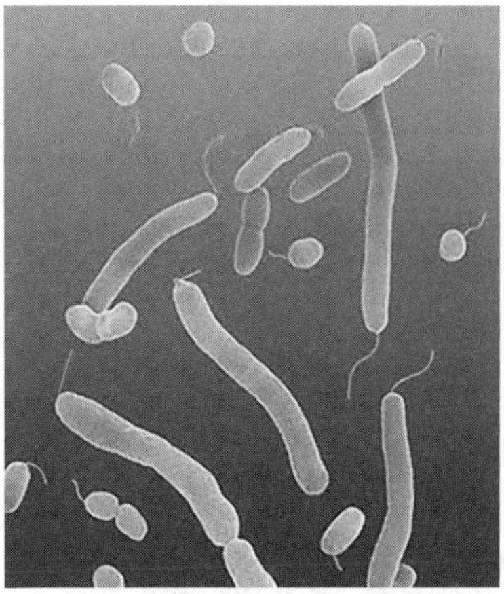

图 2-14 副溶血性弧菌

由于副溶血性弧菌嗜盐,所以主要污染海产品,包括海洋鱼类、虾、蟹、贝类等,不太可能发生在淡水产品中,是我国沿海及部分内地区域食物中毒的主要致病菌。

2012 年 7 月,我国某沿海景区发生一起以呕吐、腹痛、腹泻为主要症状的食源性疾病暴发事件,发病 26 人,为同一旅行团团员。通过流行病学和实验室确认,原因是食用了被副溶血性弧菌污染的花蟹,而此花蟹没有熟透。

副溶血性弧菌生长的条件见表 2-19。

表 2-19 副溶血性弧菌生长的条件

(引自《水产品 HACCP 指南(第四版)》,美国 FDA,2011)

最小 A_w	pH	最大盐浓度/%	温度/℃	需氧情况
0.94	4.8~11	10	5~45.3	兼性厌氧

2. 危害特征

主要临床表现是急性胃肠炎,如剧烈腹痛、脐部阵发性绞痛、腹泻、恶心、呕吐等,腹泻多成水样便;发烧和发冷症状报道较少。潜伏期 2~48 h,症状持续 2~3 d。

3. 控制措施

(1)防止食品受到副溶血性弧菌污染　采购来自无污染水域的海产品,遵守良好卫生操作规范以防止食品被环境、设施设备、不干净食品等污染。

(2)控制副溶血性弧菌的生长繁殖　控制食品冷藏的温度和时间,见表 2-20。

表 2-20 控制副溶血性弧菌生长形成的时间/温度的指导

(引自《水产品 HACCP 指南(第四版)》,美国 FDA,2011)

产品温度/℃	最多累积暴露时间
5~10	21 d
11~21	6 h
高于 21	2 h

(3)杀菌处理　副溶血性弧菌对酸和热敏感,在普通食醋内 5 min 即死亡;75℃ 5 min 或 90℃ 1 min 即可杀死。对低温抵抗力较弱,0~2℃经 24~48 h 即死亡。

(4)控制食品中的副溶血性弧菌限量　预包装食品的副溶血性弧菌含量应符合 GB 29921—2013《食品安全国家标准　食品中致病菌限量》的要求,见表 2-21。

表 2-21　食品中副溶血性弧菌限量

食品类别	采样方案及限量/(MPN/g)			
	n	c	m	M
水产制品:熟制水产品、即食生制水产品、即食藻类制品	5	1	100	1 000
即食调味品:水产调味品	5	1	100	1 000

(五)阪崎肠杆菌危害及其控制

1. 生物学特性和来源

阪崎肠杆菌属于感染型的非芽孢致病菌。

阪崎肠杆菌(*Enterobacter sakazakii*)是存在于环境中的一种微生物,具有耐热、耐干燥、对渗透压的忍耐力较强等特点,可长时间生存在干燥的环境中(图 2-15)。目前,微生物学家尚不清楚阪崎肠杆菌的污染来源,但许多病例报告表明婴儿配方奶粉是目前发现的主要感染渠道。

如果出现奶粉在冲调、存放时操作不当,就可能被环境中的阪崎肠杆菌污染,而被其污染的婴儿配方奶粉正是婴幼儿感染的主要病因食品。

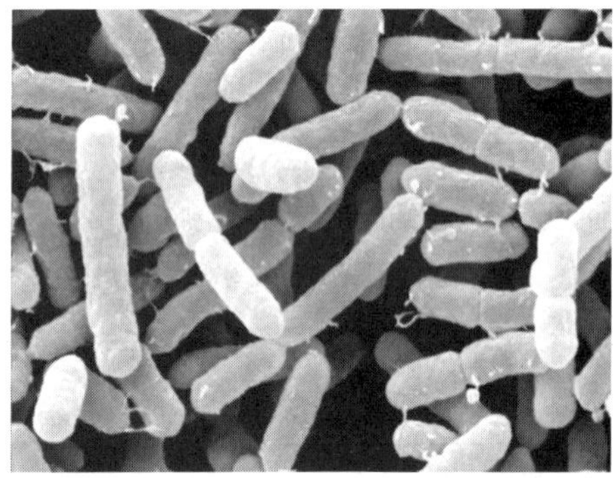

图 2-15　阪崎肠杆菌

2. 危害特征

阪崎肠杆菌最容易侵袭 1 岁以下,特别是早产、出生体重偏低、免疫力低下的婴幼儿,可引起新生儿脑膜炎、菌血症等严重疾病,死亡率高达 20%~50%。一是由于婴儿的胃酸 pH 比成人高,对细菌的杀伤力还不够强,阪崎肠杆菌可以安全抵达婴儿肠道中,并在那里避难、生存;二是因为婴儿的血脑屏障还未发育完全,阪崎肠杆菌又可以乘虚而入,轻松进入婴儿脑部引发脑膜炎。

3. 控制措施

(1)防止食品受到阪崎肠杆菌污染。

(2)正确处理婴幼儿配方食品　婴儿配方奶粉应使用不低于 70℃的热水冲调,并且冲调后应在 2 h 内尽快食用。

冲调后的婴儿配方食品应尽快快速冷却且存放在不超过 5℃的冰箱内,并在冲调后 24 h 内食用,食用前必须重新加热。

对应早产、体重低或免疫力低等高风险婴儿,应使用商业无菌的液态婴儿配方奶。

(3)严格控制婴儿配方食品中的阪崎肠杆菌限量(表 2-22)。

表 2-22　食品中阪崎肠杆菌限量

食品类别	采样方案及限量/(MPN/100 g)			
	n	c	m	M
0~6 月龄婴儿食用的婴儿配方食品、粉状特殊医学用途婴儿配方食品	3	0	0	—

（六）志贺氏菌属危害及其控制

1. 生物学特性和来源

志贺氏菌属于感染型的非芽孢致病菌。

志贺氏菌属包括A群即痢疾志贺氏菌、B群即福氏志贺氏菌、C群即鲍氏志贺氏菌和D群即宋氏志贺氏菌。

志贺氏菌是一种兼性厌氧菌，通常存在于人类和温血动物的肠道和粪便中(图2-16)。

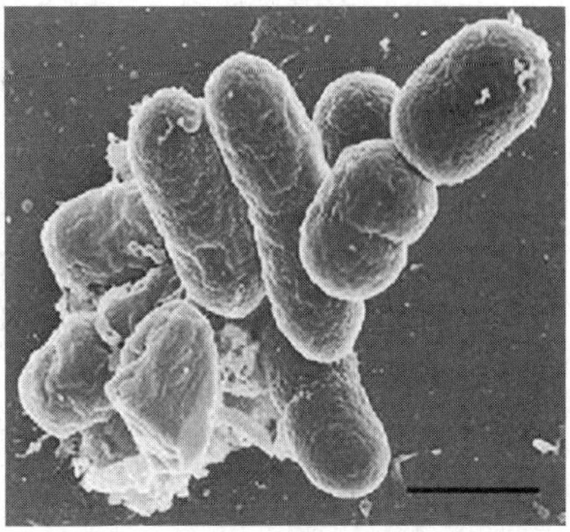

图2-16　志贺氏菌

志贺氏菌污染通常是由于手被污染、食物被飞蝇污染、饮用水处理不当或者下水道污水渗漏所致。

该菌可能污染即食的沙拉(如马铃薯、鸡肉沙拉)、牛奶和奶制品、禽、生蔬菜和任何被含有志贺氏菌粪便污染的食物。

根据我国志贺氏菌食品安全事件情况，以及我国多年风险监测极少在加工食品中检出志贺氏菌，参考CAC、ICMSF、欧盟、美国、加拿大、澳大利亚和新西兰等国际组织、国家和地区规定，我国食品安全标准未设置志贺氏菌限量规定。

志贺氏菌生长的条件见表2-23。

表2-23　志贺氏菌生长的条件

(引自《水产品HACCP指南(第四版)》，美国FDA，2011)

最小 A_w	pH	最大盐浓度/%	温度/℃	需氧情况
0.96	4.8～9.3	5.2	6～47	兼性厌氧

2. 危害特征

志贺氏菌的致病机理主要是侵袭力和内毒素，有的菌株尚产生外毒素。引起腹泻、发烧、腹绞痛、寒战、乏力和脱水等症状。它的潜伏期是1～7 d，疾病持续时间常常跟采取治疗措施的早晚有关。

3. 控制措施

(1)防止食品被志贺氏菌污染　不要允许患志贺氏菌病的工人加工食物；确保工人在如厕后彻底地洗手；使用可饮用水(饮用上是安全的水)洗涤产品和其他食物；搞好生产车间卫生等。

(2)控制志贺氏菌的生长繁殖　控制食品贮存的温度和时间，见表2-24。

表2-24　控制志贺氏菌生长形成的时间/温度的指导

(引自《水产品HACCP指南(第四版)》，美国FDA，2011)

产品温度/℃	最多累积暴露时间
6～10	14 d
11～21	12 h
高于21	3 h

(3)杀菌处理　志贺氏菌的热抵抗力弱,加热60℃ 10 min就可杀死。

(4)食品中限量控制　我国食品安全标准目前没有规定食品中的志贺氏菌限量。

(七)霍乱弧菌危害及其控制

1. 生物学特性和来源

霍乱弧菌属于感染型的非芽孢致病菌(图2-17)。

霍乱弧菌是一种兼性厌氧菌,在河口、海湾和含盐的水中有发现,能抵抗高盐环境。霍乱弧菌在温暖月份环境中大量繁殖。传播途径主要是通过污染的水源或未煮熟的食物,如海产品、蔬菜经口摄入。

一般与海洋和河口的鱼类品种有关,不太可能发生在淡水品种。温暖月份捕捞的海产品,特别是从污染水域捕捞的海产品最容易带有霍乱弧菌。

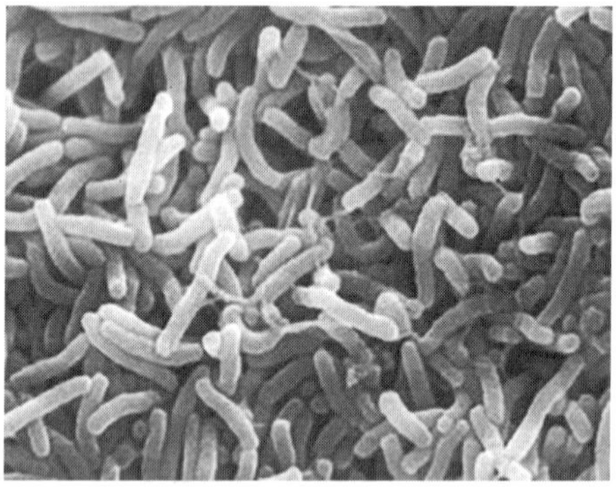

图2-17　霍乱弧菌

霍乱弧菌生长的条件见表2-25。

表2-25　霍乱弧菌生长的条件

(引自《水产品HACCP指南(第四版)》,美国FDA,2011)

最小 A_w	pH	最大盐浓度/%	温度/℃	需氧情况
0.97	5～10	6	10～43	兼性厌氧

2. 危害特征

霍乱弧菌是人类霍乱的病原体,霍乱是一种古老且流行广泛的烈性传染病之一。曾在世界上引起多次大流行,主要表现为剧烈的呕吐,腹泻,失水,死亡率甚高。属于国际检疫传染病。

霍乱弧菌有很多种类且产生不同的病症。一种是霍乱弧菌 O_1 型,起先引起腹部不适和轻度腹泻。继发症状为:水性腹泻、腹部痉挛、呕吐和脱水,也可发生死亡。易感重症人群为做过胃部手术者、抗酸剂服用者或血型为O型的人。

另一种霍乱弧菌非 O_1 型能引起腹泻、腹部痉挛和发烧,也有恶心、呕吐和血样腹泻的报道。某些种类可引起重症。霍乱弧菌非 O_1 型严重的病症能导致药物引起的免疫缺陷的人得败血症。

潜伏期2～48 h,症状持续2～3 d。

3. 控制措施

(1)防止食品受到霍乱弧菌污染　采购来自无污染水域的海产品、蔬菜等食品。

(2)控制霍乱弧菌的生长繁殖　控制食品冷藏的温度和时间(表2-26)。

(3)杀菌处理　霍乱弧菌对热、干燥、日光及一般消毒剂均很敏感,经干燥2 h或加热55℃ 10 min即可死亡,煮沸立即死亡;对酸和消毒剂敏感,接触1∶5 000～1∶10 000盐酸或硫酸、1∶500 000高锰酸钾,数分钟即被杀灭,在0.1%漂白粉中10 min内即可死亡。氯化钠的浓度高于4%或蔗糖浓度在5%以上的食物、香料、醋及酒等,均不利于霍乱弧菌的生存。

表 2-26 控制霍乱弧菌生长形成的时间/温度的指导

(引自《水产品 HACCP 指南(第四版)》,美国 FDA,2011)

产品温度/℃	最多累积暴露时间
10	21 d
11～21	6 h
高于21	2 h

(4)食品中限量控制 我国食品安全标准目前没有规定食品中的霍乱弧菌限量。

(八)创伤弧菌危害及其控制

1. 生物学特性和来源

创伤弧菌属于感染型的非芽孢致病菌。创伤弧菌是一种不形成芽孢的兼性厌氧菌,天然存在于海洋中,它要求有盐才能生存。4～10月温暖的月份环境中此菌的数量最多(图2-18)。

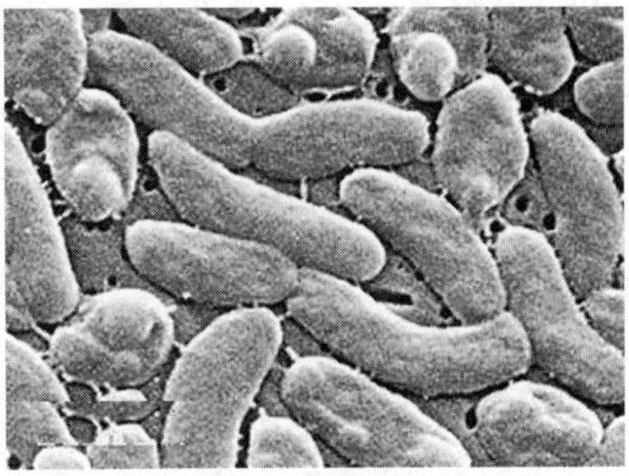

图 2-18 创伤弧菌

通过伤口传染是创伤弧菌的最主要传播途径。此外,腌制的螃蟹、牡蛎等贝壳类海鲜容易成为传播载体。一般与海洋和河口的水产品有关(主要是双壳贝类),不太可能发生在淡水品种。

创伤弧菌生长的条件见表2-27。

表 2-27 创伤弧菌生长的条件

(引自《水产品 HACCP 指南(第四版)》,美国 FDA,2011)

最小 A_w	pH	最大盐浓度/%	温度/℃	需氧情况
0.96	5～10	5	8～43	兼性厌氧

2. 危害特征

本菌主要通过伤口接触海水造成感染,也可经口感染。

经伤口感染时可导致蜂窝织炎及骨髓炎等多种炎症,经口感染时常迅速导致菌血症或败血症。感染本菌后如不及时治疗,病死率很高。主要病症包括:皮肤损伤、感染性休克、发烧、发抖和恶心。腹痛、呕吐和腹泻的报道不多。死亡率为50%。大量用药状态的人被此菌感染后易有生命危险,其中包括:肝病、酗酒、癌症、糖尿病、慢性肾病、破坏免疫功能的药物或使用类固醇、胃酸少和艾滋病。

潜伏期2～48 h,症状持续2～3 d。

3. 控制措施

(1)防止食品受到创伤弧菌污染 采购来自无污染水域的海产品。

(2)控制创伤弧菌的生长繁殖　从捕捞到加工过程控制冷藏的温度和时间(表 2-28)。

表 2-28　控制创伤弧菌生长形成的时间/温度的指导

(引自《水产品 HACCP 指南(第四版)》,美国 FDA,2011)

产品温度/℃	最多累积暴露时间
8～10	21 d
11～21	6 h
高于 21	2 h

(3)杀菌处理后再食用　不要吃生牡蛎及其他生的贝类。烹调贝类(牡蛎、蛤、贻贝)时,加热要彻底;对于有壳贝类,水煮时水沸至贝壳张开后 5 min,蒸煮时蒸至贝壳张开后 9 min;不要吃烹调过程中壳未张开的贝类;对于无壳贝类,煮至水沸后3 min,炒温度约为 190℃至少 10 min。

(4)食品中限量控制　我国食品安全标准目前没有规定食品中的创伤弧菌限量。

(九)空肠弯曲菌危害及其控制

1. 生物学特性和来源

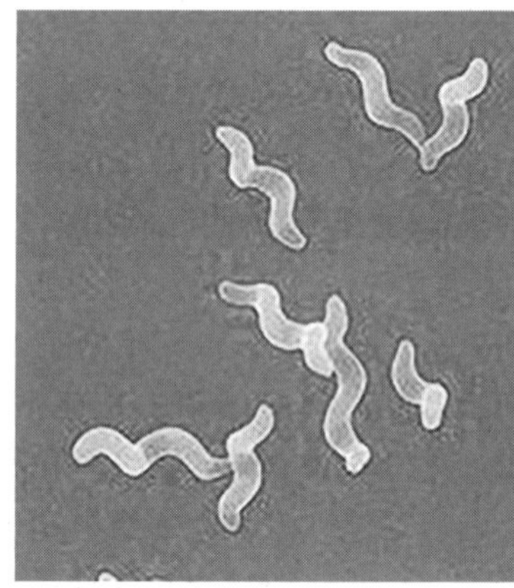

图 2-19　空肠弯曲菌

空肠弯曲菌属于感染型的非芽孢菌(图 2-19)。

空肠弯曲菌(*Campylobacter jejuni*)不形成芽孢。与大多数其他食源性致病菌相比,这种细菌是比较独特的,因为它的生长对空气量的要求非常严格。作为一种微需氧性细菌,它的生长只能忍受 3%～6%的氧气环境。该菌最适宜的温度是 42～44℃(与禽类的肠道温度一致)。

通常在生牛奶、生禽肉和生畜肉中发现这种细菌,生鸡肉更是该菌的最爱。一些科学家估计空肠弯曲菌近乎 100%地存在于零售鸡肉中。受污染的水也是一个重要的污染源。

空肠弯曲菌生长的条件见表 2-29。

表 2-29　空肠弯曲菌生长的条件

(引自《水产品 HACCP 指南(第四版)》,美国 FDA,2011)

最小 A_w	pH	最大盐浓度/%	温度/℃	需氧情况
0.987	4.9～9.5	1.5	30～45	微需氧

2. 危害特征

空肠弯曲菌是一种人畜共患病病原菌,可以引起人和动物发生多种疾病,被认为是引起全世界人类细菌性腹泻的主要原因。

空肠弯曲菌多以散发病例为主。婴儿和青年人感染率高于其他年龄段的人群,且男性感染率高于女性;5 岁以下的儿童发病率最高,尤其 1 岁以内的婴儿。主要症状有发热、头痛、腹痛、腹泻、呕吐等,偶尔会发生并发症,包括眩晕、背痛、肌肉痛和寒战等。体温普遍升高达40℃,可能伴有谵妄。25%患者有呕吐。发病初期腹痛于脐周围,后变为腹绞痛。然后出现腹泻,粪便很快变成水样,恶臭并常有胆汁样颜色,严重者可出现脱水和电解质紊乱。经1～2 d后有时出现痢疾样的脓血便。空肠弯曲菌通常引起腹痛和轻微或严重的血性腹泻。

这种疾病的潜伏期是2～5 d,症状持续时间通常是2～7 d。

在美国,每年约200万例空肠弯曲菌感染案例,其中约有100人因病情严重而死亡。2013年5月,因牛奶消毒不彻底导致宾夕法尼亚州148人被空肠弯曲菌感染而发病。

3. 控制措施

(1)防止食品污染　空肠弯曲菌常常通过交叉污染从生肉传播到其他食物中。典型的情况是通过食物接触面(例如切菜板或菜刀)或工作人员的手传播。因此,严格卫生操作,控制交叉污染是首要措施。

(2)控制细菌的生长繁殖　参照表2-30控制食品的贮存温度。

表2-30　控制空肠弯曲菌生长形成的时间/温度的指导

(引自《水产品HACCP指南(第四版)》,美国FDA,2011)

产品温度/℃	最多累积暴露时间
30～34	48 h
高于34	12 h

(3)食用前杀灭细菌　空肠弯曲菌抵抗力不强,易被干燥、直射日光及弱消毒剂所杀灭。空肠弯曲菌容易被热杀灭,牛肉在50℃下保持30 min以上可减少6 *D*以上的空肠弯曲菌,见表2-31。

表2-31　空肠弯曲菌的耐热特性参数

(引自《安全食品微生物学》Stephen J. Forsythe,2007)

培养基	pH	温度/℃	*D*值/min	*Z*值/℃
缓冲液	7.0	50	0.88～1.63	6.0～6.4
牛肉		50	5.9～6.3	

(4)食品中限量控制　我国食品安全标准目前没有规定食品中的空肠弯曲菌限量。

(十)产气荚膜梭菌危害及其控制

1. 生物学特性和来源

产气荚膜梭菌属于感染型的芽孢菌(图2-20)。

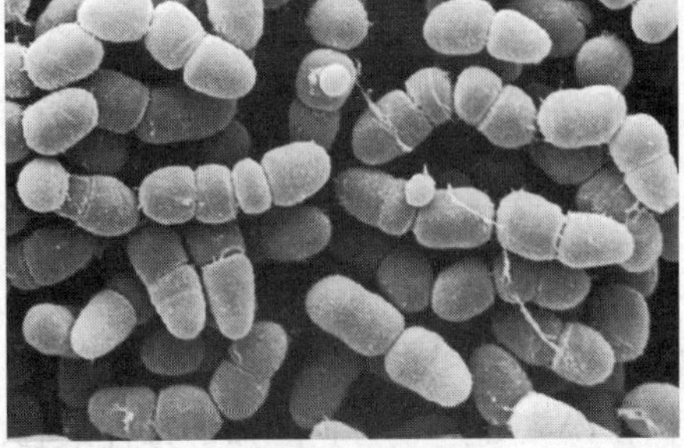

图2-20　产气荚膜梭菌

产气荚膜梭菌是接近厌氧(需要非常少的氧气)的食源性致病菌。在不当温度(10～60℃)下保存易变质食物常常与此细菌有关。产气荚膜梭菌被摄入后可在人类消化道内繁殖并产生毒素,从而导致毒素介导的感染型疾病。该菌的孢子可耐受100℃ 1～4 h。

该菌分布广泛,在大多数食物中存在。产气荚膜梭菌的常见来源是那些被煮、蒸、炖、焖或不完全烧烤后,又缓慢冷却并在次日以冷菜或未经充分加热就供应给消费者的肉类食品。

产气荚膜梭菌生长的条件见表 2-32。

表 2-32 产气荚膜梭菌生长条件

(引自《水产品 HACCP 指南(第四版)》,美国 FDA,2011)

最小 A_w	pH	最大盐浓度/%	温度/℃	需氧情况
0.93	5～9	7	10～52	微需氧

2. 危害特征

产气荚膜梭菌常引起腹痛和腹泻,潜伏期为 8～12 h,症状通常持续 1 d 或更短。

3. 控制措施

(1)防止食品被产气荚膜梭菌污染。

(2)控制细菌的生长繁殖　参照表 2-33 控制食品的贮存温度。烹调好的食物必须在 2 h 内从 60℃冷却至 21℃,并且在 6 h 内从 60℃冷却至 5℃。

表 2-33 控制产气荚膜梭菌生长繁殖的时间/温度的指导

(引自《水产品 HACCP 指南(第四版)》,美国 FDA,2011)

产品温度/℃	最多累积暴露时间
10～12	21 d
13～14	1 d
15～21	6 h
高于 21	2 h

(3)食用前杀灭细菌　加热食物至 63℃或以上。冷藏的食物必须重新加热至 74℃并保持在 60℃直到供应给消费者。

(4)食品中限量控制　我国食品安全标准目前没有规定食品中的产气荚膜梭菌限量。

二、毒素型致病菌危害及其控制

(一)肉毒梭菌危害及其控制

1. 生物学特性及来源

肉毒梭菌属于毒素型的芽孢菌(图 2-21)。

肉毒梭菌广泛分布于自然环境中,曾经从土壤、水、蔬菜、肉、奶制品、海洋沉积物、鱼类肠道、蟹和贝类的腮和内脏中分离出来。

肉毒梭菌能在厌氧情况下生长。这些特性使它能够在正常加热温度下存活,还可以在真空包装和改性气体包装中生长。肉毒梭菌能产生强烈的神经毒素,引起肉毒中毒。肉毒毒素是迄今为止所知的毒性最强的天然毒素之一。

根据肉毒毒素的抗原特性,肉毒梭菌可分为 A、B、C、D、E、F、G 7 个型,其中引起人类疾病的是 A、B、E、F 型。按照能否分解蛋白质，导致人类疾病的肉毒梭菌又可分为蛋白分解型（包括 A 型、一部分 B 型和 F 型）和非蛋白分解型（E 型、一部分 B 型和 F 型）。

所有类型的肉毒梭菌的营养细胞很容易被热杀死，但其孢子对热有极强的抵抗力，蛋白分解型的孢子比非蛋白分解型的孢子有更强的耐热性。杀灭 A 型和蛋白分解 B 型孢子所需的温度和时间为：100℃ 360 min，110℃ 36 min，120℃ 4 min；E 型孢子 80℃ 20 min 或 90℃ 5 min 即可杀灭。

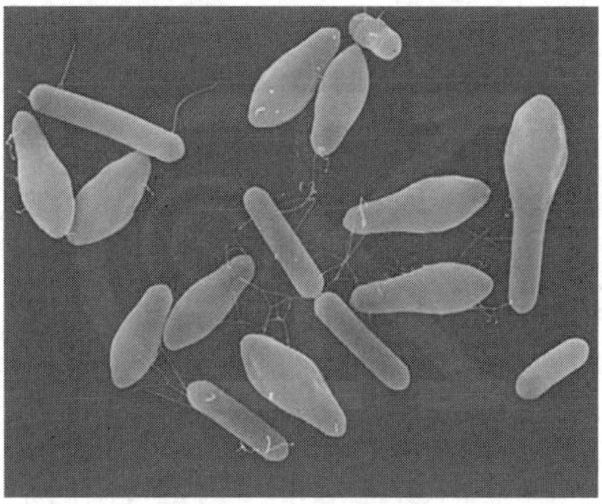

图 2-21 肉毒梭菌

肉毒梭菌毒素不耐热，$D_{85}=2.0$ min，85℃处理 24 min 可减少毒素活性 12 *D*。

肉毒梭菌生长并产毒的条件见表 2-34。

表 2-34 肉毒梭菌生长和毒素形成条件

（引自《水产品 HACCP 指南（第四版）》，美国 FDA，2011）

菌型	最小 A_w	pH	最大盐浓度/%	温度/℃	需氧情况
A 和蛋白分解 B 和 F 型	0.935	4.6～9	10	10～48	厌氧
E 和非蛋白分解 B 和 F 型	0.97	5～9	5	3.3～45	厌氧

因为肉毒梭菌产生耐热性芽孢，并且在厌氧环境下生长，肉毒中毒最常见于加热不当的罐装食品、家庭自制的发酵豆和谷类制品（如豆豉、豆酱、臭豆腐、臭蛋）中；或是半加工的水产品，如熏制、腌制和发酵的水产品；用去氧包装或限氧包装（即无氧包装，如覆盖不透氧薄膜的真空包装）来包装生的、未经冷冻的食品，如果包装后没有经过合适的冷藏，也会成为适合 E 型肉毒梭菌生长的潜在环境。

人类肉毒中毒主要由 A 型和 E 型引起。E 型肉毒梭菌在水产品中最常见，它能在低至 3℃时仍可生长，并且很少使食品产生腐败迹象。相反，A 型肉毒梭菌常见于陆生产品（例如蔬菜），它是加工设备常见的污染物，一般在高于 10℃生长，并使产品产生腐败气味。

2. 危害特征

肉毒中毒常见的症状是腹泻、呕吐、腹痛、恶心和虚脱，继发为视力重叠、模糊、瞳孔扩大、凝固；严重时发生吞咽困难和呼吸道肌肉麻痹并导致死亡。潜伏期 12～36 h，持续时间是数天至 1 年。

3. 控制措施

（1）热处理杀灭肉毒梭菌的营养体、孢子和毒素

①高压杀菌处理。低酸罐头食品通过高压高温热处理破坏 A、B、E 和 F 型肉毒梭菌的孢子。美国 FDA 规定，低酸罐头食品以肉毒梭菌为对象菌来杀菌，罐头的杀菌 $F_0=12\ Dr$。由于肉毒梭菌 A 型芽孢（最耐热类型）的 $Dr=0.21$ min（表 2-3），所以 $F_0=12\times0.21=2.5$ min。为安全起见，1978 年提出了 F_0 值不小于 3.0 min，称为肉毒梭菌最

低杀菌标准，所有低酸性罐头食品的杀菌 F 值都不能低于 3.0 min。

②巴氏杀菌加冷藏。产品包装后，通过巴氏杀菌杀死肉毒梭菌 E 型的孢子和非蛋白分解型肉毒梭菌的 B 型和 F 型，然后用冷藏来控制 A 型和蛋白分解型 B 型和 F 型肉毒梭菌的生长和产毒。如，鱼糜、水产调味汁在 90℃下保持 10 min，蓝雪蟹肉在 85℃下保持 31 min，可将肉毒梭菌 E 型的孢子和非蛋白分解型肉毒梭菌的 B 型和 F 型的数量下降 6 个对数级（6 D），然后将产品 5℃以下冷藏。

（2）控制肉毒梭菌的生长繁殖和毒素的形成（表 2-35）

①高盐（10%以上）或干燥处理。高盐（10%以上）或干燥处理使水活度降至 0.93 以下，阻止 A、B、E 和 F 型肉毒梭菌的生长和产生毒素。

②发酵或酸化产品。使产品 pH 低于 4.6，以控制 A、B、E 和 F 型肉毒梭菌的生长和形成毒素。

③用透气的薄膜来包装冷藏食品，保持有氧环境。有氧环境下肉毒梭菌无法生长和形成毒素。

④低温贮藏。

表 2-35　控制肉毒梭菌生长和毒素形成的时间/温度的指导

（引自《水产品 HACCP 指南（第四版）》，美国 FDA，2011）

菌型	产品温度/℃	最多累积暴露时间
A 型、蛋白分解 B 型和 F 型	10～21 高于 21	11 h 2 h
E 型、非蛋白分解 B 型和 F 型	3.3～5 6～10 11～21 高于 21	7 d >2 d 11 h 6 h

（3）食品中限量控制　除低酸性罐头食品要保证 12 D 杀菌外，我国食品安全标准目前没有规定食品中的肉毒梭菌限量。

（二）金黄色葡萄球菌危害及其控制

1. 生物学特性和来源

金黄色葡萄球菌属于毒素型的非芽孢菌。

金黄色葡萄球菌（*Staphylococcus aureus*）是一种不形成芽孢的兼性厌氧菌，这些细菌通常存在于皮肤、手、头发表面和鼻腔、咽喉中，也可于烫伤面、感染的刀口和创面、粉刺及疖子中发现，上呼吸道感染者的鼻腔带菌率超过 80%。无论何时都有 30%～50%的人体携带金黄色葡萄球菌，其中包括无任何疾病的人（图 2-22）。

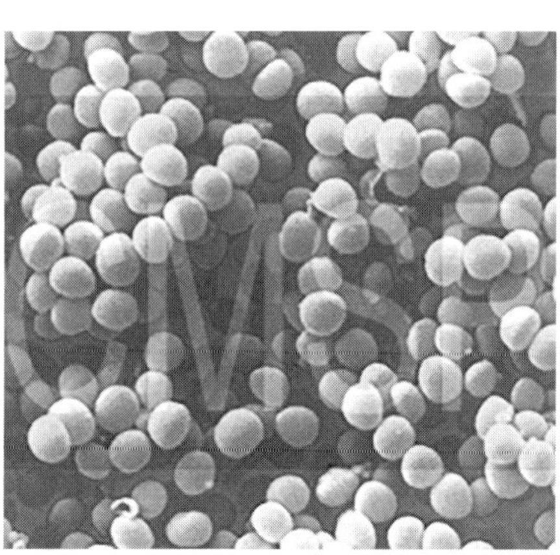

图 2-22　金黄色葡萄球菌

金黄色葡萄球菌是我国细菌性食物中毒的

主要致病菌之一，其致病力与该菌产生的金黄色葡萄球菌肠毒素有关。通常情况下金黄色葡萄球菌毒素不会达到引起食物中毒的水平，食物的细菌数量达到 100 000～1 000 000 CFU/g时产生的毒素才达到中毒剂量。

金黄色葡萄球菌可以产生 10 种代谢产物，其中之一就是肠毒素(简写 SE)。有 20%～35%的金黄色葡萄球菌能产生 SE。到现在为止已发现的 SE 共有 5 型，即 SEA，SEB，SEC，SED，SEE，最常引起食物中毒的是 SEA。SE，特别是 SEB 与其他细菌毒素不同之处在于它的耐热性。SEB 在 pH 7.3 时，加热至 60℃经 16 h 仍然保持其生物活性；加热至 100℃经 5 min 只能破坏其生物活性的一半；加热至 99℃经 87 min 才能完全灭活，这时毒素已经凝固。有时 SEB 加热至 115.6℃经 3 min 仍不能灭活，加热 115.6℃经 32.5 min 才可灭活。一般说，粗制毒素比纯化毒素更耐热。SEA 耐热性稍差，在 pH 6.85，200 μg/mL 的 SEA 溶液加热至 60℃ 20 min 可以减少其抗原活性的一半，70℃ 3 min 减少活性的 60%；加热至 80℃ 3 min 或 100℃ 1 min 即可完全灭活。

金黄色葡萄球菌生长和产毒的条件见表 2-36。从表中可以发现，金黄色葡萄球菌能在高盐或高糖以及低水分活度的食物中生长，但水分活度小于 0.85 或温度低于 10℃时不能产生毒素。

表 2-36 金黄色葡萄球菌生长和产毒的条件

(引自《水产品 HACCP 指南(第四版)》，美国 FDA，2011)

项目	最小 A_w	pH	最大盐浓度/%	温度/℃	需氧情况
生长	0.83	4～10	20	7～50	兼性厌氧
产毒	0.85	4～9.8	10	10～48	

金黄色葡萄球菌常污染蛋白质或淀粉含量丰富的食品，如奶和奶制品、肉和肉制品、糕点、剩饭等食品。

2. 危害特征

金黄色葡萄球菌食物中毒会产生严重的恶心、急性腹绞痛、呕吐和腹泻症状。潜伏期是 1～6 h，一般是 2～4 h。症状持续时间为 1～2 d。

2008 年 3 月，广东省某市三所幼儿园发生食源性疾病暴发事件，共 119 名幼儿发病。患儿症状以呕吐为主，部分伴有头晕、头痛、恶心、腹痛等。流行病学调查发现该事件是由奶制品引起，并在原料奶中检出金黄色葡萄球菌肠毒素。

3. 控制措施

(1)防止食品被金黄色葡萄球菌污染　既然人类是金黄色葡萄球菌主要的储备库，那么食品从业人员的双手就是将金黄色葡萄球菌引入食物的最常见途径。在食物附近谈话、咳嗽和打喷嚏产生的唾液飞沫也会污染食品。另外，生产环境、设施设备等也是该菌的来源。

(2)控制的金黄色葡萄球菌的生长和毒素形成

①冷藏抑制菌体生长和产毒。控制食品温度低于 10℃，或食品温度处于 10～21℃范围内累计时间不超过 12 h，或食品温度高于 21℃下累计时间不超过 3 h，可以抑制金黄

色葡萄球菌的生长和产生毒素(表 2-37)。

表 2-37 控制金黄色葡萄球菌生长和毒素形成的时间/温度的指导

(引自《水产品 HACCP 指南(第四版)》,美国 FDA,2011)

产品温度/℃	最多累积暴露时间
7～10	14 d
11～21	12 h
高于 21	3 h

②高盐或干燥处理。产品加盐至 20%以上或干燥处理使水活度降至 0.83 以下,防止金黄色葡萄球菌的生长和形成毒素。

(3)加热处理杀灭食品中的菌体　因为金黄色葡萄球菌菌体不耐热(加热 60℃ 30 min 即可杀灭),所以食品经过一般的热处理就可以杀灭污染的菌体。但要注意,金黄色葡萄球菌分泌的毒素非常耐热,SEB 毒素加热至 100℃经 5 min 只能破坏其生物活性的一半,加热至 99℃经 87 min 才能完全灭活,加热 115.6℃经 32.5 min 才可灭活。

(4)控制食品中金黄色葡萄球菌限量　罐头食品、液状婴儿配方食品、灭菌乳等应符合商业无菌要求,其他食品应符合表 2-38 要求。

表 2-38 食品中金黄色葡萄球菌限量　　CFU/g 或 CFU/mL

食品类别	采样方案及限量			
	n	c	m	M
巴氏杀菌乳、发酵乳、炼乳	5	0	0/25 g	—
乳粉、乳清粉、乳清蛋白粉、粉状婴儿配方食品、粉状特殊医学用途婴儿配方食品、固态特殊医学用途婴儿配方食品	5	2	10	100
稀奶油、奶油、无水奶油	5	1	10	100
干酪、再制干酪	5	2	100	1 000
肉制品:熟肉制品、即食生肉制品	5	1	100	10 000
水产制品:熟制水产品、即食生制水产品、即食藻类制品	5	1	100	10 000
粮食制品:熟制粮食制品(含焙烤类)、熟制带馅(料)面米制品、方便面米制品	5	1	100	10 000
即食豆类制品:发酵豆制品、非发酵豆制品	5	1	100	10 000
即食果蔬制品(含酱腌菜类)	5	1	100	10 000
饮料(包装饮用水、碳酸饮料除外)	5	1	100	10 000
冷冻饮品	5	1	100	10 000
即食调味品:酱油、酱及制品、水产调味品、复合调味料(沙拉酱等)	5	1	100	10 000
酒:发酵酒及其配制酒	5	0	0	—

（三）蜡样芽孢杆菌危害及其控制

1. 生物学特性和来源

蜡样芽孢杆菌属于毒素型的芽孢菌，在有氧或无氧条件下都能繁殖和生长，产生热稳定的蜡样芽孢杆菌毒素，这种毒素不能够被普通加热破坏。该菌属于人畜共患病原菌，其引起的食物中毒有明显的季节性，以夏秋季（6～10 月）最高（图 2-23）。

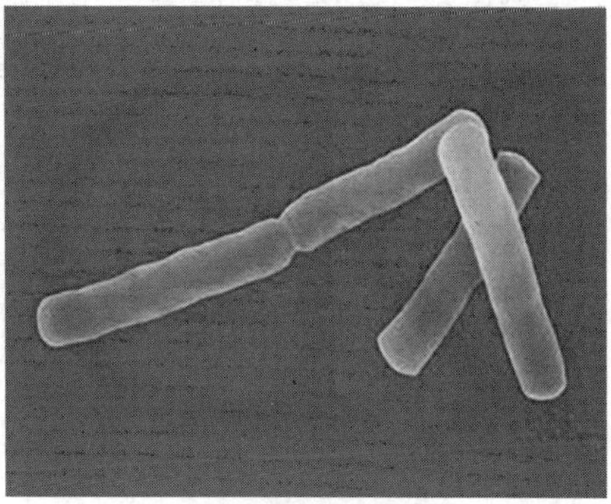

图 2-23　蜡样芽孢杆菌

蜡样芽孢杆菌来自土壤，很容易传播到许多类型的食品上。由蜡样芽孢杆菌引起的疾病通常与加热过的蔬菜和肉、米和奶制品没有正确贮藏有关。

蜡样芽孢杆菌生长并产毒的条件见表 2-39。

表 2-39　蜡样芽孢杆菌生长条件

（引自《水产品 HACCP 指南（第四版）》，美国 FDA，2011）

最小 A_w	pH	最大盐浓度/%	温度/℃	需氧情况
0.92	4.3～9.3	10	4～55	兼性厌氧

2. 危害特征

蜡样芽孢杆菌在食物中产生的毒素能引起 2 种类型的食物中毒，即腹泻型和呕吐型。腹泻型，症状为腹泻和腹痛，潜伏期 4～16 h，症状持续 12～24 h。呕吐型症状为恶心、呕吐，潜伏期 0.5～6 h，症状持续时间通常在 1 d 以内。

呕吐型常见由大米、马铃薯、面制品、玉米、玉米淀粉、大豆、豆腐和面粉等食品引起，腹泻型常与肉、奶、蔬菜和鱼等食品有关。

3. 控制措施

（1）防止食品被污染　控制产品来源、加工设施设备、环境、人员的卫生。

（2）控制细菌的生长和毒素形成（表 2-40）。

表 2-40　控制蜡样芽孢杆菌生长和毒素形成的时间/温度的指导

（引自《水产品 HACCP 指南（第四版）》，美国 FDA，2011）

产品温度/℃	最多累积暴露时间
4～6	5 d
7～10	17 h
11～21	6 h
高于 21	3 h

对热处理过的产品保持在 60℃以上，或快速（4 h 内）冷却到 10℃以下冷藏；冷藏的预处理食品快速加热到超过 74℃后再食用。

(3)热处理杀灭蜡样芽孢杆菌　肉汤中的蜡样芽孢杆菌的 D_{80}＝10～15 min；其游离孢子能耐受 100℃ 30 min，而干热灭菌需要 120℃ 60 min 才能杀死。

蜡样芽孢杆菌产生的毒素中，引起呕吐型中毒的毒素属于耐热性肠毒素，126℃ 90 min 仍不能使之失去活性；引起腹泻型中毒的毒素属于不耐热肠毒素，45℃ 30 min 或 56℃ 5 min 均可将其灭活。

(4)食品中限量控制　我国食品安全标准目前没有规定食品中的蜡样芽孢杆菌限量。

任务三　分析食品中的病毒性危害并制定控制措施

【任务引入】

2013 年“三八”妇女节前，广州大学城的几名同学自制了沙拉赠送给女生，结果导致逾 200 名学生出现恶心、呕吐、发热、腹痛和腹泻等食物中毒症状。经广州市疾病预防控制中心查明此次食物中毒的原因是这些学生食用的食物污染了诺如病毒。请您分析在制作这些沙拉过程中，可能在哪些环节污染了诺如病毒？怎样加工制作才是正确的方法？

【任务分析】

病毒性食物中毒的原因和细菌性食物中毒的原因相似，也是由于食用了含有病毒的食物。而食物中病毒的来源包括食物原料、加工用水、加工人员、设备用具、环境等因素，要保证加工后的食品不含有病毒，那就要在食品加工的各个步骤做好食物原料、加工用水、加工人员、设备用具、环境等对食品病毒污染的控制。

【任务实施】

步骤一　编制食品加工工艺流程

编制从原辅料进货到沙拉最终食用整个流程涉及的各个步骤。

步骤二　分析食品病毒来源

在下表(表 2-41)第一列填入步骤一编制的流程的各个步骤，第二列写出每个步骤可能造成食物被病毒污染的过程或活动。

步骤三　制定控制措施

按照防止食品受到病毒污染和杀灭病毒两项基本原则，分别制定每一个步骤的控制措施。

表 2-41　病毒性危害来源与控制措施

步骤	病毒来源(污染)	控制措施(防止污染或杀灭)

续表 2-41

步骤	病毒来源(污染)	控制措施(防止污染或杀灭)

【知识链接】

食源性病毒危害及其控制

一、污染性病毒危害及其控制

(一)甲型肝炎病毒危害及其控制

1. 生物学特性和来源

甲型肝炎病毒是一种食源性病毒,它与许多食源性感染有关。甲肝病毒引起的肝脏疾病被称作传染性肝炎(图 2-24)。食品从业人员能在不表现症状的情况下携带肝炎病毒达 6 周以上,因此它是食品经营企业十分重要的危险因子。在症状出现前 1 周以及发病后的 2 周内,病人都具有传染性。在这段时间,患病的食品从业人员能通过不洁的手和指甲将病毒传播给食物和其他工人。

本病毒适于低温生存,但在高温可杀灭;所以肝炎多发于冬季和早春。此病毒对紫外线照射较敏感;1.5 mg/L 余氯 60 min 仍存活;可在海水中长期生存且在海洋沉积物中可生存一年以上。

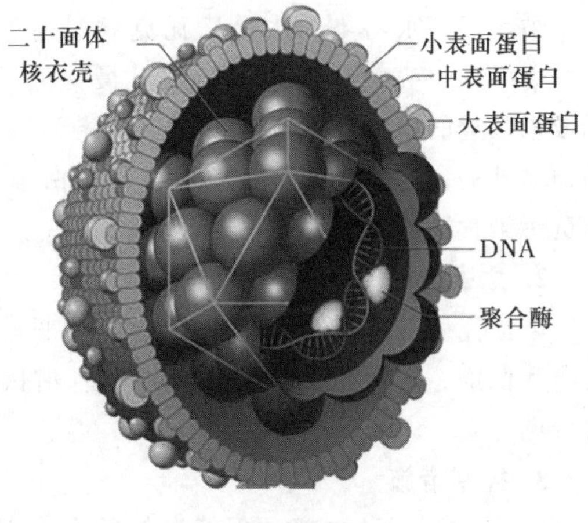

图 2-24 甲肝病毒

甲肝病毒存在于生活在污染水域的鱼以及牡蛎和蛤身上,如果生食或未熟透就会致病。同样,用被污染的水灌溉或洗涤的蔬菜也可能造成感染。对于大多数潜在危险性食物来说,如果感染了甲肝病毒的工人未按正确程序加工它们,那么它们就可能被病毒污染。通常这些食物包括制备好的沙拉、切成片的午餐肉、切成条的凉拌菜、三明治和面包类产品。由于潜伏期比较长，很难确定甲型肝炎感染的食物来源。

2. 危害特征

传染性肝炎的症状是发烧、恶心、呕吐、腹绞痛和乏力。随着病程的进展会出现肝脏肿大，可能还会出现黄疸——皮肤呈现明显的黄色。传染性肝炎的潜伏期是 15～50 d。较轻的传染性肝炎，症状通常持续数周，严重的病例可持续数月。

3. 控制措施

(1)食品从业人员必须保持良好的个人卫生并在作业前及如厕后彻底地清洗手和指甲。

(2)避免生食水产品。

(3)正确地加工食物并将它们加热至推荐的温度。

甲型肝炎病毒危害可通过彻底加热水产品和防止水产品加热后交叉污染来预防。但甲型肝炎病毒比其他类型更耐热。实验表明：牡蛎污染甲型肝炎病毒后，经 60℃ 加热 19 min 后病毒方可失活。因此，软体动物仅蒸煮到开壳(一般的加热工艺)并不足以使甲型肝炎病毒失活。

(二)诺如病毒危害及其控制

1. 生物学特性和来源

诺瓦克病毒(Norwalk Viruses，NV)最早是从 1968 年在美国诺瓦克市暴发的一次急性腹泻的患者粪便中分离的病原。此后，世界各地陆续自胃肠炎患者粪便中分离出多种形态与之相似但抗原性略异的病毒样颗粒，称为诺瓦克样病毒(Norwalk-like virus，NLV)，直至 2002 年 8 月第八届国际病毒命名委员会批准名称为诺如病毒(Norovirus，NV)(图 2-25)。诺如病毒被认为是引起非细菌性肠道疾病(胃肠炎)的主要原因。该病毒的传播途径为粪-口传播，媒介为污染的水、食物、手等；可感染人类，也可感染动物。

被生活污水污染的水是诺瓦克病暴发的最常见原因，而食物中以甲壳类动物及沙拉配料最常见。因此，食用生的或未熟透的蛤和牡蛎极有可能感染诺瓦克病毒。甲壳类动物之外的食物引起的食物中毒常常是由患病的食品从业人员污染食物造成的。

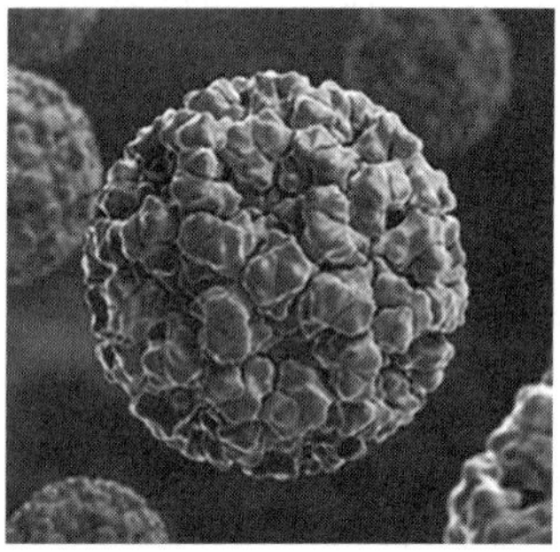

图 2-25　诺如病毒

2. 危害特征

诺瓦克病毒和诺如病毒都可致病，常见症状是恶心、呕吐、腹泻和腹痛，也可能出现头痛和低烧。疾病症状通常轻微而短暂，潜伏期为24～48 h，持续 1～3 d。严重的病例非常少见。

3. 控制措施

(1)食品从业人员必须保持良好的个人卫生，在开始作业前以及如厕后都要彻底地洗手和指甲。

(2)不吃生冷食品和未煮熟煮透的食物。

(3)充分加热食品和防止加热后的食品交叉污染。

(三)轮状病毒危害及其控制

1. 生物学特性和来源

轮状病毒(Rotavirus,RV)是一种DNA病毒(图2-26)。它是婴儿与幼儿腹泻的单一主因,几乎世界上每个大约五岁的小孩都曾感染过轮状病毒至少1次。然而,每一次感染后人体免疫力会逐渐增强,后续感染的影响就会减轻,因而成人就很少受到其影响。轮状病毒总共有8种,以英文字母编号为A、B、C、D、E、F、G与H。其中,A种是最为常见的一种,而人类轮状病毒感染超过90%的案例也都是该种造成的。

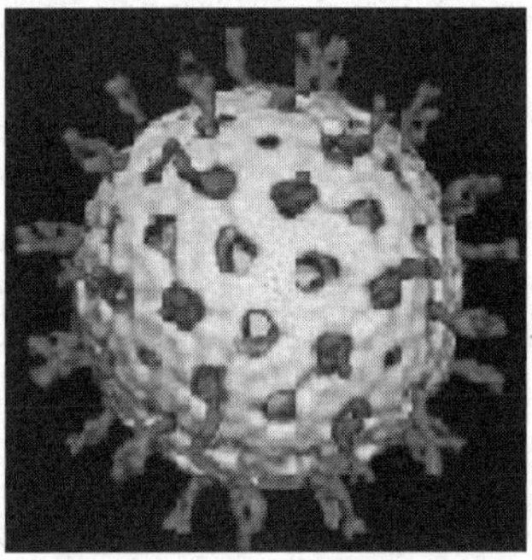
图2-26 轮状病毒

被感染的食品从业人员可能会污染需要处理但不需要烹调的食物,例如沙拉和水果。

2. 危害特征

轮状病毒能引起多种不同类型的轮状病毒胃肠炎,它也是婴儿及儿童腹泻的主要病因之一。全世界每年因轮状病毒感染导致的婴幼儿死亡的人数大约为900 000人,其中大多数发生在发展中国家。在我国,每年大约有1 000万婴幼儿患轮状病毒感染性胃肠炎,是引起婴幼儿严重腹泻的最主要病原。在美国每年有超过300万例的轮状病毒胃肠炎发生。

感染轮状病毒的病人会出现或轻或重的症状,常见的症状有呕吐、水样腹泻以及低烧。疾病的潜伏期为1～3 d,一般以呕吐开始,然后是持续4～8 d的腹泻。

3. 控制措施

(1)食品从业人员必须保持良好的个人卫生,在开始作业前及如厕后都要彻底地清洗双手和指甲。

(2)将食物烹调至合适的温度并正确地加工食物。

二、动物源性病毒危害及其控制

(一)疯牛病病毒危害及其控制

1. 生物学特性和来源

1986年11月至1995年5月,英国饲养的大约15万头牛感染了一种新的神经性疾病,病牛从发病到死亡仅数周到数月的时间,这种病被称为疯牛病,又称牛海绵状脑病。

疯牛病的病变因子是朊病毒(图2-27)。朊是蛋白质的旧称,朊病毒意思就是蛋白质病毒,朊病毒严格来说不是病毒,是一类不含核酸而仅由蛋白质构成的,可自我复制并具感染性的因子。

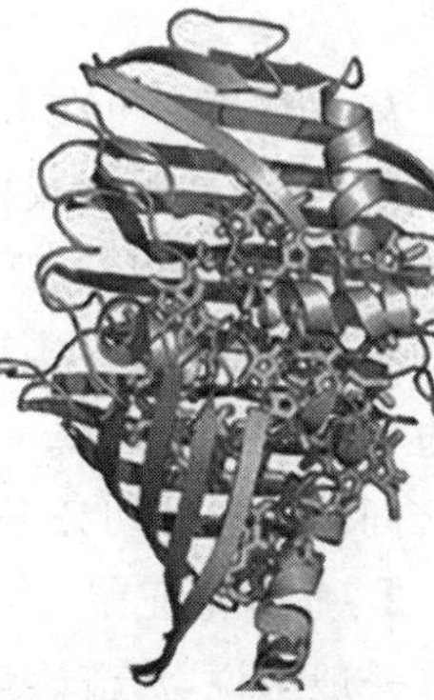
图2-27 朊病毒

当牛患上此病后,由于脑组织产生病变改变,导致病牛的大脑功能退化、精神错乱、甚至死亡。疯牛病不但在牛、羊等偶蹄类动物之间传播，而且人食用病牛的肉或脑组织等为原料制作的食品后，也有可能会被传染而发病，导致患者因脑组织遭到破坏而痴呆、精神错乱、瘫痪而导致死亡，其病死率达100%。

朊病毒特点是耐受蛋白酶的消化和常规消毒作用，用低于400℃的加热方式无法将其完全灭活，普通的理化消毒、灭菌方法都难以做到灭活，冷冻和干燥也无法将其消灭。可用5%次氯酸钙或1 mol/L NaOH溶液浸泡60 min处理。

2. 危害特征

人类食用感染了疯牛病的牛肉及其制品，特别是从脊椎剔下的肉（一般德国牛肉香肠都是用这种肉制成），会导致感染疯牛病病毒。

朊病毒可感染多个器官，已知的主要为脑髓，病程一般为14～90 d，潜伏期长达4～6年。人畜一旦发病，6个月至1年全部死亡，死亡率100%。其典型临床症状为出现痴呆或神经错乱、视觉模糊、平衡障碍、肌肉收缩等。病人最终因精神错乱而死亡。

3. 控制措施

（1）现在对于疯牛病的处理，还没有什么有效的治疗办法，只有防范和控制这类病毒在牲畜中的传播。一旦发现有牛感染了疯牛病，只能坚决予以宰杀并进行焚化深埋处理。

（2）不购买食用来自疫区的牛肉及其制品。

（二）禽流感病毒危害及其控制

1. 生物学特性和来源

禽流感病毒属甲型流感病毒，就是禽类的病毒性流行性感冒，是由A型流感病毒引起禽类的一种从呼吸系统到严重全身败血症等多种症状的传染病。禽流感容易在鸟类间流行，过去在民间称为“鸡瘟”，国际兽疫局将其定为甲类传染病。

禽流感病毒对乙醚、氯仿、丙酮等有机溶剂均敏感。常用消毒剂容易将其灭活，如氧化剂、稀酸、十二烷基硫酸钠、卤素化合物（如漂白粉和碘剂）等都能迅速破坏其传染性。

禽流感病毒对热比较敏感，65℃加热30 min或煮沸（100℃）2 min以上可灭活。病毒在粪便中可存活1周，在水中可存活1个月，在pH＜4.1的条件下也具有存活能力。病毒对低温抵抗力较强，在有甘油保护的情况下可保持活力1年以上。

病毒在直射阳光下40～48 h即可灭活，如果用紫外线直接照射，可迅速破坏其传染性。

禽流感病毒可在水禽的消化道中繁殖。病毒来源主要为患禽流感或携带禽流感病毒的家禽，另外野禽或猪也可成为传染源。

禽流感主要经呼吸道传播，通过密切接触感染的禽类及其分泌物、排泄物，受病毒污染的水等，以及直接接触病毒毒株被感染。在感染水禽的粪便中含有高浓度的病毒，并通过污染的水源由粪-口途径传播流感病毒。还没有发现人感染的隐性带毒者，尚无人与人之间传播的确切证据。

2. 危害特征

一般来说，禽流感病毒与人流感病毒存在受体特异性差异，禽流感病毒是不容易感染给人的。个别造成人感染发病的禽流感病毒可能是发生了变异的病毒。

3. 控制措施

(1)勤洗手,远离家禽的分泌物,接触过禽、鸟或禽、鸟粪便要注意用消毒液和清水彻底清洁双手。

(2)不购买食用来自疫区的禽肉、禽蛋及其制品。

(3)食用禽肉要煮熟、煮透,食用鸡蛋时蛋壳先用流水清洗,烹调加热充分,不吃生的或半生的鸡蛋。

(三)口蹄疫病毒危害及其控制

1. 生物学特性和来源

口蹄疫是由口蹄疫病毒感染引起的,偶蹄动物共患的急性、热性、接触性传染病,最易感染的动物是黄牛、水牛、猪、骆驼、羊、鹿等;黄羊、麝、野猪、野牛等野生动物也易感染此病。本病以牛最易感,羊的感染率低。口蹄疫在亚洲、非洲和中东以及南美洲均有流行,在非流行区也有散发病例。

口蹄疫发病后一般不致死,但会使病兽的口、蹄部出现大量水疱,高烧不退,使实际畜产量锐减。另外,有个别口蹄疫病毒的变种可传染给人。因此,每次暴发后只能屠宰和集体焚毁染病牲畜以绝后患。由于口蹄疫传播迅速、难以防治、补救措施少,被称为畜牧业的“头号杀手”。

病畜和带毒畜是主要的传染源,它们既能通过直接接触传染,又能通过间接接触(例如分泌物、排泄物、畜产品、污染的空气、饲料等)传染易感动物。

2. 危害特征

人一旦受到口蹄疫病毒传染,经过 2～18 d 的潜伏期后突然发病,表现为发烧,口腔干热,唇、齿龈、舌边、颊部、咽部潮红,出现水疱(手指尖、手掌、脚趾),同时伴有头痛、恶心、呕吐或腹泻。患者在数天后痊愈,预后良好。但有时可并发心肌炎。患者对人基本无传染性,但可把病毒传染给牲畜,再度引起畜间口蹄疫流行。

3. 控制措施

(1)通过注射接种疫苗预防口蹄疫发生,已发生口蹄疫的则扑杀。

(2)不购买食用来自疫区的偶蹄动物肉及其制品。

(3)80～100℃可杀灭口蹄疫病毒。食用畜肉要煮熟、煮透。

任务四　确定食品中的寄生虫危害及其控制措施

【任务引入】

某餐厅从当地的养殖场采购活草鱼(淡水鱼),用于制作餐厅的特色菜——生鱼片,其配料还包括新鲜姜丝、新鲜芫荽等。请您分析这道菜存在哪些寄生虫性危害?如何控制这些危害?

【任务分析】

生鱼片中寄生虫的来源即可来自制作这道菜的原料辅料(草鱼、生姜、芫荽等),也可来自加工用水、加工人员、设备用具、环境等污染,要保证加工后的食品不含有寄生虫,那就要做好食物原料、加工用水、加工人员、设备用具、环境等环节的寄生虫控制。

【任务实施】

步骤一　编制食品加工工艺流程

编制从原辅料进货验收到食品最终食用整个流程涉及的各个步骤。

步骤二　分析寄生虫来源

在表2-42第一列填入步骤一编制流程的各个步骤,第二列写出每个步骤可能造成食物被寄生虫污染的过程或活动。

表2-42　生鱼片菜肴中寄生虫性危害的控制措施

步骤	寄生虫来源(污染)	控制措施(防止污染、杀灭)
草鱼验收		
辅料验收		
消费者食用		

步骤三　确定控制措施

按照防止食品受到寄生虫污染和杀灭寄生虫两项基本原则,分别制定每一个步骤的控制措施。

【知识链接】

食源性寄生虫危害及其控制

一、寄生虫特性

武汉某“80后”小伙吃西餐时喜欢三分熟的牛排,日前因腹泻、腹痛来医院就诊,检验科人员检测其粪便涂片时发现了白色绦虫卵，确诊他患上牛带绦虫病。消化内科医生给他服用了特效药后，排出一条 1 m 多长的牛带绦虫。

寄生虫是需要寄主才能存活的生物，生活在寄主(动物或人)体表或其体内。世界上存在几千种寄生虫。但是只有约 20%在食物或水中能发现，所知的通过饮食感染人类的少于 100 种。能够通过食物或水感染人类的寄生虫有 2 类：寄生蠕虫和原生动物。寄生蠕虫包括回形蠕虫(线虫属)、带形蠕虫(绦虫属)和吸虫。这些寄生虫大小不同，从几乎看不见到几英尺长。原生动物是单细胞动物，如果没有显微镜大多数是看不见的。

对大多数食源性寄生虫来说，食品是它们自然生命循环的一部分。当人们食用被寄生虫污染的食品时，它们就有了感染人类的机会。

寄生虫存活的最重要的 2 个因素是合适的寄主(例如，不是所有的生物都能被寄生虫感染)和合适的环境(例如，温度、水、盐度等)。

一些寄生虫可以通过已被感染的寄主排泄的粪便所污染的水或食品传播。消费者是否接触到寄生虫取决于食物的选择、文化习惯和制备食品的方法。

寄生虫感染通常与生的或加热不完全的食物有关，彻底地加热食物能消除所有的食源性寄生虫。在一些特殊的情况下，冷冻也可以用来杀死食物中的寄生虫。

二、水生动植物源性寄生虫危害及其控制

(一)异尖线虫危害及其控制

1. 生物学特性和来源

异尖线虫(蠕虫)，与鱼类引起的食源性疾病有关。这种蠕虫 2.5～3.8 cm 长，直径如人发粗细，呈米黄色、象牙白、白色、灰色、褐色或粉红色(图 2-28)。

异尖属寄生虫所引起的食源性疾病通常与食用生的或未熟透的海产品有关。它们常存在于底栖鱼类中，例如，鳕鱼、黑线鳕、蝶鱼、鲑鱼、比目鱼、扁鲨，还有海胆、螃蟹、虾、海星和金枪鱼。已经明确地知道酸橘汁腌鱼或新鲜的海产品沙拉能携带这种寄生虫。

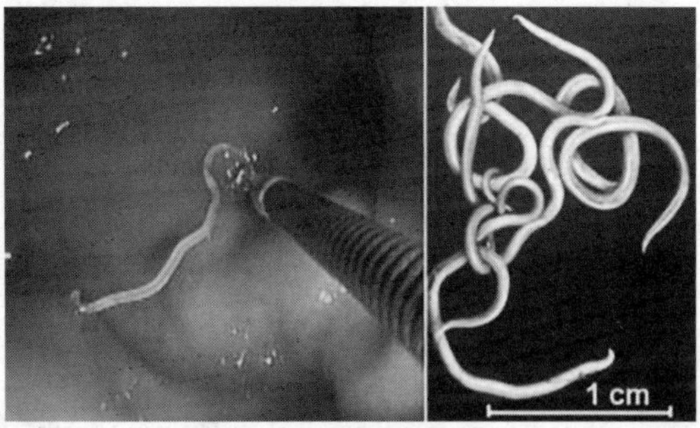

图 2-28　人胃中的异尖线虫

加工者了解或有理由认为消费者将食用生的或未彻底加热的水产品时，应考虑水产品中的寄生虫危害。对于经过其他处理的水产品，寄生虫被认为是污物而不是危害。

2. 危害特征

如果这些蠕虫吸附在宿主的胃上，出现的典型症状是呕吐和腹痛。咳嗽则是蠕虫吸附在咽部的最常见症状。如果蠕虫吸附在大肠则能引起刺痛和发烧，症状类似于阑尾炎的表现。

3. 控制措施

(1)人工检查去除寄生虫　修整鱼体腹腔内的漂浮物或在光照下人工去除寄生虫，

可以有效减少寄生虫数量，但不能完全消除寄生虫危害。

(2)冷冻处理杀死寄生虫　美国FDA出台了3种杀灭寄生虫的冷冻加工工艺：冷冻保存在－20℃以下7 d(总时间)，或冷冻在－35℃以下15 h，或冷冻在－35℃以下直到固化，然后在－20℃以下保存24 h可以完全杀死寄生虫。

欧盟规定在－18℃以下保存24 h以完全杀死寄生虫。

(3)将食品加热煮熟

(4)干燥食品

(二)环孢子虫危害及其控制

1. 生物学特性和来源

环孢子虫也被译成圆孢子虫，属于一种寄生虫。环孢子虫可经水进入食物，也可在食物加工过程中污染食物。

人吞食了成熟的环孢子虫卵囊，在空肠内消化液作用下脱囊，子孢子逸出并侵入小肠上皮细胞，进行裂体增殖。经历从滋养体到含有8～12个裂殖子的成熟裂殖体，裂殖体破裂，裂殖子逸出，侵入小肠上皮细胞，并重复这一过程(图2-29)。

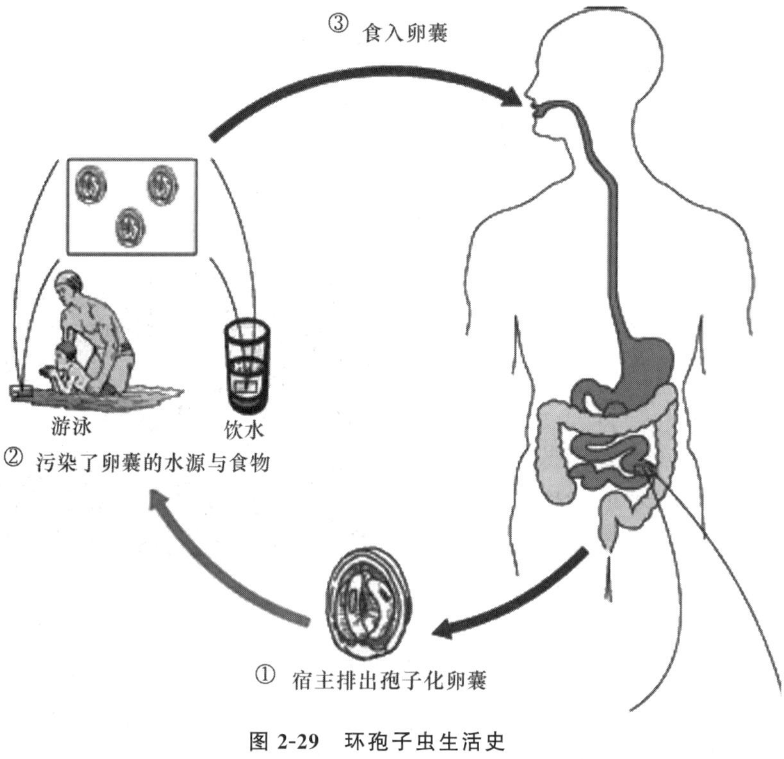

图2-29　环孢子虫生活史

最近发生的环孢子虫病例多由污染的水、木莓、草莓和其他新鲜食物引起。

2. 危害特征

环孢子虫寄生于小肠部位，通常导致水样腹泻(有时呈现喷射状)，平均每天腹泻达6～7次。其他症状包括食纳、消瘦、胀气、胃痉挛、恶心、呕吐、肌肉痛、低烧和乏力。症状通常在食用被污染的食物后1周内出现。如果没有采取治疗措施，症状能持续数星期或数月。

3. 控制措施

(1)由于环孢子虫病主要经水源和食物传播，因此加强水源的卫生监控，减少环境污染非常重要。

(2)生活中要养成经常洗手的良好卫生习惯，饭前便后、食品加工前后、接触宠物和家畜后都要洗手，以减少感染的机会。

(3)环孢子虫对外界环境的抵抗力较强，常用的蔬菜、水果消毒液不能将其杀灭。因此，吃水果前应该彻底清洗或去皮，不能只用消毒液浸泡；蔬菜应经过加热烹熟后再食用。

(4)生产上常用0.5%～1%的食盐水浸泡蔬菜以达到驱虫效果。

(三)小球隐芽孢虫和蓝氏贾第鞭毛虫危害及其控制

1. 生物学特性和来源

小球隐芽孢虫和蓝氏贾第鞭毛虫是称作原生动物的单细胞微生物。小球隐芽孢虫存在于被牛粪污染的水中。蓝氏贾第鞭毛虫则存在于野生动物、家庭宠物和被感染的人的粪便中(图2-30)。这2种类型的微生物都能引起食源性感染，它们是非细菌性腹泻的重要原因。

这些寄生虫最常见于被含有小球隐芽孢虫和贾第鞭毛虫包囊的污水所污染的水和食物中。小球隐芽孢虫能存在于任何携带寄生虫的食品从业人员接触的食物中。在提供食物的儿童看护中心，该病的发病率较高。施用粪肥的可做沙拉的蔬菜可能是人类感染的另一个来源。生吃受污染的蔬菜有可能造成感染。阴冷潮湿的环境适于贾第鞭毛虫的生存。

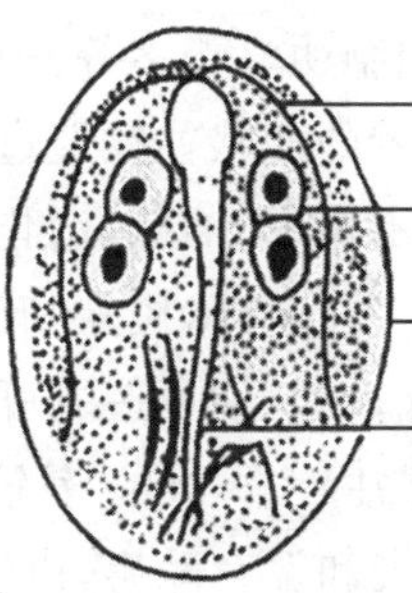

图2-30 蓝氏贾第鞭毛虫

2. 危害特征

肠道小球隐芽孢虫病最常表现出的症状是严重的水样腹泻，通常持续2～4 d。人类贾第鞭毛虫病能在摄入其包囊后1周内出现腹泻。这种病差不多可持续1个月。该病对高危人群可造成严重后果。

3. 控制措施

(1)使用合格的生活饮用水。

(2)仔细地加工食物防止污染和交叉污染。

(3)食品从业人员必须保持良好的个人卫生习惯，在开始作业前和如厕后必须彻底洗手。

(四)华支睾吸虫危害及其控制

1. 生物学特性和来源

华支睾吸虫，又称肝吸虫。虫体大小一般为(10～25) mm×(3～5) mm(图2-31)。

华支睾吸虫病的危害性主要是患者的肝脏受损。病变主要发生于肝脏的次级胆管。成虫在肝胆管内破坏胆管上皮及黏膜下血管，虫体在胆道寄生时的分泌物、代谢产物和机械刺激等因素，可引起胆管内膜及胆管周围的超敏反应及炎性反应，出现胆管局限性的扩张及胆管上皮增生。

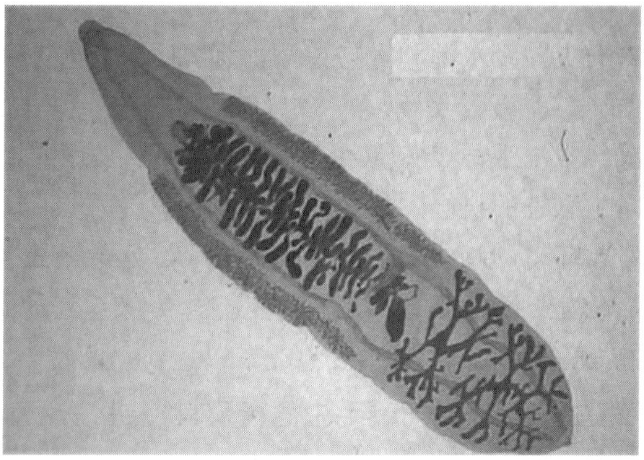

图 2-31 肝吸虫

华支睾吸虫病是由于生食或半生食含有囊蚴的淡水鱼、虾所致。

2. 危害特征

轻度感染时不出现临床症状或无明显临床症状；重度感染时，在急性期主要表现为过敏反应和消化道不适，包括发热、胃痛、腹胀、食欲不振、四肢无力、肝区痛、血液检查嗜酸性粒细胞明显增多等，但大部分患者急性期症状不很明显。临床上见到的病例多为慢性期，患者的症状往往经过几年才逐渐出现，一般以消化系统的症状为主，疲乏、上腹不适、食欲不振、厌油腻、消化不良、腹痛、腹泻、肝区隐痛、头晕等较为常见。常见的体征有肝肿大，多在左叶，质软，有轻度压痛，脾肿大较少见。严重感染者伴有头晕、消瘦、浮肿和贫血等，在晚期可造成肝硬化、腹水，甚至死亡。儿童和青少年感染华支睾吸虫后，临床表现往往较重，死亡率较高。除消化道症状外，常有营养不良、贫血、低蛋白血症、浮肿、肝肿大和发育障碍，以至出现侏儒症。

3. 控制措施

(1)防止食入活囊蚴　预防华支睾吸虫病应抓住经口传染这一环节，防止食入活囊蚴是防治本病的关键。自觉不吃鱼生及未煮熟的鱼肉或虾，改进烹调方法和饮食习惯，注意生、熟吃的厨具要分开使用。

(2)冷冻处理杀死寄生虫　美国 FDA 出台了 3 种杀灭寄生虫的冷冻加工工艺：冷冻保存在－20℃以下 7 d(总时间)，或冷冻在－35℃以下 15 h，或冷冻在－35℃以下直到固化，然后在－20℃以下保存 24 h 可以完全杀死寄生虫。

欧盟规定在－18℃以下保存 24 h 以完全杀死寄生虫。

三、畜禽源性寄生虫危害及其控制

(一)弓形虫危害及其控制

1. 生物学特性和来源

弓形虫属于形体最小、结构简单的一类叫作原虫的寄生虫，人感染弓形虫后引起弓形体病。这种寄生虫常存在于猫、大鼠、小鼠、猪、母牛、羊、鸡和鸟类等温血动物体内。

鼠弓形虫见于瘦肉，特别是猪肉、羊肉、鹿肉和牛肉中。水果和蔬菜也能被粪便污染（图 2-32）。

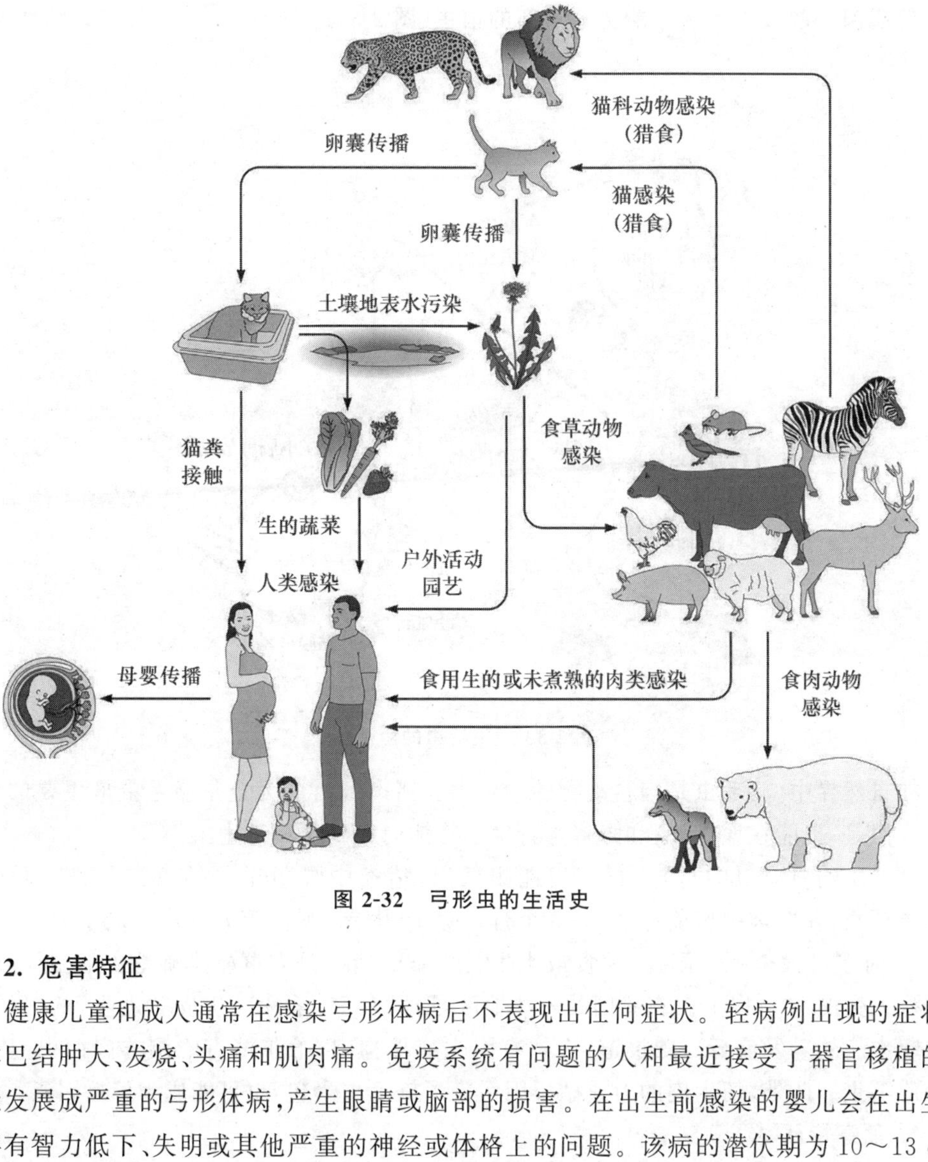

图 2-32 弓形虫的生活史

2. 危害特征

健康儿童和成人通常在感染弓形体病后不表现出任何症状。轻病例出现的症状包括淋巴结肿大、发烧、头痛和肌肉痛。免疫系统有问题的人和最近接受了器官移植的人可能发展成严重的弓形体病，产生眼睛或脑部的损害。在出生前感染的婴儿会在出生时就伴有智力低下、失明或其他严重的神经或体格上的问题。该病的潜伏期为 10～13 d。

3. 控制措施

（1）避免食用生的或未熟透的畜肉。

（2）在吃水果和蔬菜之前要先洗干净。

（3）在加工处理生肉和蔬菜之后也要洗手。

（4）防止生的食物借助洗涤和消毒设备、用具与烹调好的或即食的食物发生交叉污染。

（二）旋毛形线虫危害及其控制

1. 生物学特性和来源

旋毛形线虫简称旋毛虫，是一种引起寄生虫感染的线虫。它必须随着某些食肉动物的新鲜肌肉一起被吃下后才能传播给新的宿主(图 2-33)。

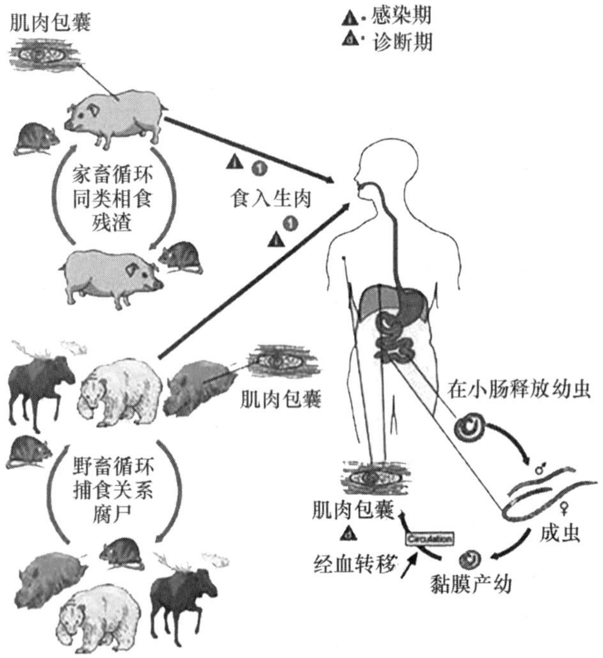

图 2-33　旋毛虫的生活史

在自然界中，旋毛虫是肉食动物的寄生虫。猪肉到目前为止是旋毛虫最主要的传播媒介。但是，也能在鹿、海象和野猪等野生动物体内找到这种寄生虫。

旋毛虫幼虫囊包的抵抗力较强，能耐低温，猪肉中囊包里的幼虫在－15℃需贮存20 d才死亡，在腐肉中也能存活2～3个月。晾干、腌制、涮食等方法常不能杀死幼虫，但在70℃时多可被杀死。因此，生食或半生食受染的猪肉是人群感染旋毛虫的主要方式，占发病人数的90％以上。在我国的一些地区，居民有食“杀片”“生皮”“剁生”的习俗，极易引起本病的暴发流行。曾报道，吉林有因吃凉拌狗肉，哈尔滨有吃涮羊肉而引起人群感染旋毛虫。此外，切生肉的刀或砧板因污染了旋毛虫囊包，也可能成为传播因素。

2. 危害特征

由旋毛虫引起的旋毛虫病对人体的危害性很大，严重感染常能致人死亡。很多种动物可作为该虫的宿主，是人兽共患的寄生虫病之一。

旋毛虫病的首发症状是恶心、呕吐、腹泻和腹痛。随后可出现发烧、眼周组织肿胀和肌肉强直，严重病例会死亡。该病的潜伏期是2～28 d。

3. 控制措施

(1)加强卫生教育改变食肉的方式，不吃生的或未熟透的猪肉及野生动物肉是预防本病的关键。

(2)认真执行肉类检疫制度,未经宰后检疫的猪肉不准上市,遵守食品卫生管理法规,发现感染旋毛虫的肉要坚决焚毁等,是防止人群感染的重要环节。

(三)猪带绦虫危害及其控制

1. 生物学特性和来源

猪带绦虫属人畜共患的寄生虫。幼虫也可侵入人体。猪带绦虫的成虫寄生在人的小肠中,中间寄主为猪故得名。被寄生的猪肉通称“米猪肉”“豆猪肉”或“珠仔肉”。人是该虫唯一的终宿主。

猪带绦虫的成虫为白色带状,全长为2～4 m,有700～1 000个节片。虫体分头节、颈部和节片3个部分。生活的绦虫以吸盘和小钩附着于肠黏膜上。

生的或半生的含猪囊尾蚴的猪、牛肉及其制品,被虫卵污染的饮用水,或生熟刀具不分等,都可感染活囊尾蚴(图2-34)。

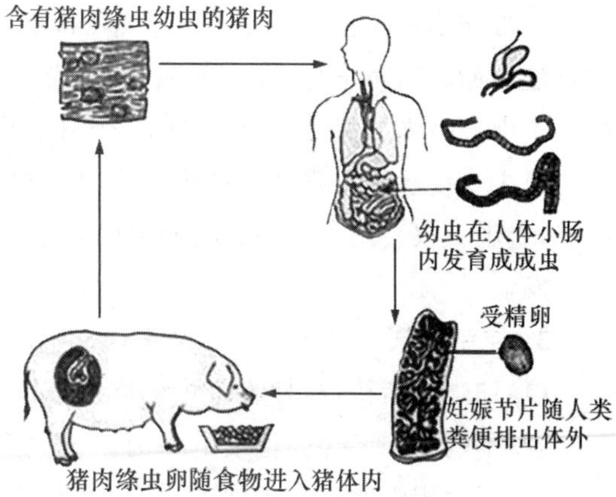

图2-34 猪带绦虫的生活史

2. 危害特征

人是该虫唯一的终宿主。成虫寄生于人的肠道,可引起患者消化不良、腹痛、腹泻、失眠、乏力、头痛,儿童可影响发育。囊尾蚴如寄生在人脑的部位,可引起癫痫、阵发性昏迷、呕吐、循环与呼吸紊乱;寄生在肌肉与皮下组织,可出现局部肌肉酸痛或麻木;寄生在眼的任何部位可引起视力障碍,甚至失明。

3. 控制措施

(1)猪粪经堆沤发酵杀死虫卵后再作肥料。

(2)加强生猪检疫,杜绝宰杀带虫猪肉上市销售。

(四)牛带绦虫危害及其控制

1. 生物学特性和来源

牛带绦虫又名牛肉绦虫、肥胖带绦虫或无钩绦虫,成虫乳白色,长4～8 m,最长可达25 m(图2-35)。虫体前端较细逐渐向后变宽变扁,头节略呈方形,直径1.5～2.0 mm无顶突及小钩,顶端略凹入,常因含色素而呈灰色。有4个杯形的吸盘,直径0.7～0.8 mm,位于头节的四角。颈部细长约为头节长度的数倍。链体由1 000余个节片组成,每一节片均有雌雄生殖器官各1套。牛带绦虫以人为其唯一终宿主;中间宿主则有牛科动物、野山羊、野猪、驯鹿、美洲驼、角马、狐、绵羊等。国内分布于青海、西藏、广西、贵州;国外分布在世界各地区。

其成虫主要寄生在人的小肠,幼虫寄生于黄牛、水牛、羊、鹿等动物的肌肉内。当牛食草时吞食虫卵后,卵在其十二指肠内孵化为六钩蚴虫,该幼虫穿过肠壁经血管或淋巴管带至肌肉,2个月后发育为牛囊尾蚴。人食用未煮熟含有囊尾蚴的牛肉而被感染。在人体内3个月左右即可变为成虫。

妊娠节片多于大便时伴同粪便排出体外,粪便中发现白色节片,而且常自动地单个或两三个节片相连从肛门爬出,在肛门周围作短时间蠕动,并滑落到会阴或大腿部,患者感到肛门瘙痒不适。

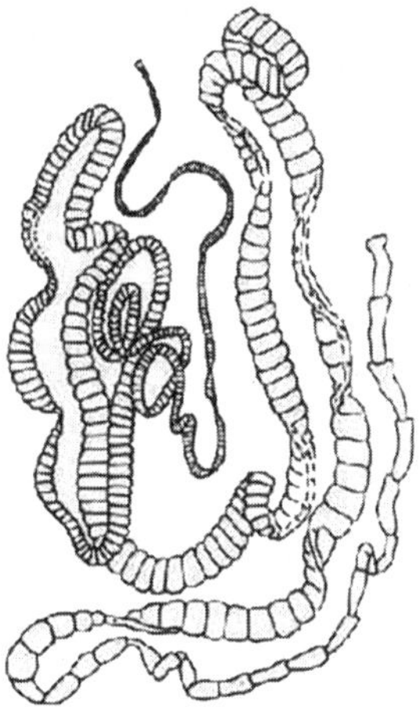

图 2-35 牛带绦虫

2. 危害特征

牛带绦虫的成虫主要寄生于人小肠,虫卵在牛肠内孵化并可随血循环遍布全身,生长成囊尾蚴,人一旦食用含有囊尾蚴的牛肉或被囊尾蚴污染的食物,3 个月后即会在小肠内发育为成虫。症状轻重程度与体内寄生虫数有关。轻者可毫无症状,重者不仅会出现腹泻、腹痛症状,还会出现贫血、肠梗阻等并发症。

3. 控制措施

(1)加强生猪检疫,杜绝带虫牛肉上市销售。

(2)不购买未经检验检疫的牛肉。

(3)不食用生的或未煮熟的牛肉,牛肉最好冷冻后再烹调食用。

复习思考题

一、单项选择题

1. 以下对金黄色葡萄球菌的生物学习性的描述正确的是(　　)。

A. 为兼性厌氧菌,可在 pH 4.0～10,7～50℃下生长,产生热稳定型毒素

B. 为厌氧菌,可在 pH 3.0～10,7～50℃下生长,产生热稳定型毒素

C. 为好氧菌,可在 pH 4.0～10,7～50℃下生长,产生热不稳定型毒素

D. 为兼性厌氧菌,可在 pH 3.0～10,7～50℃下生长,产生非热稳定型毒素

2. 七八分熟的涮羊肉不宜吃,因为比较容易得(　　)。

A. 旋毛虫病　B. 蛔虫病　C. 绦虫病　D. 肝吸虫病

3. 目前我国食源性疾病的首要病原菌是(　　)。

A. 副溶血性弧菌　B. 金黄色葡萄球菌　C. 志贺氏菌　D. 沙门氏菌

4. 细菌性食物中毒的类型包括(　　)。

A. 毒素型　B. 感染型　C. 混合型　D. 以上都是

5. 广州"福寿螺"事件中导致疾病的是(　　)。

A. 管圆线虫　B. 绦虫　C. 囊虫　D. 蛔虫

6. 细菌在食品经营企业中是食源性疾病常见的病因,因为(　　)。

A. 在适宜条件下,细菌能迅速生长　B. 许多食物中天然地存在着一些致病菌

C. 细菌很容易从一个来源传播至另一个来源　D. 以上都是

7. 大多数致食源性疾病细菌生长在(　　)。

A. 有氧或无氧,理想温度是39℃的环境下

B. 只能无氧,理想温度是43℃的环境下

C. 只能有氧,理想温度是43℃的环境下

D. 只能无氧,理想温度是39℃的环境下

8. 以下各组危害中,哪组最可能引起食源性疾病暴发?(　　)

A. 细菌和病毒　　B. 寄生虫和真菌

C. 弧菌属和志贺氏菌属　　D. 化学性和物理性危害

9. 大多数引起食源性疾病的细菌只能在pH为(　　)或以上,水分活度在(　　)以上的食物中生长。

A. 3.2;0.85　　B. 4.6;0.85　　C. 6.5;0.80　　D. 8.0;0.70

10. 下列哪种细菌产生的毒素最有可能致人死亡?

A. 空肠弯曲菌　　B. 肉毒梭菌

C. 产志贺氏毒素大肠埃希氏菌　　D. 单核细胞增生李斯特氏菌

11. 一些细菌会形成芽孢来帮助它们(　　)。

A. 繁殖　　B. 更容易移动

C. 在不利的环境条件中存活下来　　D. 在高酸性的食物中生长

12. 以下哪项属于组胺中毒?(　　)。

A. 肉毒鱼类毒素中毒　　B. 鲭精毒素中毒

C. 霉菌毒素中毒　　D. 麻痹型贝类中毒

13. 以下哪项不是潜在危险性食物?(　　)。

A. 瘦肉　B. 鱼和贝类　C. 禽和蛋　D. 干燥的谷物和香料

14. 控制食品经营企业中细菌生长的最有效方式是控制(　　)。

A. 时间和温度　　B. pH和氧气条件

C. 温度和水分活度　　D. 时间和可利用的食物种类

15. 食源性疾病是由什么引起?(　　)。

A. 不良个人卫生　　B. 交叉污染　　C. 不当温度　　D. 以上所有因素原因

16. 以下有关鱼和海鲜的错误描述是(　　)。

A. 鱼和海鲜不像红色肉类和家禽那样容易腐败

B. 通过气味和外观判断鱼和海鲜质量

C. 用来生食的鱼肉,必须食用前先商业冷冻

D. 软体甲壳类动物标签必须保持90 d,时间从容器售空开始计算

17. 以下最耐热的是(　　)。

A. 金黄色葡萄球菌　　B. 肉毒梭菌孢子

C. 沙门氏菌　　D. 单核细胞增生李斯特氏菌

18. 引起感染型食物中毒的微生物包括(　　)。

A. 沙门氏菌　　B. 变形杆菌　　C. 单增李斯特氏菌　　D. 以上都是

19. 引起毒素型食物中毒的微生物不包括(　　)。

A. 葡萄球菌　　B. 肉毒梭菌　　C. 沙门氏菌　　D. 蜡样芽孢杆菌

20. 以下最耐热的毒素是(　　)。

A. 肉毒毒素　　B. 金黄色葡萄球菌毒素

C. 蜡样芽孢杆菌毒素　　D. 副溶血性弧菌毒素

二、判断题

1. 沙门氏菌属是细菌性食物中毒中最常见的致病菌。常见引起中毒的食品有被其污染的肉类、鱼类、蛋类和乳类，其中以肉类占多数。感染型食物中毒的症状表现为急性胃肠炎症状。如果细菌已产生毒素，可引起中枢神经系统症状，出现体温升高、痉挛等。

2. “米猪肉”是患有囊虫病的死猪肉，这种肉对人体健康有极大的危害性。

3. 粮食中的黄曲霉毒素属于生物性危害。

4. 金黄色葡萄球菌可在含水量极少的(水分活度为 0.86，18%盐)食品上生长，这是其他致病菌所不能的。

5. 沙门氏菌最大的威胁来自不需要再加热的即食食品，其最主要的特征之一是能在 2℃下生长。

6. −18℃冷冻 20 h 能够杀死寄生虫。

7. 食用含有甲肝病毒的贝类引起的食源性疾病属于食物中毒。

8. 沙门氏菌食物中毒主要由动物性食品引起。

9. 沙门氏菌食物中毒属于毒素性中毒。

10. 针对致病菌的控制可通过加热、水活度、冷藏、使用防腐剂、pH 等方式控制。

三、简答题

1. 细菌性食物中毒发生的原因和特点是什么？

2. 预防细菌性食物中毒的基本原则和措施是什么？

3. 感染型致病菌和毒素型致病菌的控制措施有什么区别？

四、案例分析题

1. 有 14 个人在食用了受严重污染的馅饼之后感染肠炎沙门氏菌而得病，一些患者被收住院，其中一位 40 多岁平素身体健壮的男士因该病死亡。

在这次暴发中，奶油馅饼、奶油蛋糕派和蛋白甜饼都含有鸡蛋原料，工人们将带壳鸡蛋打碎，将蛋黄和蛋清加入这些食品中，然后在餐馆的面包房烘烤，之后在冷库内存放了约 2.5 h。随后装入小汽车的后备厢中运送到一家贸易公司，3～6 h 后被员工食用。剩下的食品在当天晚些时候和次日被吃掉，这时的食品已经在非冷藏条件下放置了 21 h。

请分析可能是哪些条件促进了细菌的生长并导致食物中毒？您认为应该怎么做才能防止此类事件的发生？

2. A 餐馆老板为保持得一尘不染的清洁环境、每日供应数以千计的稠厚多汁的肉排和巨大的土豆而自豪。

当一些烤好的土豆在营业结束后被剩下时，它们就会被存放在橱柜或货架上过夜。

次日早晨,沙拉厨师会过来将剩下的土豆剥皮、切块并与其他配料混合制成当天的特价菜——土豆沙拉。这已经是数年来的标准操作程序。成品被装在容器中冷却,准备在中午时销售。

有一天,土豆沙拉仍然像平时那样被制作并销售。前来吃午餐的顾客中有些人要了土豆沙拉。第二天,有34位顾客因肉毒中毒到医院就诊,2人死亡。

请您分析:这些人是怎样从土豆沙拉中感染肉毒中毒的?怎样才能防止这类事件的发生?

项目三
食品中的化学性危害及其控制

【知识目标】

1. 理解食品毒理学的基本术语；
2. 理解各种化学性危害的来源和分类；
3. 理解各种化学性食物中毒的原因。

【技能目标】

1. 能区分化学性危害的种类；
2. 能对常见化学性食物中毒采取预防措施；
3. 能识别食品中化学性危害的来源并采取控制措施。

【素质目标】

1. 培养学生语言表达、文字表达、团队协作等素质；
2. 培养学生发现问题、分析问题和解决问题的能力。

【思政目标】

1. 培养学生精益求精的工匠精神；
2. 树立生命至上的食品安全观；
3. 铭记并践行立德明志、博文精技的校训。

任务一　认知食品毒理学基础知识

一、食品毒理学基本术语与定义

（一）毒物、毒性和毒性作用

1. 毒物

在一定条件下，较小剂量就能够对生物体产生损害作用或使生物体出现异常反应的外源化学物称为毒物（图 3-1）。

毒物与非毒物没有绝对的界限，只是相对而言的。从广义上讲，世界上没有绝对有毒和绝对无毒的物质。任何外源化学物只要剂量足够，均可成为毒物。

图 3-1　当心中毒

例如，正常情况下氟是人体所必需的微量元素，但当过量的氟化物进入机体后，可使机体的钙、磷代谢紊乱，导致低血钙、氟骨症和氟斑牙等一系列病理性变化。就是人们赖以生存的氧和水，如果超过正常需要进入体内，如纯氧输入过多或输液过量过快时，即会发生氧中毒或水中毒。食盐是人类不可缺少的物质，如果一次摄入 60 g 左右也会导致体内电解质紊乱而发病。如一次摄入 200 g 以上，即可因电解质严重紊乱而死亡。

反之，一般认为毒性很强的毒物，如砒霜、汞化物、氰化物、蛇毒、乌头、雷公藤等也是临床上常用的药物。

正如欧洲中世纪科学家帕拉塞尔苏斯所说的："所有物质都是毒物，非毒物是不存在的，只是剂量大小区分是毒物还是药物。"

所以有人曾说"世界上没有无毒的物质，只有无毒的使用方法"，可见给毒物下一个绝对准确的概念是困难的。

一般认为，按人们日常接触的方式，以接触较小剂量时，可引起生物体产生有害作用的化学物称为毒物。

这样，人们就容易把一氧化碳、氰化物等列入毒物范围，而不会将食盐列入毒物。因此，确定所谓毒物或毒物衍生物必须考虑接触剂量、途径、时间及可能的影响因素。

2. 毒性和毒性作用

毒性又称生物有害性，一般是指外源化学物质与生命机体接触或进入生物活体体内后，能引起直接或间接损害作用的相对能力，或简称为损伤生物体的能力。也可简单表述为，外源化学物在一定条件下损伤生物体的能力。

一种外源化学物对机体的损害能力越大，则其毒性就越高。外源化学物毒性的高低仅具有相对意义。在一定意义上，只要达到一定的剂量，任何物质对机体都具有毒性，如果低于一定剂量，任何物质都不具有毒性，关键是此种物质与机体的接触量、接触途径、接触方式及物质本身的理化性质，但在大多数情况下与机体接触的剂量是决定因素。

毒性作用又称毒性反应，是指外源化学物引起机体发生生理生化机能异常或组织结构病理变化的反应;该反应可在各个系统、器官或组织出现。毒性作用的种类见表3-1。

表3-1　毒性作用种类

大类	小类
一般毒性作用(又称基础毒性作用)	急性毒性、慢性毒性
特殊毒性作用	致癌性、致突变性、致畸性

急性毒性是指机体(人或实验动物)一次或24 h内多次接触外源化合物之后,在短期内(最长14 d)所引起的毒性作用。世界卫生组织(WHO)根据毒物的急性毒性将毒物分为5个等级(表3-2)。

慢性毒性是指化学物对生物体长期低剂量作用后所产生的毒性作用。慢性毒性是衡量蓄积毒性的重要指标,也是制订卫生标准的重要资料。

致癌性指外源化学物质致使动物和人产生癌细胞的能力。

致畸性是指外源化学物使动物和人产生畸形胚胎的能力。

致突变性是指外源化学物质导致人和动物基因发生突变的能力。

表3-2　毒物的急性毒性分级(WHO)

毒性	符号	成人致死量/(mg/kg体重)	60 kg成人致死总量/g
剧毒	Ⅴ级	<50	<3
高毒	Ⅳ级	50～500	3～30
中等毒	Ⅲ级	500～5 000	30～300
低毒	Ⅱ级	5 000～15 000	300～900
微毒	Ⅰ级	>15 000	>900

在评估一种毒物的毒性时,不仅要考量它的急性毒性,还有考量它的慢性毒性和特殊毒性。如亚硝酸钠的急性毒性属于低毒,但它有致癌性。

(二)毒性参数

1. 致死剂量

致死剂量是指在急性毒性试验中外源化学物质引起受试动物死亡的剂量。

半数致死剂量(LD_{50}):指某实验总体中引起受试动物50%个体死亡所需的剂量。LD_{50}的单位为mg/kg体重,LD_{50}的数值越小,表示毒物的毒性越强;反之,LD_{50}数值越大,毒物的毒性越低。

LD_{50}值可受许多因素的影响,如动物种属和品系、性别、接触途径等,因此,表示LD_{50}时,应注明动物种系和接触途径。

绝对致死剂量(LD_{100}):指某实验总体中引起一组受试动物全部死亡的最低剂量。

最小致死剂量(MLD或LD_{01}):指某实验总体的一组受试动物中仅引起个别动物死亡的剂量,其低一档的剂量即不再引起动物死亡。

2. 安全限值

最大无作用剂量(ED_0):指在一定时间内,一种外源化学物按一定方式或途径与机体接触,根据目前认识水平,用最灵敏的实验方法和观察指标,未能观察到任何对机体的损害作用的最高剂量,也称为未观察到损害作用的剂量(NOELS)。

最大耐受剂量或最大非致死剂量(MTD 或 LD_0):指某实验总体的一组受试动物中不引起动物死亡的最大剂量。

每日允许摄入量(ADI):指正常成人每日摄入某种外源化学物质,对健康无任何已知不良效应的剂量。单位一般用 mg/kgBW(BW 表示体重)表示。ADI 值越高,说明该化学物质的毒性越低。

例如,某化学物质对人体的 ADI 值为 5 mg/kg,按体重 50 kg 计算,则每日摄入该化学物质在 250 mg 以内是安全的。

二、食品毒物的分类及对人体健康的危害

(一)分类

根据危害的主要来源,化学性的食品安全危害可分为 3 大类:食品中的天然毒物、食品污染物、有意加入食品中的毒物(表 3-3)。

按照 GB 2762—2017《食品安全国家标准 食品中污染物限量》的规定,食品污染物是指食品从生产(包括农作物种植、动物饲养和兽医用药)、加工、包装、贮存、运输、销售直至食用等过程中产生的或由环境污染带入的、非有意加入的化学性危害物质。

表 3-3 食品中化学性危害的分类

大类	小类	示例
天然毒物(生物毒素)	动物源性食品中的天然毒物	贝类毒素、河豚毒素
	植物源性食品中的天然毒物	木薯、苦杏仁中的皂苷和氰苷
	食物过敏原	牛奶、鸡蛋、小麦蛋白、花生、大豆、鱼
食品污染物	真菌毒素	黄曲霉毒素、赭曲霉毒素
	农药残留	乐果、敌敌畏、草甘膦
	兽药残留	磺胺嘧啶、庆大霉素、链霉素、瘦肉精
	有毒元素	铅、砷、镉、铬、汞
	食品加工贮藏过程中形成的毒物	苯并[a]芘、丙烯酰胺、氯丙醇、组胺、过氧化物
	放射性物质	
	其他污染物	亚硝酸盐、N-亚硝基化合物、多氯联苯
有意加入食品中的化学物质	食品添加剂	苯甲酸钠、二氧化硫、柠檬黄、亚硝酸钠
	非法添加物	吊白块、塑化剂、孔雀石绿

（二）食品毒物对人体健康的危害

食品中的化学性危害物质对人体健康的危害包括一般毒性作用和特殊毒性作用(表 3-4)。

表 3-4 食品中化学性危害物质对人体健康的危害

化学性危害		毒性作用
天然毒物（生物毒素）	动物源性食品中的天然毒物	一般毒性(急性毒性、慢性毒性)
	植物类食品中的天然毒物	一般毒性(急性毒性、慢性毒性)
	食物过敏原	急性毒性
污染物	真菌毒素	一般毒性、特殊毒性
	农药残留	一般毒性、特殊毒性
	兽药残留	一般毒性、特殊毒性
	有毒元素	一般毒性、特殊毒性
	食品加工贮藏过程中形成的毒物	一般毒性、特殊毒性
	食品过程中形成的毒物	一般毒性、特殊毒性
	其他污染物	一般毒性、特殊毒性
有意加入食品中的毒物	食品添加剂	一般毒性、特殊毒性
	非法添加物	一般毒性、特殊毒性

任务二　确定食品中的化学性危害并制定控制措施

【任务引入】

AB 食品公司生产鲜切生菜、炸鸡翅和炸鱼饼给一家汉堡快餐店。公司采购的原料为种植基地提供的新鲜生菜、合作企业提供的加工好的冷鲜鸡翅和淡水鱼饼半成品；生菜经清洗、臭氧水消毒、聚乙烯塑料袋包装后冷藏运输送到麦当劳门店；冷鲜鸡翅和鱼饼半成品经裹面糊、油炸、用食品级不锈钢桶包装后冷藏运输送到麦当劳门店。公司领导安排您分析这几个产品中可能存在的化学性危害并制定相应的控制措施，以确保公司的产品符合国家食品安全标准。

【任务分析】

食品中的化学性危害的限量主要依据的国家标准包括 GB 2760—2014《食品安全国家标准　食品添加剂使用标准》、GB 2761—2017《食品安全国家标准　食品中真菌毒素限量》、GB 2762—2017《食品安全国家标准　食品中污染物限量》、GB 2763—2019《食品安全国家标准　食品中农药最大残留限量》、GB 31650—2019《食品安全国家标准　食品中兽药最大残留限量》等标准。要保证公司产品中的化学性危害符合国家食品安全标准，就是要保证公司产品中潜在的化学性危害水平不超过国家食品安全标准规定的化学物质限量。

要识别食品中潜在的化学性危害，最简单的方法就是查阅相关产品的食品安全国家标准。食品安全国家标准中规定了限量的有毒有害物质，都是由国家食品安全风险评估中心组织专家经过风险评估确定的某类食品可能存在的有毒有害物质。

【任务实施】

步骤一　确定成品中潜在的化学性危害及其可接受水平

查阅 GB 2760—2014《食品安全国家标准　食品添加剂使用标准》、GB 2761—2017《食品安全国家标准　食品中真菌毒素限量》、GB 2762—2017《食品安全国家标准　食品中污染物限量》、GB 2763—2019《食品安全国家标准　食品中农药最大残留限量》、GB 31650—2019《食品安全国家标准　食品中兽药最大残留限量》及鲜切生菜、炸鸡翅和炸鱼饼的食品安全国家标准(如有)，确定成品鲜切生菜、炸鸡翅和炸鱼饼需要控制的化学性危害及其可接受水平(限量)。

步骤二　确定原辅料中潜在的化学性危害及其可接受水平

查阅 GB 2760—2014《食品安全国家标准　食品添加剂使用标准》、GB 2761—2017《食品安全国家标准　食品中真菌毒素限量》、GB 2762—2017《食品安全国家标准　食品中污染物限量》、GB 2763—2019《食品安全国家标准　食品中农药最大残留限量》、GB 31650—2019《食品安全国家标准　食品中兽药最大残留限量》，确定新鲜生菜、鸡翅、淡水鱼饼和面粉需要控制的化学性危害及其可接受水平(限量)。

步骤三　确定各加工步骤潜在的化学性危害，可能时确定其可接受水平

根据产品加工工艺，确定各加工步骤可能产生的化学性危害，包括污染、加工过程形成和有意加入的化学性危害。如果可能，就在相应的步骤确定危害的可接受水平。

步骤四　确定化学性危害的来源

对所识别的每一种化学性危害，确定其可能的来源。原辅料本身的化学性危害的来源可分为天然毒素、化学污染物和有意加入食品中的化学物质，加工过程导致的化学性危害可分为化学污染物和有意加入食品中的化学物质。

步骤五　制定化学性危害的控制措施

根据以上步骤的结果，针对每一个或一类危害制定对应的控制措施，以防止或降低危害至可接受水平，确保最终成品中的化学性危害不超过可接受水平(表 3-5)。

表 3-5　食品中化学性危害分析表

产品	加工步骤	潜在的化学性危害	危害可接受水平	危害来源	控制措施
鲜切生菜	鲜生菜接收				
	生菜清洗				
	生菜臭氧水消毒				
	包装				
	成品				

续表 3-5

产品	加工步骤	潜在的化学性危害	危害可接受水平	危害来源	控制措施
油炸鸡翅和鱼饼	冷鲜鸡翅接收				
	冷鲜鱼饼接收				
	面粉接收				
	裹面糊				
	油炸鸡翅				
	油炸鱼饼				
	包装				
	产品				

【知识链接】

食品中的化学性危害

第一大类　食品中的天然毒物

一、动物源性食品天然毒物

（一）贝类毒素

1. 来源

贝类生物毒素包括健忘性贝类毒素（ASP；软骨藻酸）、腹泻性贝类毒素（DSP；大田软海绵酸）、神经性贝类毒素（NSP）、麻痹性贝类毒素（PSP；石房蛤毒素）。这些毒素由某种称作甲藻的藻类产生。当贻贝、蛤、牡蛎和扇贝等滤食性的贝类吞食这些有毒的藻后，它们将这些毒素蓄积在体内脏器中，从而变得对人类有毒。贝类体内毒素的数量取决于水体中有毒藻（甲藻）的数量和被贝类滤过的水量。

PSP 常见于贻贝、蛤、牡蛎和扇贝，虾、蟹及鱼类中有时也发现。DSP 多见于贻贝和扇贝。ASP 多见于冰冷水域中的贻贝，最近在美国和加拿大西海岸，在邓杰内斯蟹、坦纳鱼、红岩蟹和凤尾鱼的内脏中也有发现。NSP 在海湾沿岸的海洋（咸水）中常见。

2. 危害特征

健忘性贝类毒素主要毒素成分是软骨藻酸和它的同分异构体。软骨藻酸是 ·种神经兴奋剂或神经刺激性毒素，能阻碍脑部的神经传导。

麻痹性贝毒属非蛋白质毒素，是有效的神经毒素，已经发现的毒素有 20 多种，有石房蛤毒素和新石房蛤毒素等。麻痹性贝毒不同毒素间的毒性差别很大，石房蛤毒素的毒性是眼镜蛇毒的80倍，0.5 mg即可使人毙命，是毒性最大的。

中毒的首发症状是嘴唇、舌头和指尖麻木。随着疾病的发展，会出现上肢、下肢和颈部麻木以及肌肉协调能力丧失。严重的呼吸窘迫和肌肉麻痹会在中毒的晚期出现。贝类中毒症状通常会在进食有毒贝类后30～60 min出现。在软骨藻酸中毒的病例中，症状可早在摄食后10 min就出现。

3. 控制措施

(1)选择贝类产品的捕捞水域　美国FDA规定了这几种天然毒素的检出水平：PSP 0.8 mg/kg，NSP 0.8 mg/kg，DSP 0.16 mg/kg，ASP 20 mg/kg。如果产地贝类的毒素含量超过以上限值，那就不能捕捞。

(2)净水排毒　由于贝类毒素来源于环境的藻类，所以将有毒的贝类放到没有毒藻的环境中养殖一段时间，贝体内的毒素可以逐渐排除，有毒的贝类可重新变为安全的无毒贝。

(3)正确加工　贝类毒素主要存在于内脏中，去除贝体内脏器就可以去除贝体内的绝大部分毒素。

贝类毒素都不能被普通加热、冷冻、盐渍、酸化或者烟熏工艺破坏。但是，有证据显示，麻痹性贝类毒素或者其他贝类毒素，可以通过商业罐头制造工艺将贝类毒素降低到安全的水平。

（二）西加鱼毒素

1. 来源

西加鱼，又译为雪卡鱼，原是指生长在加勒比海的一种卷贝品种，现在是指栖息于热带和亚热带海域珊瑚礁附近，因食用毒藻类而被毒化的鱼类的总称。有超过400种的鱼被认为是雪卡鱼，实际含毒的有数十种，常见的海洋物种包括梭鱼、鲶鱼、狗鱼、鲭鱼、红鳍笛鲷和鳞鲀。

西加鱼(雪卡鱼)毒素来自一种天然的藻类，但是到达人类食物链是通过在特定地区捕捞的特定鱼类身上进行毒素的富集。由于食用有毒藻类，某些种类的热带和亚热带鱼类能对人类产生毒性。与引起西加鱼毒素最相关的藻类品种是甲藻，有时也与其他品种相关。有毒海藻的数量受水的浊度和营养量的影响而波动。至少有4种已知毒素在含毒鱼类肠道、头部或中枢神经富集。

2. 危害特征

西加鱼毒素对小鼠的LD_{50}为0.45 μg/kg体重，毒性比河豚毒素强20倍。

西加鱼毒素中毒的症状变化很大，包括恶心、呕吐、腹泻、眩晕和呼吸急促等症状。西加毒素中毒的典型症状是冷热感觉倒错。首发症状通常在食用被污染的鱼后30 min至6 h出现。大多数症状会在几天内停止，但是完全康复可能需要数周或数月。高浓度的毒素会致人死亡。

3. 控制措施

这种毒素不能被加热或冷冻破坏，因此，预防是非常重要的。从有信誉的供货商那里购买海产品是最好的预防手段。

(三)河豚毒素

1. 来源

河豚毒素主要存在于河豚(图 3-2)和刺规等鱼种中,在云斑裸颊虾虎鱼、加州蝾螈、织纹螺等中也存在。

图 3-2 河豚

河豚是一种无鳞鱼,在淡水、海水中均能生活。河豚含有的河豚毒素,目前不清楚是鱼体自身产生,还是像西加毒素,由鱼类食用藻类引起。在太平洋、大西洋和印度洋中已知约有 80 种河豚含有河豚毒素。

河豚毒素在河豚体内的含量由高到低的部位依次为卵巢、鱼卵、肝脏、肾脏、眼睛和皮肤,肌肉和血液中含量较少。

2. 危害特征

河豚毒素是自然界毒性最大的非蛋白质神经毒素之一,毒性约为剧毒氰化钠的 1 250 倍。

河豚毒素是一种神经毒素,对人体的毒害作用主要是阻断神经兴奋传导,使末梢神经和中枢神经发生麻痹。

河豚毒素对小鼠的经口 LD_{50} 为 8.7 μg/kg 体重,对人的最小致死量为 40 μg/kg 体重。

河豚毒素中毒潜伏期一般在 10 min 至 3 h,患者首先感觉面部或手脚感觉异常,随后可能出现眩晕或麻痹,也可能出现恶心、呕吐、腹泻等胃肠症状,继而可能会呼吸急促,并可能出现低血压、抽搐和心律不齐,重患者可于发病后 30 min 内死亡。目前尚无特效解毒药物,病死率高。

3. 控制措施

(1)避免食用带有河豚毒素的食品　河豚毒素存在于河豚、刺规鱼、云斑裸颊虾虎鱼、加州蝾螈、织纹螺等水产品中,最安全的措施就是不食用这些水产品以及不认识的鱼类、螺类等产品。

2014 年 4 月 10 日卫生计生委发布公告,养殖红鳍东方鲀和养殖暗纹东方鲀为新食品原料。其他河豚均不允许上市销售和食用。

(2)正确加工处理　河豚毒素理化性质稳定,煮沸、盐腌、日晒等均不能将其破坏。河豚毒素微溶于水,对热稳定,热处理 120℃ 60 min 或 100℃ 24 h 方可完全破坏毒性,因此一般的烹调方法均无法破坏河豚毒素。

由于河豚毒素基本不存在于肌肉中,所以通过去除河豚内脏、皮、头等含毒部位,反复冲洗肌肉,可减少肌肉中毒素的含量。另外,河豚毒素在碱性条件下易降解,因此将洗净后的河豚鱼肉加 2%碳酸氢钠处理 24 h,也可有效降低毒素含量。

表 3-6 是国际食品微生物标准委员会(ICMSF)提供的水产品毒素常用控制措施。

表 3-6　水产品毒素常用控制措施

（引自《微生物检验与食品安全》，ICMSF，2012）

毒素名称	常见的污染食物	控制措施		
		控制初始污染水平	降低污染水平	预防危害水平增加
鲭鱼毒素	金枪鱼、鲭、鲯鳅鱼	选择新鲜收获后经过冷冻的鱼类；制定组胺的标准：平均 100 mg/kg，9 个检测样本中可以有 2 个介于 100～200 mg/kg，但所有样本均不得超过 200 mg/kg	组胺的水平在收获后不能降低	将鱼类迅速冷却，保持低温（<8℃；最好更低）以预防组胺形成
河豚毒素	河豚	避免食用河豚科的鱼类	毒素水平在收获后不能降低，且毒素稳定	毒素水平不会增加
雪卡毒素	某些热带珊瑚鱼	避免食用高危区域和季节收获的热带珊瑚鱼	毒素水平在收获后不能降低，且毒素稳定	毒素水平不会增加
贝类毒素（PSP，DSP，ASP，NSP）	双壳贝类	监测贝类收获区域的有毒浮游植物，如果必要，延缓收获时间，PSP 标准 80 μg/100 g，ASP 20 μg/100 g	毒素水平在收获后不能降低，且毒素稳定	毒素水平不会增加

（四）动物肝胆毒素

1. 来源

青鱼、草鱼、白鲢、鲈鱼、鲤鱼等淡水鱼胆的胆汁中含有一种神经毒素，不易被热和乙醇所破坏。

熊、牛、羊、山羊和兔等陆生动物的肝脏中含有的胆酸有一定毒性。

2. 危害特征

食用以上鱼胆和动物肝脏可引起中毒，首先出现胃肠道症状，肝脏、肾脏均受到损害，并可造成肝肾功能衰竭而导致死亡。

3. 控制措施

（1）不食用鱼胆。

（2）不要大量或小量连续食用动物肝脏。

二、植物源性食品天然毒物

（一）苷类化合物

1. 来源

苷是植物中广泛存在的化学结构形式，有醇苷、黄酮苷、皂苷等多种形式。氰苷类化合物存在于多种植物中，特别是木薯的块根、苦杏仁（图 3-3）、苦桃仁等果仁中含量比较高。

2. 危害特征

皂苷和氰苷常引起食物中毒。氰苷水解后生成氢氰酸，对呼吸中枢有镇静作用，过量摄入会引起中毒，而且氢氰酸能与细胞色素氧化酶结合，阻断细胞呼吸时氧化还原电子的传递，使细胞代谢停止，呼吸麻痹致死。皂苷对黏膜特别是鼻黏膜的刺激较大，内服量过大可伤害肠胃，引起呕吐，并可导致中毒。

图 3-3　苦杏仁

3. 控制措施

不生吃各种苦味果仁和木薯，也不能食用炒过的。若食用上述果仁，必须用清水充分浸泡，再敞锅蒸煮，使氢氰酸挥发掉。食用苦味木薯前必须将木薯去皮，加水浸泡 3 d 以上，再敞锅蒸煮，熟后再置清水中浸泡 40 h。

（二）龙葵素

1. 来源

龙葵素是一种生物碱，未成熟或发芽的马铃薯（图 3-4）含这种毒素每 100 g 可达 30～60 mg，甚至高达 400 mg 以上；成熟的马铃薯含龙葵素很少，每 100 g 仅含 5～10 mg 毒素。

2. 危害特征

龙葵素可引起溶血，并对运动中枢及呼吸中枢有麻痹作用。所以大量食用未成熟或发芽马铃薯可引起急性中毒。

图 3-4　发芽马铃薯

3. 控制措施

（1）避免食用未成熟（青紫皮）以及发芽的马铃薯。

（2）发芽马铃薯引起中毒的龙葵素可溶于水，遇醋酸易分解，高热、煮熟亦能解除其毒性。少量发芽马铃薯应深挖去发芽部分，并浸泡 0.5 h 以上，弃去浸泡水，再加水煮透，倒去汤汁才可食用。另外在煮马铃薯时可加些米醋，促其毒素分解。

（三）秋水仙碱

1. 来源

秋水仙碱，一种生物碱，因最初从百合科植物秋水仙中提取出来，故名，也称秋水仙素。秋水仙碱主要存在于鲜黄花菜中（图 3-5）。

2. 危害特征

秋水仙碱经肠道吸收后可在体内转变成有毒的二秋水仙碱，强烈地刺激胃肠等消化系统和呼吸系统，引

图 3-5　黄花菜

起咽干、口渴、烧心、恶心、呕吐、腹泻等，严重者会出现尿血或尿闭等现象。

3. 控制措施

秋水仙碱可溶解于水，因而通过水焯、泡煮等过程会减少其在蔬菜中的含量，减少对人体的毒性。所以，食用鲜黄花菜前应用水浸泡或用开水浸烫后弃水炒煮食用。

（四）麦角碱

1. 来源

麦角菌科麦角菌属麦角菌（图 3-6）的孢子落入小麦、黑麦、大麦、玉米、水稻等禾本科植物花蕊的子房中繁殖发育，形成菌丝，经 2～3 周后，即在麦穗上形成麦角。麦角中含有麦角碱（ergostine）、麦角胺（ergotamine）、麦碱（ergine）等多种有毒的麦角生物碱。麦角的毒性非常稳定，可保持数年之久，在焙烤时其毒性也能不被破坏。

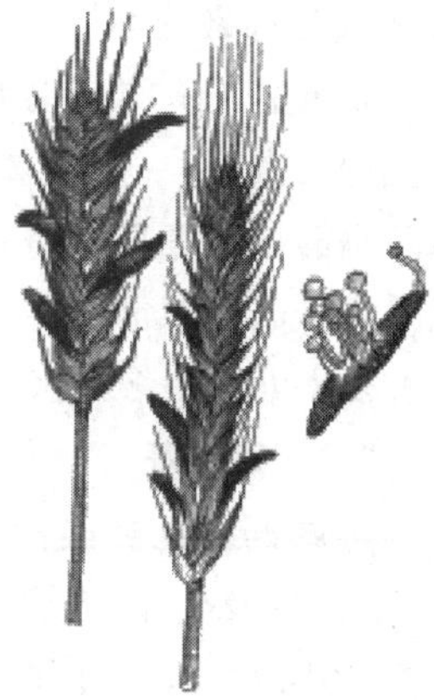

图 3-6 麦角菌

2. 危害特征

急性中毒症状是呕吐、腹泻、脉微弱、皮肤刺痒、头晕、感觉迟钝、语言不清、痉挛、昏迷，严重者可死于心力衰竭。

长期少量进食麦角病谷，也可发生慢性中毒。

3. 控制措施

（1）清除食用粮谷及播种粮谷中的麦角　可用机械净化法或用 25％食盐水浮选漂出麦角。

（2）控制谷物中麦角的限量　我国《粮食卫生标准》规定，大米、玉米和豆类粮食中不得检出麦角，小麦、大麦麦角含量不得高于 0.01％。

（五）植物凝聚素和皂苷

1. 来源

生的豆类食物［四季豆（图 3-7）、黄豆、豆角等］中含皂苷（存在于豆荚中）和血球凝集素（存在于豆粒中）。

图 3-7 四季豆

2. 危害特征

皂苷能破坏血液中红细胞，并对人体消化道具有强烈的刺激作用，能引起局部充血、肿胀，及胃肠道炎症。血球凝聚素能使血液凝结，引起剧烈地呕吐。如果烹调时加热不彻底，其中的毒素未被破坏，食用后就会引起中毒。

3. 控制措施

（1）在烹调时把全部豆充分加热、彻底炒熟，就可以破坏其中含有的皂苷和血球凝集素。四季豆烹饪时，先将四季豆放入开水中烫煮 10 min 以上再炒。

（2）在煮豆浆时，要注意豆浆的“假沸”现象，即豆浆由于皂素作用，在加热至 80℃时便出现泡沫上浮现象，造成豆浆已煮沸的假象，其实豆浆并没有煮熟，其中的有害物质没有被破坏。正确的做法是烧煮生豆浆时将上涌泡沫除净，煮沸后再以文火维持煮沸 5 min 左右，可使其中的胰蛋白酶抑制物彻底分解破坏。

（六）蘑菇毒素

1. 来源

我国目前的毒蘑菇多达 400 种，从南到北，分布极广。由于生长条件不同，各地区发现的毒蘑菇种类、大小、形状及其所含毒素均不同(图 3-8)。

图 3-8　毒蘑菇

毒蘑菇的有毒成分十分复杂，有的一种毒蘑菇可以含有几种毒素，而一种毒素又可以存在数种毒蘑菇中。三、四月份是蘑菇中毒高发期的开始，我国每年在此季节都会发生因采食野菇而中毒的事件，中毒发生地区分布十分广泛，可以波及南北方很多地区。

2. 危害特征

毒蘑菇一旦被误食就会引发中毒，而后果通常都很严重，常常危及生命，有毒蘑菇中毒的病死率一直很高，一般都在 50%左右，而且往往具有家庭聚集性中毒的特点。

误食毒蘑菇后，一般潜伏期最快为 0.5～4 h，有的6～7 h 开始发病；引起精神症状的毒蘑菇发作最快时间有的可达 10 min 发病，主要表现流涎、流泪、潮热、谵妄、精神错乱、幻视幻听等，抢救及时死亡率低；如果是引起脏器中毒损伤的毒蘑菇，中毒后病情凶险，死亡率高，多半病人都是由胃肠型中毒后，部分毒肽进入内脏，引起肝、肾、脑、心等实质性脏器损害。以肝脏损害最为严重，表现肝肿大、转氨酶升高、肝坏死等。

毒蘑菇中毒的临床表现还有可能会出现“假愈期”，即经相应治疗后，症状逐步缓解甚至消失，但在 1～2 d 后，病情会迅速恶化，致使患者出现以肾衰竭为主的多器官衰竭。因此，提醒：在中毒初期症状出现缓解时，仍应在医院积极接受治疗，观察一段时间，确保病情稳定好转。

3. 控制措施

(1)野生蘑菇种类繁多，其鉴定需要丰富的专业生物分类学知识和条件，就普通人而言，很难识别。因此，对于野生蘑菇，建议最好是不采、不买、不卖、不食，以防中毒。

(2)如果自行采摘蘑菇煮食，食用后很快出现恶心、呕吐、剧烈腹泻和腹痛、视力模糊等表现，就应该高度怀疑是毒蘑菇中毒，必须马上就医，千万不能拖延，否则就可能会坐失最佳治疗期，引起昏迷乃至死亡等严重后果。

三、食物过敏原

1. 来源

食物过敏原是指食物中能够引起机体免疫系统异常反应的成分。食物过敏原一般为相对分子质量 10 000～70 000 的蛋白质或糖蛋白，可分为主要过敏原与次要过敏原，大多数过敏患者对主要过敏原敏感。有 5%～8%的儿童和 1%～2%的成人对食物和食物配料中的过敏原产生变态反应。

欧盟确定的过敏原如表3-7所示。

表3-7 食物过敏原

序号	过敏原	含有该过敏原的食品实例	例外
1	含麸质的谷类(小麦、黑麦、大麦、燕麦等)及其产品	麦麸、小麦提取物、糊精、粗麦粉、黑面粉、麦芽、细面粉、胚芽、明胶蛋白、淀粉,包括酶处理、酸处理或化学变性淀粉、粗粒小麦粉、水解麦粉、面包、饼干、面条	小麦衍生的葡萄糖、葡萄糖浆、果糖、麦芽糊精、糖醇、焦化葡萄糖。精练、脱色和脱嗅的麦芽油及其衍生物
2	甲壳动物及其产品		
3	蛋类及其产品	蛋清蛋白、整卵、蛋黄、蛋清、溶解酵素、水解卵蛋白蛋黄酱、蛋卷	不含蛋白质的乳糖和乳糖醇
4	鱼及其产品		金枪鱼、鱼骨胶、含凤尾鱼酱的伍斯特郡沙司。经精练、脱色、脱嗅处理的鱼油及其衍生物(氢化油)
5	花生及其产品	花生酱、花生块、花生粉、花生蛋白、水解花生蛋白	精练、脱色和脱嗅的花生油及其衍生物(氢化油)
6	大豆及其产品	大豆衍生植物蛋白或组织化植物蛋白质、味噌、豆腐、水解大豆蛋白	大豆卵磷脂;精练、脱色和脱嗅的大豆油及其衍生物(氢化油)
7	牛奶及其产品	人造黄油、奶油巧克力、冰激凌、奶油冻、牛轧糖、布丁、乳酪、酪蛋白、干酪、松、软干酪、凝乳、乳清、乳球蛋白、麦乳精、奶油、酪蛋白酸钠、酸奶油、酸乳酪、水解牛奶	
8	坚果及其产品	杏仁、秦果、胡核桃、腰果、山核桃、巴西坚果、澳洲坚果、阿月浑子果仁、某些巧克力	经精练、脱色、脱嗅处理的木本坚果的油及其衍生物(氢化油)
9	芹菜及其产品	芹菜的根、茎、叶	种子
10	羽扇豆及其产品		
11	软体动物及其产品		
12	芥末及其产品		
13	芝麻籽及其产品	芝麻糖、芝麻汤圆	经精练、脱色、脱臭处理的芝麻籽油及其衍生物(氢化油)
14	浓度超过10 mg/kg的二氧化硫或亚硫酸盐	葡萄酒、干果、粗加工土豆、干菜、蜜饯	以二氧化硫计在食品消费时含量应低于10 mg/kg

大约 90%变态(过敏)反应是由 8 种食物引起的:牛奶、鸡蛋、小麦蛋白、花生、大豆、坚果、鱼和甲壳类。

2. 危害特征

食物过敏原导致人类的免疫系统“反应过度”。食物过敏原产生的过敏反应包括呼吸系统、肠胃系统、中枢神经系统、皮肤、肌肉和骨骼等不同形式的临床症状,有时可能产生过敏性休克,甚至危及生命。

食物过敏的一些常见症状是荨麻疹;口腔、嘴唇和舌头肿胀;呼吸困难或哮喘;以及呕吐、腹泻、消化道痉挛;低血压和意识丧失。这些症状能在短短 5 min 内出现。在严重的情况下,会发生一种威胁生命的变态反应。

在很多情况下,要产生严重的变态反应并不需要摄入很多的食物。小至半个花生米就能在高度敏感的人中引起严重的反应。

3. 控制措施

(1)原材料采购　评估原材料中存在过敏原污染的可能性。与供应商保持密切合作和沟通很关键,必要时应从供应商处获取其他信息,以了解(比如通过调查问卷方式)原材料及其成分和生产厂家的过敏原状态。

(2)加工中要避免过敏原或含过敏原的食品污染其他食品

①隔离:对含过敏原材料(原材料、半成品、成品)贮存、加工或包装期间采取物理或时间隔离。

②工作服管理:操作过敏原材料期间使用单独的工作服。

③产品排序:如果可能,切勿在生产含过敏原的产品之后安排生产不含过敏原的产品。通过将含过敏原产品的生产安排到每次生产运转的最后环节,可以明显降低交叉污染的风险。

④空气污染控制:安装限制含过敏原材料空气悬浮灰尘运动的系统。

⑤返工:含过敏原的返工品或剩余产品只能重新加入同样的和/或贴有适当标签的产品中。

⑥废物处理:防止含过敏原废物泄露的污染。

⑦清洁控制:在生产不含过敏原的产品之前,通过清洁、冲洗和检验等工作,除去上次生产含过敏原产品时的含过敏原物质;保证清洁过程能够有效消除过敏原的任何交叉污染或将其降低到可接受水平;确保清洁过敏原材料的保洁设备标识号清楚,或者仅供一次性使用,否则应在使用后进行有效的清洁。

(3)产品包装标签声明　应在食品包装的标签上列出过敏原,以提醒消费者该食品含有过敏原。GB 7718—2011《食品安全国家标准　预包装食品标签通则》规定:以下食品及其制品可能导致过敏反应,如果用作配料,宜在配料表中使用易辨识的名称,或在配料表邻近位置加以提示:含有麸质的谷物及其制品(如小麦、黑麦、大麦、燕麦、斯佩耳特小麦或它们的杂交品系)、甲壳纲类动物及其制品(如虾、龙虾、蟹等)、鱼类及其制品、蛋类及其制品、花生及其制品、大豆及其制品、乳及乳制品(包括乳糖)、坚果及其果仁类制品。

(4)消费者控制　对这些食物过敏的人避免发生变态性反应的唯一方式就是不要食

用这些食物。

第二大类　食品中的化学污染物

一、食品中的真菌毒素

（一）黄曲霉毒素

1. 来源

黄曲霉毒素的主要来源是黄曲霉（*Aspergillus flavus*）以及与其密切相关的寄生曲霉（*A. parasiticus*）。这 2 种霉菌常见于热带和亚热带地区。

黄曲霉仅产生黄曲霉毒素 B 族，寄生曲霉产生黄曲霉毒素 B 族和黄曲霉毒素 G 族。天然产生的 4 种主要黄曲霉毒素为 B_1、B_2、G_1、G_2。B 和 G，B 代表蓝色，G 代表绿色，分别指紫外光下黄曲霉毒素在薄层色谱板上产生的蓝色和绿色荧光，下标“1”和“2”分别指主要的和次要的化合物。

图 3-9　发霉花生

黄曲霉主要存在于花生和其他坚果以及玉米和其他油料种子中（图 3-9）；寄生曲霉主要滋生于花生中，分布范围有限。

黄曲霉毒素 B_1 和 B_2 被奶牛食用之后，分别有一小部分会转化为 M_1 和 M_2 进入奶中。这就是牛奶中黄曲霉毒素的来源。

2. 危害特征

黄曲霉毒素耐热性很强，加热到 280℃才完全被破坏。因此，一般情况下，加工烹调很少能破坏其毒性，加碱能使一些毒素受到破坏。

黄曲霉毒素是已知最强的肝脏致癌物，已发现其可对鸟类、鱼类和人类等多种研究过的物种致癌。黄曲霉毒素还具有急性、慢性、遗传和免疫毒性。1993 年黄曲霉毒素 B_1 被世界卫生组织的癌症研究机构划定为 A 类致癌物。

急性发作的症状可能包括呕吐、腹泻、头痛、出血、急性肝损害、体液淤积并可能致死。

3. 控制措施

（1）防止食物霉变　谷物充分干燥处理后保持贮藏环境的干燥或缺氧，抑制霉菌繁殖。水果采用低温或气调贮存控制霉菌繁殖。

（2）剔除霉变食物　采用人工或光电技术（如色选机去除变色米粒）去除食物中霉变的部分。

（3）去除食品中的毒素　油脂加工中，活性炭和活性白土吸附处理工序可以去除大部分黄曲霉毒素，碱炼工序可以降解部分黄曲霉毒素。

（4）控制食品中黄曲霉毒素含量　严格按照 GB 2761—2017《食品安全国家标准　食

品中真菌毒素限量》规定的限量，控制食品中的黄曲霉毒素含量(表3-8)。

表3-8 食品中黄曲霉毒素限量指标

食品类别	食品名称	黄曲霉毒素 B_1 限量/(μg/kg)	黄曲霉毒素 M_1 限量/(μg/kg)
谷物及其制品	玉米、玉米面(渣、片)及玉米制品	20	/
	稻谷[a]、糙米、大米	10	/
	小麦、大麦、其他谷物	5.0	/
	小麦粉、麦片、其他去壳谷物	5.0	/
豆类及其制品	发酵豆制品	5.0	/
坚果及籽类	花生及其制品	20	/
	其他熟制坚果及籽类	5.0	/
油脂及其制品	植物油脂(花生油、玉米油除外)	10	/
	花生油、玉米油	20	/
调味品	酱油、醋、酿造酱(以粮食为主要原料)	5.0	/
特殊膳食用食品	婴儿配方食品	0.5(以粉状产品计)[b]	0.5(以粉状产品计)[c]
	较大婴儿和幼儿配方食品	0.5(以粉状产品计)[b]	0.5(以粉状产品计)[c]
	特殊医学用途婴儿配方食品	0.5(以粉状产品计)	0.5(以粉状产品计)
	婴幼儿谷类辅助食品	0.5	/
	特殊医学用途配方食品[b](特殊医学用途婴儿配方食品涉及的品种除外)	0.5	0.5
	辅食营养补充品[c]	0.5	0.5
	运动营养食品[b]	0.5	0.5
	孕妇及乳母营养补充食品[c]	0.5	0.5
乳及乳制品[d]		/	0.5

注：[a]稻谷以糙米计。

[b]以大豆及大豆蛋白制品为主要原料的产品。

[c]以乳类及乳蛋白制品为主要原料的产品。

[d]乳粉按生乳折算。

(二)镰刀菌毒素

1. 来源

镰刀菌是一类世界性分布的真菌，它不仅可以在土壤中越冬越夏，还可侵染多种植物(粮食作物、经济作物、药用植物及观赏植物)，引起植物的根腐、茎腐、茎基腐、花腐和穗腐等多种病害，寄主植物达100余种，侵染寄主植物维管束系统，破坏植物的输导组织维管束，并在生长发育代谢过程中产生毒素危害作物，造成作物萎蔫死亡，影响产量和品质，是生产上防治最艰难的重要病害之一。

镰刀菌毒素是镰刀菌属真菌产生的多种次生代谢产物的总称，包括玉米赤霉烯酮、单端孢霉毒素、串珠镰刀菌素和伏马菌素等。单端孢霉毒素分为A和B两类，单端孢霉毒素A包括T-2毒素、HT-2毒素、新茄病镰刀菌烯醇和蛇形霉素；单端孢霉毒素B包括脱氧雪腐镰刀菌烯醇和雪腐镰刀菌烯醇。

2. 危害特征

单端孢霉素类要在温度超过200℃才能被破坏，所以经过通常的烘烤后，它们仍有活性。粮食经多年储藏后，单端孢霉素类的毒力依然存在，无论酸或碱都很难使它们失活。

玉米赤霉烯酮在110℃下处理1 h才能完全破坏其活性。

玉米赤霉烯酮可使猪发生雌性激素亢进症，单端孢霉素类则阻碍蛋白质合成而引起动物呕吐、腹泻和拒食。

3. 控制措施

(1)去除毒素　使用活性炭、膨润土、滑石粉、砂岩和硅藻土等吸附材料来对毒素进行吸附，实现物理脱毒。

一些化学物质，如氨、亚硫酸氢钠、次氯酸钠等已经被试验性地用于净化含镰刀菌毒素的谷物。虽然这些化学物质的脱毒效果良好，但产生的安全问题还需进一步论证。

(2)控制食品中的镰刀菌毒素含量　严格按照GB 2761—2017《食品安全国家标准 食品中真菌毒素限量》规定的限量，控制食品中的镰刀菌毒素含量(表3-9)。

表3-9　食品中镰刀菌毒素限量指标

食品名称	脱氧雪腐镰刀菌烯醇/(μg/kg)	玉米赤霉烯酮/(g/kg)
玉米、玉米面(渣、片)	1 000	60
大麦、麦片	1 000	/
小麦、小麦粉	1 000	60

(三)赭曲霉毒素A

1. 来源

赭曲霉毒素是曲霉属和青霉属所产生的一种次级代谢产物，包含7种结构类似的化合物，其中以赭曲霉毒素A的毒性最强。现已发现有7种曲霉和6种青霉菌能产生赭曲霉毒素A，但主要由纯绿青霉、赭曲霉和碳黑曲霉产生。该毒素主要污染粮谷类农产品(如燕麦、大麦、小麦、玉米)、动物饲料和动物性食品(如猪肾脏、肝脏)等。

2. 危害特征

赭曲霉毒素A对动物和人类的毒性主要有肾脏毒、肝毒、致畸、致癌、致突变和免疫抑制作用。

3. 控制措施

(1)防止粮食和饲料霉变。

(2)剔除霉变食物　采用人工(如人工检出霉变的苹果)或光电技术(如色选机去除

霉变种子)去除食物中霉变的部分。

(3)控制食品中的赭曲霉毒素A含量　严格按照GB 2761—2017《食品安全国家标准　食品中真菌毒素限量》规定的限量,控制食品中的赭曲霉毒素A含量(表3-10)。

表3-10　食品中赭曲霉毒素A限量指标

食品名称	限量/(μg/kg)
谷物[a]	5.0
谷物碾磨加工品	5.0
豆类	5.0
葡萄酒	2.0
烘焙咖啡豆	5.0
研磨咖啡(烘焙咖啡)	5.0
速溶咖啡	10.0

注:[a]稻谷以糙米计。

(四)展青霉素

1. 来源

许多青霉能产生展青霉素,主要污染水果及其制品,尤其是苹果和山楂(图3-10)。

图3-10　腐烂的苹果和山楂

2. 危害特征

展青霉素易溶于水、氯仿、丙酮、乙醇及乙酸乙酯等有机溶剂,微溶于乙醚、苯,不溶于石油醚。在酸性溶液中比较稳定,而在碱性条件下则丧失活性。英国食品、消费品和环境中化学物质致突变委员会将展青霉素列为致突变物质,FAO/WHO食品添加剂委员会的一份研究报告表明,展青霉素对胚胎有毒性,同时伴随有母本毒性,没有可再生作用和致畸作用。

3. 控制措施

(1)防止水果霉变。

(2)剔除霉变水果,采用人工(如人工检出霉变的苹果)去除霉变的果实。

(3)控制食品中的展青霉素含量,严格按照GB 2761—2017《食品安全国家标准　食品中真菌毒素限量》规定的限量,控制食品中的展青霉素含量(表3-11)。

表 3-11 食品中展青霉素限量指标

食品名称[a]	限量/(μg/kg)
水果制品(果丹皮除外)	50
果蔬汁类及其饮料	50
酒类	50

注:[a]仅限于以苹果、山楂为原料制成的产品。

表 3-12 是国际食品微生物标准委员会(ICMSF)提供的真菌毒素常用控制措施。

表 3-12 真菌毒素常用控制措施

(引自《微生物检验与食品安全》,ICMSF,2012)

毒素名称	常见的污染食物	控制措施		
		控制初始污染水平	降低污染水平	预防危害水平增加
黄曲霉毒素	玉米、花生	监测天气,当条件显示高危时对作物进行毒素稳定检测;拒绝发霉产品	毒素很稳定	迅速烘干,干燥储存以预防真菌和毒素的生长
赭曲霉毒素	豆类、干制水果、坚果、谷类、干肉、干鱼		毒素稳定	迅速烘干,干燥储存以预防真菌和毒素的生长
杂色曲霉毒素	小麦、玉米、面粉、稻米、坚果、香料、发酵肉、腌制肉、干肉、干酪	成熟后选取合适时机收获;拒绝或检测可能含有毒素的可疑食品	毒素稳定	迅速烘干,干燥储存以预防真菌和毒素的生长
禾谷镰刀菌毒素	小麦		毒素稳定	迅速烘干,干燥储存以预防真菌和毒素的生长
串珠镰刀菌毒素	稻米、高粱、甘蔗、玉米		毒素稳定	迅速烘干,干燥储存以预防真菌和毒素的生长
拟枝孢镰刀菌毒素	谷类、花生、大豆		毒素稳定	迅速烘干,干燥储存以预防真菌和毒素的生长
橘青霉、壳青霉、岛青霉、鲜绿青霉的毒素	普遍存在,尤其是稻米、小麦和玉米		毒素稳定	迅速烘干,干燥储存以预防真菌和毒素的生长

二、农药残留

(一)来源

农业生产上使用的农药包括杀虫剂、杀螨剂、杀鼠剂、杀软体动物剂、杀菌剂、杀线虫剂、除草剂、植物生长调节剂等。农药可以经呼吸道、皮肤等进入人体,也可以通过食物进入,后者占人体总摄入量的90%左右,是造成人体危害的主要来源(图3-11)。

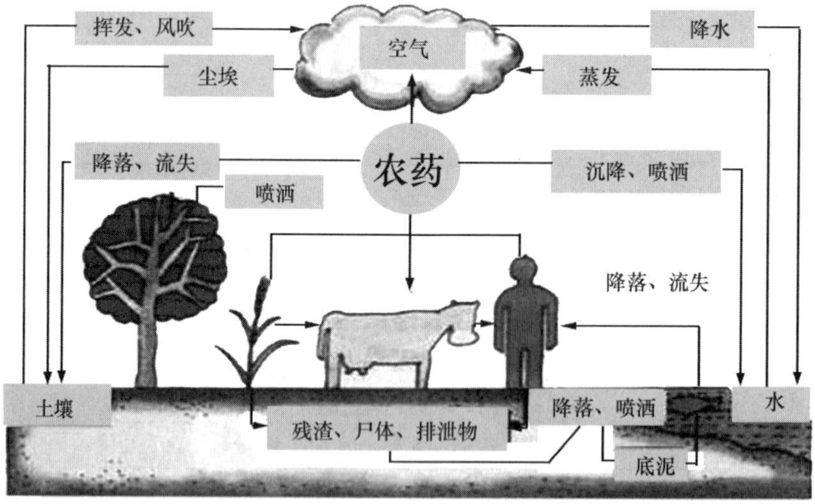

图3-11 农药残留污染源

1. 直接污染

农作物直接施用农药后,非渗透性农药主要黏附在蔬菜、水果等作物表面;而内吸性农药可通过植物的根茎叶渗入植物组织的内部。另外,粮食、水果、蔬菜等食品储藏、运输期间为防止病虫害、抑制成长而使用农药,也会造成食品农药残留。这种直接污染受农药品种、浓度、剂型、施用次数和施药方法、气象条件、植物的品种等多种因素的影响。一般来讲,蔬菜对农药的吸收能力是根菜类>叶菜类>果菜类,黄瓜、菠菜和草莓吸收农药的能力比较强。

2. 间接污染

在农田喷洒的农药,大部分散落在土壤上,小部分飘浮在空气中,研究证实,喷洒后有40%~60%的农药降落在土壤中。通过植物的根系吸收,土壤中农药转移至植物组织内部和食物中。土壤中农药污染量越高,食物中农药的残留量也越高,但植物中农药的残留量受植物品种、根系分布等多种因素的影响。一般作物只吸收土壤中农药的小部分,而且不同种类的作物从土壤中吸收农药的能力也不同。根菜类、薯类,如胡萝卜、草莓、菠菜、萝卜、马铃薯、甘薯等较易从土壤中吸收农药,而叶菜类、果实类的吸收能力较弱,但黄瓜例外。

3. 由食物链和生物富集作用造成的农药污染

农药对水体造成污染后,使水生生物长期生活在含低浓度农药的水体环境中,水生生物通过多种途径吸收农药,然后逐级浓缩,尤其是一些有机氯农药和有机汞农药。这种食物链的生物浓缩作用,可使水体中微小的污染造成水产品中农药的大量蓄积,从而导致严重的食物农药污染。

另外,饲料中残存农药也会通过食物链和生物富集,转移至畜禽类食品中。通过食物链的逐级富集后,可使进入人体的残留农药成千倍甚至上万倍地增加,从而严重影响人体健康。

4. 其他污染

食品在运输中，由于运输工具装运过农药后未予清洗或者食品与农药混运等原因，可引起农药对食品的污染。食品在储存中与农药混放，尤其是粮仓中使用的熏蒸剂没有按规定存放，也可导致污染。

（二）危害特征

1. 一般毒性作用

（1）急性中毒　农药急性中毒轻者表现为头痛、头昏、恶心、倦怠、腹痛等，重者出现痉挛、呼吸困难、昏迷、大小便失禁，甚至死亡。

（2）慢性毒性　长期接触或食用含有农药残留的食品，可使农药在体内不断蓄积，对人体健康构成潜在威胁，即慢性中毒，可影响神经系统，破坏肝脏功能，造成生理障碍，影响生殖系统，产生畸形怪胎，导致癌症。

2. 特殊毒性作用

国际癌症研究机构根据动物实验确证，18 种广泛使用的农药具有明显的致癌性，还有 16 种显示潜在的致癌危险性。越战期间，美军在越南喷洒了大量植物脱叶剂，致使不少接触过脱叶剂的美军士兵和越南平民得了癌症、遗传缺陷及其他疾病。

（三）控制措施

1. 合理使用农药

严格按照农业行政管理部门的规定，使用许可的农药品种、使用量和使用次数。农作物使用农药后，要超过安全间隔期才能收获。

2. 控制食品中的农药残留量

在我国生产和销售的食品其农药残留应符合 GB 2763—2019《食品安全国家标准　食品中农药最大残留限量》的要求。该标准涉及 417 种农药。出口到国外或地区的食品则应满足进口国或地区的要求。

3. 采购农残合格的食品

要通过供应商评价，选择规范使用农药的农产品生产基地作为合格供应商；每次采购农产品均应从合格的供应商处采购；采购的农产品要查验供应商的检验报告，或自行进行农残检测，农药残留符合规定的农产品方可接收。

4. 食用前充分清洗

农作物直接施用农药后，非渗透性农药（如波尔多液）主要黏附在农作物表面，可通过清洗部分去除。在柑橘、苹果、葡萄等水果的清洗水中添加酸（柠檬酸、盐酸）可提高铜离子（波尔多液农药的主要成分）的清除效果。蔬菜粗加工时以食品洗涤剂（洗洁精）溶液浸泡 30 min 后再冲净，烹饪前再经烫泡 1 min，可去除蔬菜表面的部分农药。

三、兽药残留

（一）来源

兽药残留指动物用药后，动物产品的任何食用部分中与所有药物有关的物质的残留，包括原型药物或/和其代谢产物。

目前，常见的兽药残留主要有下面几类：①抗生素类药物，主要用于防治动物的传染性疾病，如氯霉素、四环素、土霉素、青霉素等；②磺胺类药物，主要用于抗菌消炎，如磺胺嘧啶、磺胺脒、磺胺甲基异噁唑等；③硝基呋喃类药物，主要用于抗菌消炎，如呋喃唑酮、呋喃西林、呋喃妥因等；④抗寄生虫药，主要用于驱虫或杀虫，如左旋咪唑、苯并咪唑、克球酚（氯羟吡啶）、吡喹酮等；⑤激素类药物，主要用于提高动物的繁殖和生产性能，如己烯雌酚、孕酮、睾酮、雌二醇等。

还有一些药物残留是不良养殖场违法使用禁用的化学品，如“瘦肉精”“畜大壮”、己烯雌酚、孔雀石绿、硝基呋喃类药物等。

“瘦肉精”即 β-兴奋剂，包括克仑特罗、沙丁胺醇、西马特罗及其盐、酯及制剂。从 2002 年起，我国就禁止将其用于所有食品动物的所有用途。但是，不法分子为了牟取暴利，在猪、牛、羊饲料或饮水中添加以促进生长和提高瘦肉率（图 3-12）。

图 3-12　瘦肉精喂养的健美猪

玉米赤酶醇是一种具有雌激素样作用的物质，商品名为“畜大壮”。2002 年，农业部已明文禁止将玉米赤酶醇用于促畜禽生长。

己烯雌酚，别名：丙酸己烯雌酚、女性素、人造求偶素、乙蔗酚、乙烯雌酚。它是人工合成的非甾体雌激素物质，能产生与天然雌二醇相同的所有药理与治疗作用。

孔雀石绿用作丝绸、皮革和纸张的染料，不允许用于水产养殖中。但孔雀石绿可用作治理鱼类或鱼卵的寄生虫、真菌或细菌感染，对付真菌特别有效，因此一些不法水产养殖者将其作为杀菌剂。

（二）危害特征

1. 一般毒性作用

（1）急性毒性　“瘦肉精”可扰乱激素平衡，引起中毒。一般摄入 20 μg 就会出现症状，表现为心律失常、心慌、心悸、头痛、恶心、呕吐、震颤等症状；对于高血压、心脏病、甲亢、青光眼、前列腺增大等病患者易诱发病状，危险性更大；中毒严重的可致人死亡。

兽药和鱼药中常用的抗生素可导致敏感人群发生过敏反应。轻者表现为皮疹、发热、关节肿痛，重者出现过敏性休克甚至死亡。

（2）慢性毒性　长时间摄入低剂量兽药和鱼药残留的动物性食品，可造成兽药和鱼药残留在人体内蓄积，引起各种组织器官发生病变。

氯霉素可导致再生障碍性贫血；四环素类药物能够与骨骼中的钙等结合，抑制骨骼和牙齿的发育；氨基糖苷类抗生素（如庆大霉素、链霉素等）可导致耳蜗神经和前庭神经的损害引起听力下降、眩晕。

(3)引起人体胃肠道菌群失调　正常人体的胃肠道中，微生物处于菌群抑制状态。如果人体长期摄入少量的抗生素，可使一部分胃肠道内的敏感菌群处于抑制或死亡状态，导致致病菌大量繁殖或体外病原菌侵入，引起人类胃肠道的感染，从而导致长期腹泻或引起维生素缺乏，造成人体危害。

(4)造成人类病原菌耐药性的增强　动物在经常反复摄入某一种抗菌药物后，体内将有一部分敏感菌株逐渐产生耐药性，成为耐药菌株。这些耐药菌株可通过动物性食品进入人体，当人产生这些耐药菌株引起的感染性疾病时，用抗生素治疗就会无济于事。

2. 特殊毒性作用

食品中存在的一些兽药和鱼药残留物质如果长期或大剂量摄入后，会对人体产生致畸、致癌、致突变作用。兽药和鱼药中的一些致畸物质在极低剂量就具有效应，在胚胎发育的关键阶段甚至短暂接触致畸物质就有可能导致影响胎儿一生的畸形。

20 世纪 70 年代以前，欧美等国家和地区多使用激素做畜禽的促生长剂，后来不少专家学者研究发现儿童性早熟及肥胖症与摄入动物性食品残留的激素有关，长期摄入雄激素会干扰人体正常的激素平衡，男性出现睾丸萎缩、胸部扩大、早秃，肝、肾功能障碍或肝肿瘤；女性出现雄性化，月经失调、肌肉增生、毛发增多等。

玉米赤酶醇残留会引起人体性激素机能紊乱及影响第二性征的正常发育，在外部条件诱导下，还可能致癌。

己烯雌酚残留危害是扰乱激素平衡，导致女童性早熟，男性女性化，诱发女性乳腺癌、卵巢癌等疾病。

长期摄入雌激素不仅会导致男性女性化、性早熟、抑制骨骼和精子发育，而且雌激素类物质有明显的致癌效应，可导致女性及其女性后代的生殖器畸形和癌变。

（三）控制措施

1. 合理使用兽药

严格按照农业部的规定，在兽医的指导下使用许可的兽药品种、使用量和使用次数。

每种兽药都有安全休药期。畜禽和水产品使用兽药后，要超过安全休药期才能屠宰和捕捞。

2. 控制食品中的兽药残留量

在我国生产和销售的动物性(畜禽水产)食品中的兽药残留应符合中华人民共和国农业部 2002 年第 235 号公告《动物性食品中兽药最高残留限量》的规定。该公告包含附录 1、附录 2、附录 3、附录 4。附录 1 涉及农业部批准使用，按质量标准、产品使用说明书规定用于食品动物，不需要制定最高残留限量的兽药；附录 2 涉及农业部批准使用，按质量标准、产品使用说明书规定用于食品动物，需要制定最高残留限量的兽药；附录 3 涉及农业部批准使用，按质量标准、产品使用说明书规定可以用于食品动物，但不得检出兽药残留的兽药；附录 4 涉及农业部明文规定禁止用于所有食品动物的兽药。

3. 采购兽药残留合格的食品

要通过供应商评价，选择规范使用兽药的农产品生产基地作为合格供应商；每次采购农产品均应从合格的供应商处采购;采购的农产品要查验供应商的检验报告,或自行进行兽药残留检测,兽药残留符合规定的农产品方可接收。

四、有毒元素

(一)来源

食品中含有80多种金属和非金属元素,一类是人体必需且在食品中大量存在的常量元素,如碳、氢、氧、钙、钾等;另一类是人体营养必需的微量元素,如铜、锌、硒、铬、镍等;还有一类元素既不是人体必需的、又对人体有一定毒性的元素,如铅、镉、汞、砷(图3-13)。

一般将微量元素和有毒元素合称为限量元素。习惯上,将铅、镉、汞、砷、铬称为重金属。

有毒元素的来源主要包括以下几个方面:

(1)土壤、水源天然存在的重金属,通过农作物、动物吸收至农产品中。

(2)金属矿冶炼加工、电池生产、电镀等企业“三废”和城市生活垃圾污染土壤、水源、空气,再转移至农产品中。

(3)食品加工设备、食品容器、包装材料以及食品添加剂污染食品。

几乎所有的食品都含有铅,包括金属元素铅、无机铅盐和有机铅。

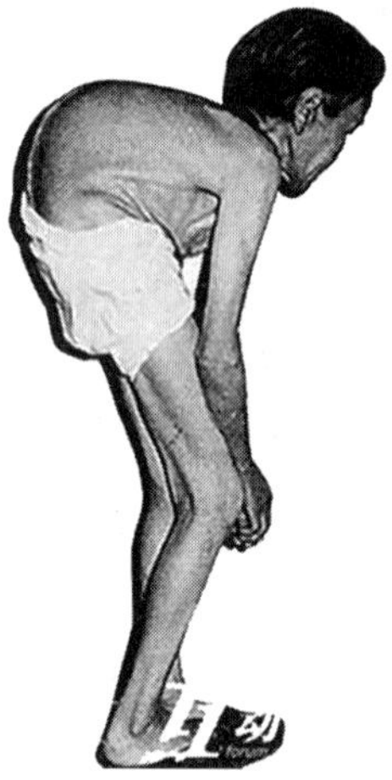

图3-13 镉危害

几乎所有的食品都有镉,水产品、稻谷、食用菌、叶菜蔬菜、动物肝肾脏含量要明显高于其他食品。有机镉化合物很不稳定,因此自然界中的镉几乎都是无机化合物,生物体内的镉多与蛋白质结合存在。

几乎所有食品都含有汞,含量最高的次序为肉食性鱼类(鲨鱼、金枪鱼等)及其制品>其他的水产动物及其制品>食用菌>食用盐>其他食品。

食品中汞的形态有无机汞和有机汞(以甲基汞为代表),总汞为无机汞和有机汞的总和。大多数食物中所含的汞为无机汞。无机汞在微生物的作用下,将逐步转化形成毒性较强的甲基汞;鱼体除经食物链积累甲基汞外,能在肝脏利用无机汞合成甲基汞,且鱼体表黏液中的微生物,甲基化能力也很强,因此水产动物中的汞主要以甲基汞为主。

砷是一种源于自然和人类活动而存在于环境中的化学元素,石头、土壤、水和空气中都含有微量的砷。砷能够通过土壤和水被吸收,在谷物、水果、蔬菜、鱼类及海产品等食物中普遍存在。砷分为有机砷和无机砷(统称为总砷)。同其他作物相比,水稻更易于从土壤和水中吸收、积累砷。相比其他农产品,大米中的无机砷含量是玉米和小麦的10倍,是黄瓜和西红柿的30倍,是大豆的100倍。

铬是人体内的微量元素之一,其在人体内的含量随着年龄的增大而逐渐减少。铬的需要量虽少,但能帮助胰岛素促进葡萄糖进入细胞内的效率,是重要的血糖调节剂。在血糖调节方面，特别是对糖尿病患者而言有着重要的作用。它有助于生长发育，并对血液中的胆固醇浓度也有控制作用，缺乏时可能导致心脏疾病。但过量摄入铬则会造成危害，包括急性毒性和慢性毒性。

食品中铬含量较高的是水产动物及其产品、肉及其制品、谷物、啤酒酵母、豆类及其制品。无机铬化合物在人体中吸收很差，吸收率不超过1%，而食物中结合型铬吸收率为10%～20%，如啤酒酵母中主要以葡萄糖耐量因子的形式存在的铬有10%～25%可吸收。

（二）危害特征

无机砷与人体健康的长期影响存在密切关系，已被国际癌症研究所列入人类皮肤和肺一类致癌物(即有充足人类流行病学证据的致癌物)。科学家尚未发现有机砷对人体有害。在我们日常的食物中，海带和紫菜就富集了大量的有机砷。无机砷之所以会使人中毒，是因为其化学结构上有许多空的化学键。这些化学键会与人体的其他蛋白质等有机物结合，从而破坏人体的机理。有机砷的化学键已经被有机物占满，进入人体内不会再和体内的蛋白质结合，可以随新陈代谢排出体外。

金属铬很不活泼，二价铬化合物一般认为是无毒的；三价铬具有生物活性，为人体营养所必需；三价铬进入人体过多时，可对人体健康带来危害，但三价铬的毒性较小；六价铬对人体有毒害作用，六价铬的毒性比三价铬高约100倍。六价铬化合物在高浓度时具有明显的局部刺激作用和腐蚀作用，低浓度时为常见的致癌物质。在食物中大多为三价铬，其口服毒性很低，可能是由于其吸收非常少。

部分有毒元素对人体的危害如表3-13所示，不同形态的急性毒性比较如表3-14所示。

表3-13　有毒元素危害

种类	危害	
	一般毒性	特殊毒性
铅 Pb	铅及铅盐主要损害神经系统、造血器官和肾脏。临床表现为食欲不振、胃肠炎、口腔金属味、失眠、头昏、关节肌肉酸痛、便秘或腹泻、贫血等。铅可干扰卟啉代谢造成血红蛋白合成障碍，对免疫系统也有一定的影响。急性腹痛和瘫痪常在慢性铅中毒后期出现。少数患者有动脉粥样硬化或动脉硬化性肾炎。可使儿童智力低下	动物有致畸、致突变和致癌作用
砷 As	无机砷有毒，有机砷无毒。无机砷可引起急性中毒、慢性中毒；急性中毒主要表现为恶心、呕吐、腹痛、腹泻等胃肠炎症状；慢性中毒表现为皮肤色素沉着，过度角化、多发性神经炎等植物神经衰弱综合征	致癌
汞 Hg	无机汞中毒主要表现为肾脏损害，甲基汞中毒主要表现为神经系统损害。甲基汞主要侵犯神经系统，特别是中枢神经，损害最严重的是小脑和大脑，甲基汞在体内易与巯基结合，干扰蛋白质和酶的生化功能。患者由于脑中枢神经和末梢神经被侵害，轻者口齿不清、步履蹒跚、面部痴呆、手足麻痹、感觉障碍、视觉丧失、震颤、手足变形，重者精神失常，或酣睡，或兴奋，身体弯弓高叫，直至死亡	致畸

续表 3-13

种类	危害	
	一般毒性	特殊毒性
镉 Cd	镉可引起急性中毒和慢性中毒。镉中毒主要表现为肾脏、骨骼和消化器官的损害，镉使骨钙析出，从尿排出体外，从而引起骨质疏松，造成多发性病理骨折，关节重度疼痛	动物有致癌、致畸作用
铬 Cr	六价铬化合物对皮肤、黏膜、消化道有刺激和腐蚀性，致使皮肤充血、糜烂、溃疡、鼻穿孔，患皮肤癌。可在肝、肾、肺积聚	致癌

表 3-14　部分有毒元素不同形态的急性毒性比较

元素	急性毒性
铅	有机铅＞元素铅＞无机铅，可溶性铅＞难溶性铅
砷	三价砷＞五价砷，其中以三氧化二砷(砒霜)毒性最强；有机砷无毒
汞	有机汞＞无机汞＞元素汞，水溶性的无机汞＞不溶性的无机汞，二价汞＞一价汞，甲基汞最毒
镉	氧化镉、氯化镉、硫酸镉为中毒等毒性，硫化镉、硒磺酸镉、元素镉为低毒
铬	六价铬＞三价铬＞二价铬和元素铬

(三)控制措施

1. 初级农产品生产过程控制

种植和养殖基地选择有害元素含量低的土壤和水源，减少初级农产品中有害元素的含量。

2. 食品加工过程控制

选择符合卫生要求的食品加工设备、食品容器、包装材料以及食品添加剂，使用符合饮用水卫生标准的生产用水，减少加工过程中有害元素的污染。

3. 控制食品中有毒元素的含量

按照 GB 2762—2017《食品安全国家标准　食品中污染物限量》控制食品中的有毒元素含量(表 3-15，表 3-16)。

表 3-15　有毒元素限量指标

(引自 GB 2762—2017)

mg/kg

食品类别(名称)	铅	镉	汞		砷		铬
			总汞	甲基汞	总砷	无机砷	
麦片、面筋、八宝粥罐头、带馅面米制品	0.5	0.1	—	—	0.5	—	—
稻谷、糙米、大米	0.2	0.2	0.02	—	—	0.2	1.0
玉米、玉米面(渣、片)、小麦、小麦粉	0.2	0.1	0.02	—	0.5	—	1.0
其他谷类及其制品	0.2	0.1	—	—	0.5	—	1.0
新鲜蔬菜(叶菜蔬菜、豆类蔬菜、块根和块茎蔬菜、茎类蔬菜、黄花菜除外)	0.1	0.05	0.01	—	0.5	—	—

续表 3-15

食品类别(名称)	铅	镉	汞		砷		铬
			总汞	甲基汞	总砷	无机砷	
叶菜蔬菜	0.3	0.2	0.01	—	0.5	—	0.5
芸薹类蔬菜	0.3	0.05	0.01	—	0.5	—	0.5
豆类、薯类蔬菜	0.2	0.1	0.01	—	0.5	—	0.5
块根和块茎蔬菜、茎类蔬菜(芹菜除外)	0.1	0.1	0.01	—	0.5	—	0.5
芹菜、黄花菜	0.1	0.2	0.01	—	0.5	—	0.5
其他新鲜蔬菜	0.1	0.05	0.01	—	0.5	—	0.5
蔬菜制品	1.0	—	—	—	—	—	—
水果(浆果、葡萄除外)	0.1	0.05	—	—	—	—	—
浆果、葡萄	0.2	0.05	—	—	—	—	—
水果制品	1.0	—	—	—	—	—	—
新鲜食用菌(香菇和姬松茸除外)	1.0	0.2	0.1	—	0.5	—	—
新鲜香菇、食用菌制品(姬松茸制品除外)	1.0	0.5	0.1	—	0.5	—	—
豆类	0.2	0.2	—	—	—	—	1.0
豆类制品(豆浆除外)	0.5	—	—	—	—	—	—
豆浆	0.05	—	—	—	—	—	—
藻类及其制品(螺旋藻及其制品除外)(干重计)	1.0	—	—	—	—	—	—
螺旋藻及其制品(干重计)	2.0	—	—	—	—	—	—
坚果及籽类(咖啡豆除外)	0.2	—	—	—	—	—	—
咖啡豆	0.5	—	—	—	—	—	—
肉类(畜禽内脏除外)	0.2	0.1	0.05	—	0.5	—	1.0
畜禽肝脏	0.5	0.5	0.05	—	0.5	—	1.0
畜禽肾脏	0.5	1.0	0.05	—	0.5	—	1.0
肉制品(肝脏制品、肾脏制品除外)	0.5	0.1	—	—	0.5	—	1.0
肝脏制品	0.5	0.5	—	—	0.5	—	1.0
肾脏制品	0.5	1.0	—	—	0.5	—	1.0
鲜、冻水产动物(鱼类、甲壳类、双壳类除外)	1.0	—	—	0.5	—	0.5	2.0
肉食性鱼类(鲨鱼、金枪鱼等)	0.5	0.1	—	1.0	—	0.1	2.0
其他鱼类	0.5	0.1	—	0.5	—	0.1	2.0
甲壳类	0.5	0.5	—	0.5	—	0.5	2.0
双壳类	1.5	2.0	—	0.5	—	0.5	2.0
腹足类、头足类、棘皮类	1.0	2.0	—	0.5	—	0.5	2.0
水产制品(海蜇制品除外)	1.0	0.1	—	0.5	—	0.5	2.0
海蜇制品	2.0	0.1	—	0.5	—	0.5	2.0
肉食性鱼类罐头	1.0	0.2	—	1.0	—	0.5	2.0
其他鱼类罐头(凤尾鱼、旗鱼罐头除外)	1.0	0.2	—	0.5	—	0.1	2.0

续表 3-15

食品类别(名称)	铅	镉	汞		砷		铬
			总汞	甲基汞	总砷	无机砷	
凤尾鱼、旗鱼罐头	1.0	0.3	—	0.5	—	0.1	2.0
肉食性鱼类其他制品	1.0	0.1	—	1.0	—	0.1	2.0
其他鱼类制品(凤尾鱼、旗鱼制品除外)	1.0	0.1	—	0.5	—	0.1	2.0
凤尾鱼、旗鱼制品	1.0	0.3	—	0.5	—	0.1	2.0
生乳、巴氏杀菌乳、灭菌乳、发酵乳、调制乳	0.05	—	0.01	—	0.1	—	0.3
乳粉、非脱盐乳清粉	0.5	—	—	—	0.5	—	2.0
其他乳制品	0.3	—	—	—	0.5	—	—
鲜蛋	0.2	0.05	0.05	—	—	—	—
蛋制品(皮蛋、皮蛋肠除外)	0.2	0.05	—	—	—	—	—
皮蛋、皮蛋肠	0.5	0.05	—	—	—	—	—
脂肪、油和乳化脂肪制品	0.1	—	—	—	0.1	—	—
调味品(食用盐、香辛料、藻类调味品、水产调味品除外)	1.0	—	—	—	0.5	—	—
食用盐	2.0	0.5	0.1	—	0.5	—	—
香辛料	3.0	—	—	—	—	—	—
藻类调味品	1.0	—	—	—	—	—	—
水产调味品(鱼类调味品除外)	1.0	—	—	—	—	0.5	—
鱼类调味品	1.0	0.1	—	—	—	0.1	—
食糖和淀粉糖	0.5	—	—	—	0.5	—	—
焙烤食品	0.5	—	—	—	—	—	—
食用淀粉	0.2	—	—	—	—	—	—
淀粉制品	0.5	—	—	—	—	—	—
包装饮用水(矿泉水除外)/(mg/L)	0.01	0.005	—	—	0.01	—	—
矿泉水/(mg/L)	0.01	0.003	0.001	—	0.01	—	—
含乳饮料、果蔬汁(浓缩果蔬汁(浆)除外)/(mg/L)	0.05	—	—	—	—	—	—
浓缩果蔬汁(浆)/(mg/L)	0.5	—	—	—	—	—	—
碳酸饮料、茶饮料、蛋白饮料类、其他饮料/(mg/L)	0.3	—	—	—	—	—	—
固体饮料	1.0	—	—	—	—	—	—
蒸馏酒、黄酒	0.5	—	—	—	—	—	—
其他酒类	0.2	—	—	—	—	—	—
可可制品、巧克力和巧克力制品以及糖果	1.0	—	—	—	—	—	—
冷冻饮品	0.3	—	—	—	—	—	—
液态婴儿配方食品	0.02	—	—	—	—	—	—
其他婴儿配方食品(以粉状产品计)	0.15	—	—	—	—	—	—

续表 3-15

食品类别(名称)	铅	镉	汞		砷		铬
			总汞	甲基汞	总砷	无机砷	
添加鱼类、肝类、蔬菜类的婴幼儿谷类辅助食品	0.3	—	—	—	—	0.2	—
添加藻类的婴幼儿谷类辅助食品	0.2	—	—	—	—	0.3	—
其他婴幼儿谷类辅助食品	0.2	—	—	—	—	0.2	—
以水产及动物肝脏为原料的婴幼儿罐装辅助食品	0.3	—	0.02	—	—	0.3	—
其他婴幼儿罐装辅助食品	0.25	—	0.02	—	—	0.1	—
果冻、膨化食品、花粉	0.5	—	—	—	—	—	—
茶叶、干菊花	5.0	—	—	—	—	—	—
苦丁茶	2.0	—	—	—	—	—	—
蜂蜜	1.0	—	—	—	—	—	—

注：1)稻谷以糙米计；
2)水产动物及其制品可先测定总汞，当总汞水平不超过甲基汞限量值时，不必测定甲基汞；否则，需再测定甲基汞；
3)铅以 Pb 计，镉以 Cd 计，汞以 Hg 计，砷以 As 计，铬以 Cr 计。

表 3-16 食品中锡和镍限量指标

(引自 GB 2762—2017)

mg/kg

食品名称	锡(以 Sn 计)	镍(以 Ni 计)
采用镀锡薄板容器包装的饮料类食品	150	—
采用镀锡薄板容器包装的婴幼儿配方食品、婴幼儿辅助食品	50	—
采用镀锡薄板容器包装的其他食品	250	—
氢化植物油及氢化植物油为主的产品	—	1.0

五、食品贮藏加工过程中形成的毒物

(一)鲭鱼毒素(鱼类组胺)

1. 来源

鲭鱼毒素也称组胺，是由某些天然细菌腐败作用的某些种类的鱼类而形成的有毒物质。这些细菌产生一种酶，能与鱼肉中的天然成分(组胺酸)反应生成组胺和其他生物胺化合物(腐胺和尸胺)。

组胺中毒的最常见食物有金枪鱼、鲯鳅鱼、蓝鱼、沙丁鱼、黄尾鲫和鲭鱼等深色肉质的鱼类。瑞士硬干酪也曾牵涉到组胺中毒事件中。淡水鱼中组胺的含量很少。

2. 危害特征

人类食用含组胺的食物可导致食物中毒。组胺中毒最先被称为鲭鱼中毒，是因为该病通常与食用了鲭鱼科鱼类有关。该毒素无法通过热和罐头杀菌过程被破坏。

组胺中毒的症状包括口和咽喉有麻痛或灼烧感、恶心、呕吐、腹部痉挛、腹泻、面部红肿、头痛、头晕、心悸、荨麻疹、脉搏快且弱、口渴和吞咽困难。组胺中毒的症状在食用有毒鱼后几分钟到几小时内开始出现。症状持续 12 h 到几天不等。

3. 控制措施

(1)从鱼捕捞开始，到加工、储存、销售各个环节对温度进行控制　使组胺生成的细菌往往只在高温下迅速繁殖。在28℃下6 h以内达到不安全的组胺含量水平(50 mg/kg);在21℃下,需12 h。因为即使在相同情况下,不同的鱼类个体也出现很大差异,因此必须保证新捕获的鱼类迅速冷却,直到加工食用前都在低温下保存。

暴露在空气或水温高于28℃环境中的鱼类,应该在捕获后尽快或死后6 h之内放在冰水或碎冰里,或者5℃或更低温度下的海水或盐水中。

暴露在空气或水温≤28℃环境中的鱼类,应该在捕获后尽快或死后不超过9 h之内放在冰里,或者冷却的海水或碎冰里,或者5℃或更低温度下的海水或盐水中。

在冷却前去腮去脏的鱼类应该在捕获后尽快或死后不超过12 h之内放在冰里,或者冷却的海水或碎冰里,或者5℃或更低温度下的海水或盐水中。

死亡后暴露在≤18℃的温度下的鱼类在24 h内放在冰里,或者冷却的海水或碎冰里,或者5℃或更低温度下的海水或盐水中。

(2)产品检测

感官检验:美国规定有腐败迹象的鱼不超过2.5%(样本至少118条鱼)。

化学检验:从一批鱼(同一来源的鱼)抽60条鱼分别测定组胺含量,一旦发现一条鱼的组胺含量≥50 mg/kg,则拒收该批鱼。或将60条鱼合并成20份,每份3条鱼,分别测定组胺含量,一旦发现一个样品的组胺含量≥17 mg/kg,则拒收该批鱼。

(二)多环芳烃

1. 来源

多环芳烃是食品污染物质中一类具有诱癌作用的化合物。由于苯并[a]芘是第一个被发现的环境化学致癌物,而且致癌性很强,故常以苯并[a]芘作为多环芳烃的代表。

食品中多环芳烃的来源包括空气污染和食品加工过程中形成。

(1)空气中的多环芳烃污染食品　空气中多环芳烃污染源包括自然源和人为源。

自然源主要包括燃烧(森林大火和火山喷发)和生物合成(沉积物成岩过程、生物转化过程和焦油矿坑内气体),未开采的煤、石油中也含有大量的多环芳烃。

人为源来自工业工艺过程、缺氧燃烧、垃圾焚烧和填埋、熏制食品加工、直接的交通排放和同时伴随的轮胎磨损、路面磨损产生的沥青颗粒以及道路扬尘中,其数量随着工业生产的发展大大增加,占环境中多环芳烃总量的绝大部分。

(2)食品加工过程中形成的多环芳烃

①肉制品:通常生肉不含任何多环芳烃。在烤、烧、煎炸过程中所形成的多环芳烃量与其加工条件显著相关。熏制食品中的多环芳烃有多个来源。首先,熏烟中含有这类物质,在熏制过程中能污染食物。其次,肉类本身所含的脂肪,在熏制时如果燃烧不完全,也会产生多环芳烃。另外,烤焦的淀粉也能产生这类物质。焦煳食物中的苯并[a]芘含量要比普通食物增加10~20倍。

烤制食品中多环芳烃污染程度顺序为烤羊肉串＞烤牛肉＞烤鸭皮＞烤乳猪＞烤鸭肉＞烤鹅,原因是烤羊肉串和烤牛肉时肉直接放在铁架上,直接接触火焰。

②海产品和乳制品:在熏鱼和熏奶酪中均可检出多环芳烃。

③蔬菜、粮油食品:靠近公路主干道和工业区的蔬菜、小麦、玉米灯作物含有较多的多环芳烃。用燃气干燥谷物,多环芳烃含量高3~10倍。

植物油本身不含有多环芳烃，检出的多环芳烃是由于空气污染油料籽或高温干燥油料籽过程中形成所致。我国某品牌山茶油被曝光苯并[a]芘超标，就是由于山茶籽烘干温度过高，油脂裂解形成苯并[a]芘等多环芳烃。

④其他食品：在布丁、饼干、糕点、咖啡、茶叶、啤酒等食品中，均检出了多环芳烃。

2. 危害特征

(1)急性毒性　多环芳烃急性毒性为中等或低毒性，如小鼠经口的 LD_{50} 为 100～5 000 mg/kgBW，大鼠经口给药的 LD_{50} 为 2 700 mg/kgBW。

(2)致癌作用　迄今已发现的 200 多种多环芳烃中有相当部分具有致癌性。由于苯并[a]芘是第一个被发现的环境化学致癌物，而且致癌性很强，故常以苯并[a]芘作为多环芳烃的代表，它占全部致癌性多环芳烃的 1%～20%。苯并[a]芘是一种强烈的致癌物，可诱发多种脏器和组织的肿瘤，如肺癌、胃癌等。

3 控制措施

(1)保护环境，减少空气中多环芳烃的含量。

(2)合理食用熏、烧、烤食品　熏制品吃得越多，摄入的多环芳烃越多，故熏制品不宜作为日常食品。肉类熏制品致癌物质含量较多，1 kg 烟熏羊肉相当于 250 支香烟产生的苯并[a]芘，而淀粉类熏烤食物，如烤白薯、面包等含量较小。

(3)选择熏烧烤方法　用炭火熏烤，每千克肉能产生 2.6～11.2 μg 的苯并[a]芘，而用松木熏烤，每千克红肠能产生苯并[a]芘 88.5 μg，所以最好选用优质炭作为熏烤燃料。另外，熏烤时食物不宜直接与火接触，熏烤时间也不宜过长，尤其不能烤焦。

(4)控制食品中多环芳烃的含量　按照表 3-17 控制食品中的多环芳烃含量。

表 3-17　苯并[a]芘限量指标

(引自 GB 2762—2017)

食品类别/名称	限量/(μg/kg)
稻谷、糙米、大米、小麦、小麦粉、玉米、玉米面(渣、片)	5.0
熏、烧、烤肉类	5.0
熏、烤水产品	5
油脂及其制品	10

(三)丙烯酰胺危害及其控制

1. 来源

我国食品污染物监测网监测结果显示，油炸薯类、大麦茶、速溶咖啡、玉米茶、谷类油炸食品、谷类烘烤食品中丙烯酰胺含量较高。同时，丙烯酰胺在食品中含量取决于食品加工、烹调方式，特别是食品种类和油炸温度与时间。

2. 危害特征

世界卫生组织及联合国粮农组织食品添加剂联合专家委员会发表报告称丙烯酰胺使动物致癌，可能对人也致癌。流行病学观察表明，长期低剂量接触丙烯酰胺出现嗜睡、情绪和记忆改变、幻觉和震颤等症状，伴随末梢神经病(手套样感觉、出汗和肌肉无力)(图 3-14)。

大鼠、小鼠和兔的丙烯酰胺经口 LD_{50} 为 150～180 mg/kgBW，因此丙烯酰胺的急性毒性属于中等毒性。

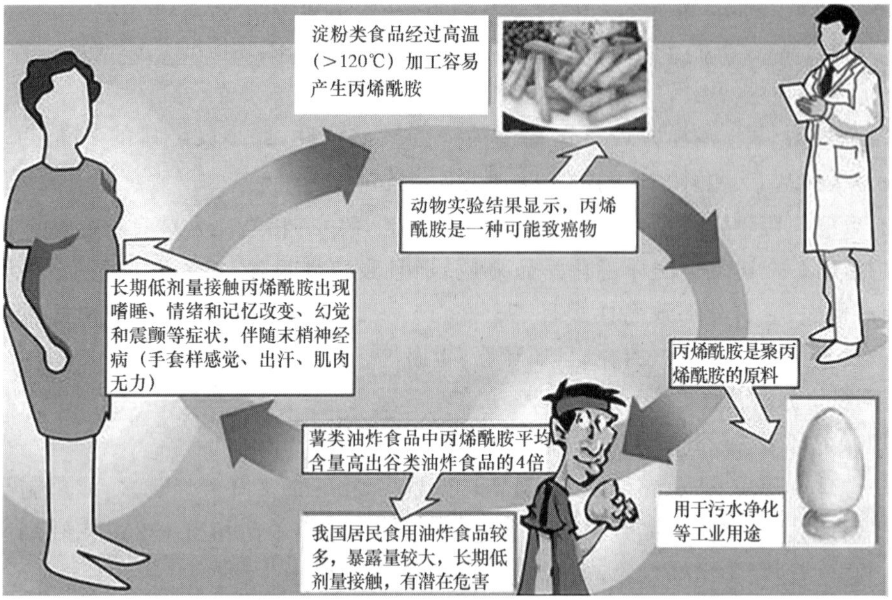

图 3-14　丙烯酰胺的危害

3. 控制措施

(1)尽量避免过度烹饪食品(如温度过高或加热时间太长)，但应保证做熟，以确保杀灭食品中的微生物，避免导致食源性疾病。

(2)提倡平衡膳食，减少油炸和高脂肪食品的摄入，多吃水果和蔬菜。

(四)氯丙醇危害及其控制

1. 来源

食品中氯丙醇的污染最初是在酸水解蛋白中发现的，特别是存在于以酸水解蛋白为原料的调味品(如鸡精和酱油等)中。传统的水解植物蛋白的生产工艺，是将植物蛋白质用浓盐酸在 109℃下回流酸解；为了提高氨基酸的得率，需要加入过量的盐酸。而在此过程中，其原料(如豆粕等)中脂肪和油脂中存在的三酰甘油，也会同时水解生成丙三醇，并进一步与盐酸反应生成氯丙醇。从国外的报道来看，氯丙醇的来源还包括：袋泡茶的包装袋；以含氯的凝聚剂作为水的净化剂；以 3-氯-1，3-环丙烷来加工的变性淀粉等。另外，有些食品在加工过程中也会产生氯丙醇，如啤酒生产等。

2. 危害特征

氯丙醇是一种毒性致癌物。早在 20 世纪 70 年代，人们就发现氯丙醇能够使精子减少和精子活性减低，并有抑制雄性激素生成的作用，使生殖能力减弱，甚至有人试图将其作为男性避孕药开发。因此，氯丙醇不仅具有致癌性，而且具有雄激素干扰物活性。美国、日本等国已明确指出氯丙醇 4 种异构体对人体产生不同程度的致癌效应。

小鼠的氯丙醇经口 LD_{50} 为 120～150 mg/kgBW，因此氯丙醇的急性毒性属于中等毒性。

3. 控制措施

(1)控制植物蛋白的水解过程,减少氯丙醇形成。

(2)调味品中的氯丙醇含量必须符合表 3-18 的要求。

表 3-18 食品中 3-氯-1,3-丙二醇限量指标

食品类别(名称)	限量/(mg/kg)
液态调味品[a]	0.4
固态调味品[a]	1.0

注:[a]仅限于添加酸水解植物蛋白的产品。

六、其他污染物

(一)硝酸盐、亚硝酸盐和 N-亚硝基化合物

1. 来源

硝酸盐和亚硝酸盐广泛存在于人类环境中,是自然界中最普遍的含氮化合物。农作物生长需要氮肥,包括硝态氮肥(硝酸盐)、铵态氮肥和有机肥。作物吸收后土壤和灌溉水中的硝酸盐、亚硝酸盐等氮素后形成植物体内的硝酸盐。蔬菜是含硝酸盐含量最高的植物源性食品。

硝酸盐在微生物的作用下可还原为亚硝酸盐。当蔬菜等植物被微生物作用腐烂后,组织内的硝酸盐就转换成亚硝酸盐。当人食用含硝酸盐的食品后,在肠道微生物的作用下硝酸盐在人体内可还原为亚硝酸盐。

硝酸盐和亚硝酸盐在水中也天然存在。

亚硝酸盐也是国内外普遍允许使用的食品添加剂,用作西式火腿、肉罐头等食品的护色剂、防腐剂。

N-亚硝基化合物按其化学结构分为 2 大类,即 N-亚硝胺和 N-亚硝酰胺,亚硝胺比亚硝酰胺稳定,不易分解破坏。

食品中的胺类和亚硝酸盐,在条件合适时,即可形成亚硝胺。人体胃内的酸性环境有利于亚硝胺的合成。食品中天然存在的 N-亚硝基化合物很少,主要存在于肉制品和水产制品,因此,内源性合成亚硝胺是重要的来源。

2. 危害特征

如表 3-19 所示。

表 3-19 硝酸盐、亚硝酸盐和 N-亚硝基化合物的危害

物质名称	一般毒性	特殊毒性
硝酸盐	无	无
亚硝酸盐	急性毒性症状表现为头痛、头晕、无力、胸闷、气短、心悸、恶心、呕吐、腹痛、腹泻及口唇、指甲、全身皮肤、黏膜紫绀,严重中毒者可昏迷、抽搐、呼吸麻痹等	无
N-亚硝基化合物	不同种类的亚硝基化合物,其毒性大小差别很大,大多数亚硝基化合物属于低毒和中等毒,个别属于高毒甚至剧毒。化合物不同其毒性作用机理也不尽相同,其中肝损伤较多见,也有肾损伤、血管损伤等	强致癌性(食道癌、胃癌、肠癌)

3. 控制措施

(1)作物种植上控制氮肥的使用。

(2)控制食品加工中硝酸盐和亚硝酸盐的应用。

(3)选择硝酸盐、亚硝酸盐和N-亚硝基化合物含量少的食品　腌制蔬菜，尤其腌制1周左右的蔬菜含有较高的亚硝酸盐，应少食用；腐烂的蔬菜和煮熟后放置过久的蔬菜也含有较多的亚硝酸盐，尽量不食用；多食用维生素C和维生素E，以及新鲜水果等，以阻断体内亚硝基化合物的形成。

(4)控制食品中硝酸盐、亚硝酸盐和N-亚硝基化合物的含量　按照GB 2762—2017《食品安全国家标准　食品中污染物限量》控制食品中的硝酸盐、亚硝酸盐和N-亚硝基化合物含量(表3-20，表3-21)。

表3-20　食品中亚硝酸盐、硝酸盐限量指标

(引自GB 2762—2017)

食品名称	限量/(mg/kg)	
	亚硝酸盐(以 $NaNO_2$ 计)	硝酸盐(以 $NaNO_3$ 计)
腌渍蔬菜	20	—
生乳	0.4	—
乳粉	2.0	—
包装饮用水(矿泉水除外)	0.005 mg/L(以 NO_2^- 计)	—
矿泉水	0.1 mg/L(以 NO_2^- 计)	45 mg/L(以 NO_3^- 计)
婴儿配方食品	2.0[a](以粉状产品计)	100(以粉状产品计)
较大婴儿和幼儿配方食品	2.0[a](以粉状产品计)	100[b](以粉状产品计)
特殊医学用途婴儿配方食品	2.0(以粉状产品计)	100(以粉状产品计)
婴幼儿谷类辅助食品	2.0[c]	100[b]
婴幼儿罐装辅助食品	4.0[c]	200[b]
特殊医学用途配方食品(特殊医学用途婴儿配方食品涉及的品种除外)	2[d]	100[b]
辅食营养补充品	2[a]	100[b]
孕妇及乳母营养补充食品	2[c]	100[b]
食用燕窝[e]	30	—

注：[a]仅适用于乳基产品。

[b]不适合于添加蔬菜和水果的产品。

[c]不适合于添加豆类的产品。

[d]仅适用于乳基产品(不含豆类成分)。

[e]卫生部卫监督函〔2012〕62号规定的临时管理限量。

表 3-21　食品中 N-二甲基亚硝胺限量指标

(引自 GB 2762—2017)

食品类别(名称)	限量/(μg/kg)
肉制品(肉类罐头除外)	3.0
熟肉干制品	3.0
水产制品(水产罐头除外)	4.0
干制水产品	4.0

(二)多氯联苯

1. 来源

我国习惯上按联苯上被氯取代的个数(不论其取代位置)将氯化联苯分为三氯联苯(PCB3)、四氯联苯(PCB4)、五氯联苯(PCB5)、六氯联苯(PCB6)。

多氯联苯是人工合成的有机物,在工业上用作热载体、绝缘油和润滑油等。使用多氯联苯的工厂排出的废弃物是污染的主要来源。

食品中多氯联苯的大多来源是自然环境污染。多氯联苯污染大气、水、土壤后,通过食物链的传递,富集于生物体内,在高脂质的组织中可以检出有很高的含量。多氯联苯在水产食品中含量最高,平均含量 628.7 ng/kg。

2. 危害特征

(1)一般毒性作用　多氯联苯可导致人中毒,其症状为痤疮增皮疹,眼睑浮肿和眼分泌物增多,皮肤、黏膜、指甲色素沉着、黄疸、四肢麻木、胃肠道功能紊乱等,即所谓"油症"。全身中毒时,则表现嗜睡、全身无力、食欲不振、恶心、腹胀、腹痛、肝肿大、黄疸、腹水、水肿、月经不调、性欲减退等。化验时可见肝功能异常和血浆蛋白减低。

多氯联苯对人的危害最典型的例子是日本 1968 年发生的米糠油事件。受害者食用了被多氯联苯污染的米糠油(米糠油含多氯联苯 2～3 mg/kg)而中毒。到 1978 年底止,日本 28 个县正式确认了 1 684 名病人为多氯联苯中毒患者,其中 30 多人于 1977 年前先后死亡。

(2)特殊毒性作用　多氯联苯属于致癌物质,产生癌变的器官为肝脏。

3. 控制措施

(1)控制环境污染。

(2)控制食品中多氯联苯的含量(表 3-22)。

表 3-22　食品中多氯联苯限量指标

(引自 GB 2762—2017)

食品类别(名称)	限量[a]/(mg/kg)
水产动物及其制品	0.5

注:[a]多氯联苯以 PCB28、PCB52、PCB101、PCB118、PCB138、PCB153 和 PCB180 总和计。

按照 GB 2762—2017《食品安全国家标准　食品中污染物限量》控制食品中的多氯联苯含量。

（三）二噁英

1. 来源

为2组共210种氯代三环芳烃类化合物组成，包括75种多氯代二苯并二噁英和135种多氯代二苯并呋喃。二噁英常以微小的颗粒存在于大气、土壤和水中，主要的污染源是化工冶金工业、垃圾焚烧、造纸以及生产杀虫剂等产业。日常生活所用的胶袋，PVC（聚氯乙烯）塑料等物都含有氯，燃烧这些物品时便会释放出二噁英，悬浮于空气中。大气环境中的二噁英90%来源于城市和工业垃圾焚烧。

一般而言，二噁英比较稳定，不易被分解。但在850℃以上的高温焚烧可以破坏。如果要破坏大量的污染物质，需要更高温度，一般超过1 000℃。

一旦二噁英进入环境或人体，由于其在脂肪中具有高度溶解性，能在体内蓄积，较难排出。在人体内排除一半所用时间（半衰期）平均为7年。在环境中，二噁英可通过食物链富积。由于高亲脂性，容易存在于动物脂肪和乳汁中。因此，鱼、肉、禽、蛋、乳及其制品最易受到污染。

2. 危害特征

（1）生殖毒性、内分泌毒性和免疫抑制作用　二噁英能引起雌性动物卵巢功能障碍，抑制雌激素的作用，使雌性动物不孕、胎仔减少、流产等。低剂量的二噁英能使胎鼠产生腭裂和肾盂积水。给予二噁英的雄性动物会出现精细胞减少、成熟精子退化、雄性动物雌性化等。

二噁英有明显的免疫毒性，可引起动物胸腺萎缩、细胞免疫与体液免疫功能降低等。二噁英还能引起皮肤损害，在暴露的实验动物和人群可观察到皮肤过度角化、色素沉着以及氯痤疮等的发生。二噁英染毒动物可出现肝脏肿大、实质细胞增生与肥大、严重时发生变性和坏死。

（2）致癌作用　流行病学研究表明，二噁英暴露可增加人群患癌症的危险度，其中2,3,7,8-四氯代二苯并呋喃（TCDD）的致癌性最强，致肝癌剂量低达每千克体重10 ng（十亿分之一克）。1997年世界卫生组织国际癌症研究中心将其从致癌物名单的二级致癌物地位提升到一级致癌物（对人肯定致癌物）。

（3）急性毒性作用　二噁英对人体有毒性作用，其中2,3,7,8- TCDD毒性最强，半数致死量LD_{50}为每千克体重1 μg，相当于氰化钾毒性的50～100倍。

3. 控制措施

主要是确保垃圾焚烧的温度到达850℃，以减少环境中的二噁英含量。我国目前没有规定食品中的二噁英限量指标。

（四）食品中的放射性物质

1. 来源

食品中的放射性物质来源主要有3个方面：一是来自自然界的放射性物质，称为天然本底；二是来自核武器试验、核电站泄漏、核辐射试验等污染环境，进而污染食品；三是食品辐照处理所产生的放射性物质残留。

在绝大多数动植物性食品中都不同程度的含有天然放射性物质，亦即食品的放射性本底。天然放射性本底是指自然界本身固有的，未受人类活动影响的电离辐射水平。它主要来源于宇宙射线和环境中的放射性核素。某些鱼类能富集金属同位素，如^{137}铯和^{90}锶等。后者半衰期较长，多富集于骨组织中，而且不易排出，对机体的造血器官有一定的影响。某些海产动物，如软体动物能富集^{90}锶，牡蛎能富集大量^{65}锌，某些鱼类能富集^{55}铁。

食品辐照是利用电离辐射在食品中产生的辐射化学与辐射生物学效应而达到抑制发芽、延迟或促进成熟、杀虫、杀菌、防腐或灭菌等目的的辐照过程。可使用的电离辐照源包括^{60}Co或^{137}Cs产生的γ射线、电子加速器产生的能量不高于10 MeV的电子和电子加速器产生的能量不高于5 MeV的X射线。

我国辐照食品种类主要有：①谷物、豆类及其制品辐照杀虫；②干果、果脯类辐照杀虫杀菌；③熟畜禽肉类食品辐照杀菌；④冷冻包装畜禽肉类辐照杀菌；⑤脱水蔬菜、香辛料类的辐照杀菌、杀虫和防霉；⑥新鲜水果、蔬菜类辐照保鲜；⑦冷冻鱼、虾的辐照杀菌等；⑧花粉的保鲜、防霉和杀菌。

2. 危害特征

(1)损伤作用　放射性损伤有急性损伤和慢性损伤。如果人在短时间内受到大剂量的X射线、γ射线和中子的全身照射，就会产生急性损伤。轻者有脱毛、感染等症状。当剂量更大时，出现腹泻、呕吐等肠胃损伤。在极高的剂量照射下，发生中枢神经损伤直至死亡。

(2)特殊毒性作用　放射性物质能引起淋巴细胞染色体的变化。放射照射后的慢性损伤会导致人群中白血病和各种癌症的发病率增加。放射性也会造成生殖系统的损伤。

有些专家认为，食品辐照会诱发食品产生致突变、致畸形、致癌和有毒因子。

3. 危害控制

(1)控制食品中的放射性物质限量　食用农产品生产环境的放射性物质污染(含天然本底和人为的环境污染)应符合国家标准，食用农产品中的放射性物质限量应符合GB 14882—1994《食品中放射性物质限制浓度标准》的要求。

(2)控制辐照食品的吸收剂量　严格按照GB 18524—2016《食品安全国家标准　食品辐照加工卫生规范》的规定，对食品进行辐照处理，确保辐照食品的吸收剂量符合GB 14891《食品安全国家标准　辐照食品》的要求。

FAO/WHO/IAEA组织的联合专家委员会于1980年10月宣布，吸收剂量在10 kGy以下的任何辐照食品都是安全的，无须做毒理学试验。但是高剂量辐照处理所产生的营养成分及其辐照副产物的产生问题仍未被人类所探测到。

(3)食品标签应标示辐照食品(图3-15)　经电离辐射线或电离能量处理过的食品，按照GB 7718—2011要求在食品名称附近标示“辐照食品”；经电离辐射线或电离能量处理过的任何配料，应在配料表中配料名称附近注明“辐照原料”“辐照”或“辐照灭菌”等字样。

图3-15　辐照食品标识

（五）食品工业用洗涤剂、消毒剂和润滑剂

1. 来源

食品用洗涤剂指用于洗涤和清洁食品、餐饮具以及接触食品的工具和设备、容器和食品包装材料的物质。根据产品用途不同，食品用洗涤剂分为A和B两类。A类产品指直接用于清洗食品的洗涤剂。B类产品指用于清洗餐饮具以及接触食品的工具、设备、容器和食品包装材料的洗涤剂。

消毒剂指能够杀灭病原菌营养体的物质。食品工业上常用的消毒剂包括含氯消毒剂（漂白粉、次氯酸钠、次氯酸钙、二氧化氯）、过氧化物消毒剂（过氧化氢、过氧乙酸）、乙醇消毒剂等。

洗涤消毒剂是兼有洗涤和消毒作用的制剂，如CIP所用的氢氧化钠溶液和硝酸溶液。

在工业化生产中，食品生产都离不开机械，而机械的运转部件都离不开润滑剂。在食品生产过程中，食品机械上的润滑剂可能会直接污染食品或通过污染食品接触面进而污染食品。

2. 危害特征

消毒剂、洗涤消毒剂和润滑剂都是化学物质。在使用这些物质后，如果残留过多，那必然会污染食品，导致食品出现异味和有害物质超标。

合成洗涤剂的毒性主要取决于表面活性剂。如硬型烷基苯磺酸钠具有损害肝脏、婴儿皮肤过敏反应、影响机体电解质代谢、致畸作用、致癌作用、降低免疫力等危害。

3. 控制措施

(1)选择合格的食品用洗涤剂、消毒剂和润滑剂　洗涤剂、消毒剂的生产厂家应具有生产许可证，洗涤剂应符合GB 14930.1—2015《食品安全国家标准　洗涤剂》的要求，消毒剂应符合GB 14930.2—2012《食品安全国家标准　消毒剂》的要求。

根据食品生产设备的特点选择合格的润滑剂。接触食品或食品接触面的部件所用的润滑剂应为食品级润滑剂，其他部件的润滑剂可使用普通润滑剂。

(2)降低洗涤剂、消毒剂的残留　除乙醇消毒剂外，其余的洗涤剂、消毒剂、洗涤消毒剂在使用后应用生活饮用水冲洗干净。

(3)保管好洗涤剂、消毒剂、洗涤消毒剂和润滑剂　洗涤剂、消毒剂、洗涤消毒剂和润滑剂应按有毒有害物质管理，存放于独立的库房，专人管理，做好进出库和使用记录；生产车间里不允许存放洗涤剂、消毒剂、洗涤消毒剂和润滑剂。

第三大类　有意加入食品中的化学物质

一、食品添加剂

1. 来源

食品添加剂是为改善食品品质和色、香、味以及为防腐、保鲜和加工工艺的需要而加入食品中的人工合成或者天然物质。

食品中的食品添加剂来源包括原辅料带入的食品添加剂和加工过程中有意加入的食品添加剂。

2. 危害特征

食品添加剂的安全性都经过严格的食品安全风险评估，只要严格按照 GB 2760—2014《食品添加剂使用标准》的规定，按规定的范围和限量使用，食品添加剂不会对消费者造成安全危害。但若长期过量摄入食品添加剂，尤其是人工合成食品添加剂，那就会影响人体健康。

如苯甲酸、山梨酸钾等过量或超标，会在一定程度上抑制人体骨骼生长，危害肾脏、肝脏的健康；亚硝酸盐本身具有急性毒性和慢性毒性，进入人体内后可转化为有致癌性的 N-亚硝基化合物。

3. 控制措施

(1)严格按照 GB 2760—2014《食品安全国家标准　食品添加剂使用标准》的规定范围和限量使用食品添加剂。

(2)在工艺技术允许的情况下，尽量不用或少用食品添加剂(图 3-16)。

(3)根据食品添加剂的特性，使用正确的添加方法，确保食品添加剂均匀分布于食品中。

图 3-16　食品添加剂的争议

二、非法添加物

1. 来源

一些不法厂商为了延长产品保存期、提高产量、改善感观质量等目的，在食品中添加工业原料等非食品添加剂，如苏丹红、吊白块、三聚氰胺、孔雀绿、石蜡、塑化剂等。国家卫生计生委已先后多次增加几批食品中可能违法添加的非食用物质名单，可上国家卫生计生委官网查阅。表 3-23 是食品中可能违法添加的部分非食用物质名单。

表 3-23 食品中可能违法添加的非食用物质名单

序号	名称	可能添加的食品品种	序号	名称	可能添加的食品品种
1	吊白块	腐竹、粉丝、面粉、竹笋	19	β-内酰胺酶(金玉兰酶制剂)	乳与乳制品
2	苏丹红	辣椒粉、含辣椒类的食品(辣椒酱、辣味调味品)	20	富马酸二甲酯	糕点
3	王金黄、块黄	腐皮	21	废弃食用油脂	食用油脂
4	蛋白精、三聚氰胺	乳及乳制品	22	工业用矿物油	陈化大米
5	硼酸与硼砂	腐竹、肉丸、凉粉、凉皮、面条、饺子皮	23	工业明胶	冰激凌、肉皮冻等
6	硫氰酸钠	乳及乳制品	24	工业酒精	勾兑假酒
7	玫瑰红 B	调味品	25	敌敌畏	火腿、鱼干、咸鱼等制品
8	美术绿	茶叶	26	毛发水	酱油等
9	碱性嫩黄	豆制品	27	工业用乙酸	勾兑食醋
10	工业用甲醛	海参、鱿鱼等干水产品、血豆腐	28	荧光增白物质	双孢蘑菇、金针菇、白灵菇、面粉
11	工业用火碱	海参、鱿鱼等干水产品、生鲜乳	29	工业氯化镁	木耳
12	一氧化碳	金枪鱼、三文鱼	30	磷化铝	木耳
13	硫化钠	味精	31	馅料原料漂白剂	焙烤食品
14	工业硫黄	白砂糖、辣椒、蜜饯、银耳、龙眼、胡萝卜、姜等	32	酸性橙Ⅱ	黄鱼、鲍汁、腌卤肉制品、红壳瓜子、辣椒面和豆瓣酱
15	工业染料	小米、玉米粉、熟肉制品等	33	水玻璃	面制品
16	罂粟壳	火锅底料及小吃类	34	乌洛托品	腐竹、米线等
17	革皮水解物	乳与乳制品、含乳饮料	35	磺胺二甲嘧啶	叉烧肉类
18	溴酸钾	小麦粉	36	敌百虫	腌制食品

2. 危害特征

这些违法添加的非食用物质,都是非食品级的化学物质,种类繁多,都不同程度存在急性毒性、慢性毒性和特殊毒性作用。

3. 控制措施

控制这种危害的有效措施就是食品生产企业依法生产食品,政府监管部门严格执法监督;顾客采购食品时要严格执行供应商评价选择和原材料进货查验制度;了解所采购食品中可能存在的违法添加物,有针对性地进行检验。

任务三　确定食品接触材料的材质

【任务引入】

广西南宁绿悦食品有限责任公司计划新建一个发酵果酒生产车间和一个果汁饮料(包括果汁、发酵果汁饮料)生产车间。为了确保产品中重金属、铁等化学物质含量不超过国家标准,公司领导安排您负责选择、确定合适的生产设备、包装材料等食品接触材料的材质要求。

【任务分析】

食品接触材料及制品是指在正常使用条件下,各种已经或预期可能与食品接触、或其成分可能转移到食物中的材料和制品,包括包装、盛放食品和食品添加剂用的食品包装材料、容器、餐厨具和可能直接或间接接触食品的涂料和涂层、油墨、粘合剂等,以及食品生产、加工、包装、运输、贮存和使用过程中直接接触食品的机械、管道、传送带、容器、用具、餐厨具等,不包括洗涤剂、消毒剂和公共输水设施。

由于食品接触材料中的某些成分在使用过程中可能会迁移到食品中,随着食品被摄入到人体中;如果这些成分是有毒有害物质,就会造成对健康的危害,因此尽管食品接触材料本身不是食品,但国内外都将食品接触材料安全视为食品安全范畴内的问题,制定了各种法规和标准进行监管。

目前,果酒和果汁饮料生产企业常用的生产设备、管道、容器、用具的食品接触面材料主要是不锈钢,也有少量的塑料制品,包装材料主要是玻璃瓶、塑料瓶、纸盒、马口铁罐。由于果酒和果汁(尤其发酵果汁)是酸性物质,有一定的腐蚀性,所有在选择食品接触材料时要特别注意。

【任务实施】

步骤一　确定生产设备、管道、容器、用具和包装材料的名称

根据生产工艺技术要求,确定生产所需的设施设备,包括机械设备、管道、容器、用具、输送带、包装材料等与食品直接接触和间接接触的设施设备。

步骤二　确定生产设备、管道、容器、用具和包装材料的材质要求

根据各种设施设备与所接触的食品的特性及接触时间的长短、不同食品接触材料材质的特性等因素,选择相互作用(腐蚀、溶解、成分迁移等)最小的食品/材质组合。

表 3-24　果酒和果汁生产食品接触材料材质

设备名称	设备的食品接触面的材质要求

续表 3-24

设备名称	设备的食品接触面的材质要求

【知识链接】

食品接触材料中的化学性危害

一、食品接触用金属材料及制品的化学性危害

（一）来源

食品接触用金属材料及制品是指在正常或可预见的使用条件下，预期或已经与食品接触的各种金属（包含合金及金属镀层）材料及制品，包括金属制成的食品包装材料、容器、餐厨具，以及食品生产加工用工具、设备或加工处理食品用电器中直接接触食品的金属零部件。

食品接触用金属材料及制品的化学性危害主要来源于以下几个方面。

1. 金属基材的化学污染物

铅、镉、砷、铝在相当一部分常用金属材料如铜合金、铝合金中作为合金成分存在。汞、铍和锂在普通金属材料中作为杂质存在的风险很小，但在废旧金属材料中存在。

2. 金属镀层的化学污染物

金属镀覆除使用金属为阳极材料，也可能使用金属盐等化合物提供镀层金属，因此可能含有铅、镉、砷、汞。某些金属镀覆（如镀银、镀锌）工艺可能使用氰化物为络合剂，或使用铅、镉化合物作为助剂或添加剂，镀锌层过去还常用六价铬钝化。镀铬液主要成分多为铬酸酐，镀层可能残留六价铬。

3. 焊接材料的化学污染物

金属制品中，铅、镉污染的一个可能来源是焊料，如铅锡合金焊料。

《食品安全国家标准　食品接触用金属材料及制品》标准制定小组对 6 种牌号不锈钢、4 种牌号铝及铝合金、3 种铜及铜合金材料，以及镀镍、锌、锡、铝等金属镀层板材，还有近 50 种不锈钢、铝、铁制的餐厨具产品和镀铬、镀镍金属零部件、马口铁罐等进行了迁移试验。试验结果表明，不锈钢材料及制品总体情况良好，迁移风险小；在酸性介质中，

铁基材料、铜及铜合金、各类金属镀层的主合金元素迁移风险较高；铝及铝合金则无论是在酸性介质还是在中性的自来水中，铝元素都有相当的迁移，多数可达 5 mg/kg 以上；铁锅类制品质量良莠不齐，有些样品中含有铅、砷、锑杂质并产生迁移（表 3-25）。

表 3-25　食品接触用金属材料及制品迁移试验结果

材质	样品数	试验结果
不锈钢	27	0.5%柠檬酸溶液沸 2 h，重复 3 次试验，以第三次试验结果计，全部合格。
铝及铝合金	11	人造自来水沸 2 h，重复 3 次试验，有 7 件铝迁移＞10 mg/kg。酸性介质中铝大量迁移。
铜及铜合金	3	3 件样品材料分别为紫铜、黄铜、青铜，其中黄铜和青铜样品的铅含量＞1%，因此铅迁移超标（以人造自来水试验结果统计）。酸性介质中合金元素大量迁移。
铁基	11	10 件铁锅样品（材质分别为铸铁、生铁、熟铁、低碳钢、铁铝合金、渗铝等）在 0.5%柠檬酸溶液（沸 2 h，重复 3 次）中分别有铅、砷、铬、铝、锑迁移超标，仅 1 个样品合格；在人造自来水中的试验结果全部合格。碳钢菜刀在人造自来水（70℃ 2 h，重复 3 次试验）中的试验结果合格。采用 0.1%柠檬酸溶液（沸 1 h，重复 3 次）测试 1 个铸铁锅和 1 个渗铝铁锅，前者铅超标，后者铝超标。
金属镀层	15	15 件镀锌、锡、铝、镍、铬板材或制品试样，在人造自来水（沸 2 h，重复 3 次）中试验，仅一件镀铝板铝迁移超标，其余合格。在 0.5%柠檬酸介质中，除镀锡板的锡未超过限量（100 mg/kg）外，其他镀层金属元素大量迁移，另有一件样品杂质铅、砷迁移。
马口铁罐	20	分别采用 0.5%柠檬酸溶液和人造自来水，带盖或不带盖，盖缝处加贴或不贴胶带，40℃ 下进行 10 d 的迁移试验，锡迁移在人造自来水中都＜1 mg/kg，但在柠檬酸溶液中都超过限量，罐壁锈蚀严重。

注：(1)以上所说“重复 3 次试验”均指对同一件试样，在同一试验条件下，每一次分别采用未接触过试样的“新”食品模拟物进行试验。

(2)对我国传统或惯常消费的酸味菜肴（糖醋排骨、糖醋鱼、酸辣白菜、酸辣汤等）进行实际烹调实验，并计算各种菜谱中调味品用量，得知菜肴中醋酸含量一般不大于 0.2%，氯化钠不大于 0.7%，烹调总时长不超过 1 h。由于乙酸溶液不适合铁制品（常温下也会发生激烈反应），测得 0.2%乙酸溶液的 pH 为 2.98～3.02，同时考虑少量食盐也具有一定腐蚀性，采用 pH 为 2.82 的 0.1%柠檬酸溶液作为无涂层铁制煎炒锅迁移试验用模拟物，实验条件为沸腾 1 h。

（二）控制措施

1. 确保食品接触用金属材料及制品的原材料符合食品安全要求

(1)金属材料及制品中食品接触面使用的金属基材、金属镀层和焊接材料不应对人体健康造成危害，符合 GB 4806.1—2016《食品安全国家标准　食品接触材料及制品通用安全要求》的规定。

金属基材不得使用以铅、镉、砷、汞、铍和锂作为合金元素的材料。杂质元素中，砷含量不得大于 0.01%，镉和铅含量的总和不得大于 0.01%。

金属镀层与食品直接接触的金属镀层使用的金属或金属化合物中，砷含量不得超过

0.01%，镉、铅和汞含量总和不得超过0.01%。络合剂、光亮剂等不得使用氰化物及铅或镉化合物。镀锌层不得使用六价铬钝化剂。成品金属镀层表面的六价铬测试应为阴性。

与食品直接接触的焊接部位使用的焊接材料中，铅和镉含量分别不得超过0.1%和0.01%（基于焊接材料的质量分数）。

（2）不锈钢食具容器及食品生产经营工具、设备的主体部分应选用奥氏体型不锈钢、奥氏体·铁素体型不锈钢、铁素体型不锈钢等不锈钢材料；不锈钢餐具和食品生产机械设备的钻磨工具等的主体部分也可采用马氏体型不锈钢材料。

2. 购买合格的食品接触用金属材料及制品

（1）食品接触用金属材料及制品感官要求

接触食品的表面应清洁，镀层或涂层不应开裂、剥落，焊接部应光洁，无气孔、裂缝、毛刺。迁移试验所得浸泡液不应有异臭。声称“不锈”“耐酸”“耐盐”或类似性能的制品经过迁移试验后，其食品接触面（包括正常使用情况下可能接触食品的金属辅件）不应出现大面积锈蚀现象。

（2）食品接触用金属材料及制品理化指标要求（表3-26，表3-27）

表3-26　不锈钢的迁移物指标

（引自GB 4806.9—2016）

元素	迁移量(SML)/(mg/kg)
砷(As)	0.04
镉(Cd)	0.02
铅(Pd)	0.05
铬(Cr)[a]	2.0
镍(Ni)	0.5

注：[a]马氏体型不锈钢材料及制品不检测铬指标。

表3-27　其他金属材料及制品的迁移物指标

（引自GB 4806.9—2016）

元素	迁移量(SML)/(mg/kg)
砷(As)	0.04
镉(Cd)	0.02
铅(Pd)	0.2

与食品直接接触的金属或金属镀层中的杂质元素迁移量和合金元素迁移量应符合GB 4806.9—2016《食品安全国家标准　食品接触用金属材料及制品》的规定。

3. 正确使用食品接触用金属材料及制品

食品接触面为无涂层的铝及铝合金、铜及铜合金、覆金属镀层的制品（镀锡薄板容器除外）不可用于接触酸性食品。铁基材料和低合金钢制品不可用于长时间储存酸性食品。

新购的金属制品不要用醋水浸泡，只能用清水，因为酸性溶液会破坏金属表面的钝化层，反而促进重金属迁移。同样，使用时也尽量不要使酸性、碱性或较咸的食物长时间留在金属容器中，以避免金属表面腐蚀，金属离子迁移出来。

不锈钢所以耐腐蚀，在于其表面形成的一层极薄的保护层，就是所谓“钝化层”。铬是钝化层形成和稳定的必需元素，而镍则可在钝化层被破坏后促进重新钝化。俗称的“不锈铁”也是一类不锈钢，铬含量很高，最少也在10%以上，但几乎不含镍，所以经过风吹日晒或搁置久了会生锈。谈到对人体的危害，并不在于铬、镍含量太高，而要看材料迁移出来的成分。三价铬对人体是有益的，它是正常葡萄糖代谢不可缺少的一种元素，而六价铬则是高毒性的。在非酸性条件下，从不锈钢迁移出来的一般是三价铬。而且，大量实验结果表明，对大多数铬镍不锈钢（即奥氏体型不锈钢）来说，正因为它们铬、镍含量高，耐腐蚀性能好，迁移出来的铬、镍元素反而极少，远低于安全限量标准，因此我们说不锈钢餐厨具是比较安全的。

食品工业一般推荐使用304不锈钢（奥氏体型不锈钢）。

二、食品接触用塑料材料及制品的化学性危害

（一）来源

1. 塑料材料含有的化学污染物

塑料材料是指以一种或几种树脂（聚合物或预聚物）为主要结构组分，添加或不添加添加剂或其他物质，在一定的温度和压力下加工成具有一定形状的高分子材料，是介于树脂（聚合物）与塑料制成品之间的塑料粒子（或切片）、粉末或薄片，也包括其他需再加工/再成型的高分子材料，又称塑料中间材料。

塑料制品是指以树脂或塑料材料为原料，添加或不添加添加剂或其他物质，成型/加工为具有一定形状，并在正常使用条件下能保持其既定形状的制成品。

食品接触用塑料材料及制品的安全隐患主要来自生产过程中没有反应完全而残留在产品中的单体、起始物、中间产物、低聚物，着色剂、增塑剂等添加剂，以及原料中含有的杂质等小分子物质迁移至食品中。

(1)密胺餐具。通常所说的“密胺”餐具或仿瓷餐具，其实按树脂原料分主要有2类，即“密胺/甲醛（MF）树脂”和“尿素/甲醛（UF）树脂”。仿瓷餐具对人体的危害，主要来自其中残留的甲醛单体。密胺（即三聚氰胺）或尿素与甲醛反应产生聚合物，再经过一定工艺处理就得到MF树脂或UF树脂。MF或UF作为高分子量的聚合物，本身是无毒的，只要控制好生产工艺，使没有反应完全的残留甲醛单体迁移量低于限量指标，并且按规定正确使用，仿瓷餐具还是安全的。

(2)薄膜类塑料制品，比如保鲜膜、塑料食品包装袋、保鲜袋。塑料袋常用的材料有聚乙烯（PE）、聚氯乙烯（PVC）、尼龙（PA），或几种材料一起制成的复合薄膜。

保鲜膜常用材料有PE、PVC、聚偏二氯乙烯（PVDC）等。这几种材料中，聚乙烯可以说是最安全的。就单纯的PVC树脂来说，其潜在风险来自其中残留的、没有完全聚合的氯乙烯单体。对于PVC薄膜来说，更应关注的是所用的增塑剂。PVC本身在常温下是硬质的（所谓“玻璃态”），要制成柔性的薄膜，需要使用大量“增塑剂”（简单地说就是增加

材料塑性的添加剂)，而最常用的就是邻苯二甲酸类增塑剂。已有大量研究表明，邻苯二甲酸酯具有类似雌激素的作用，会干扰人类生殖系统，影响儿童性器官发育。

(3)盒、杯、瓶之类的塑料容器制品。这类制品除密胺外，常用的材料有聚丙烯(PP)，聚苯乙烯(PS)，聚碳酸酯(PC)，还有 AS(丙烯腈-苯乙烯共聚物)，ABS(丙烯腈-丁二烯-苯乙烯共聚物)等。

聚碳酸酯(PC)，它的聚合单体之一是“双酚 A”。PC 塑料透明度好，具有一定的耐热和良好的耐低温性能，吸水性小，成型精度高，抗冲击性强，机械加工性能优良，所以常用来制造医疗用具中的量筒、量杯等，带有刻度的婴儿奶瓶也常使用 PC 材料。在成品 PC 材料中，可能含有没有聚合完全而残留的双酚 A 单体。当 PC 奶瓶与牛奶、饮水等接触时，残留的双酚 A 单体就可能迁移出来，进入奶瓶所盛的婴儿饮食中，被婴儿摄入体内。近年来的动物研究表明，双酚 A 也像我们前面提到的邻苯二甲酸酯那样，具有类雌激素作用，可能与乳癌等疾病相关，并可能对内分泌系统和生殖能力产生影响。虽然根据大量试验结果，从食品包装、容器中迁移出的双酚 A 极其微量，尚未达到影响人类健康的程度，但由于用奶瓶喂食是婴儿除母乳以外的饮食主要途径之一，婴儿体重又比成人低，摄入双酚 A 的量超过 TDI(每日耐受摄入量)的风险就比成人大。婴儿的代谢系统发育还没有成熟，如果摄入双酚 A，将会在体内蓄积。所以出于防范考虑，禁止将双酚 A 用于婴儿奶瓶。双酚 A 还是允许用于生产除婴幼儿奶瓶以外的其他食品包装材料、容器和涂料，前提是其迁移量应当符合相关食品安全国家标准规定的限量。

“聚砜(PSF)”塑料也用双酚 A 为原料，其使用性能比 PC 更好，国外也用来制奶瓶，价格比 PC 奶瓶高。所以，就奶瓶而言，如果是聚碳酸酯或聚砜材料的，就意味着使用双酚 A，购买时注意不要买标有“PC”或“PSF”的奶瓶。我国自 2011 年 6 月 1 日起，禁止生产聚碳酸酯婴幼儿奶瓶和其他含双酚 A 的婴幼儿奶瓶；自 2011 年 9 月 1 日起，禁止进口和销售聚碳酸酯婴幼儿奶瓶和其他含双酚 A 的婴幼儿奶瓶。

2. 塑料制品上的印刷油墨、粘合剂、涂层等辅料污染物

有些企业为了降低成本，使用苯含量超标的油墨印刷，会导致苯挥发迁移至食品中，引起食品异味。粘合剂、涂层等辅料不合格或塑料制品使用方法错误，也会导致这些辅料迁移至食品中。

(二)控制措施

1. 从合格的厂家购买食品接触用塑料材料及制品

生产食品接触用塑料材料及制品所用的树脂应符合 GB 4806.6—2016《食品安全国家标准　食品接触用塑料树脂》及相关公告的要求，所用的油墨、着色剂、粘合剂等应符合 GB 9685—2016《食品安全国家标准　食品接触材料及制品用添加剂使用标准》。

2. 实施进货查验制度

采购的每批产品都要实施进货查验，核查生产企业提供的产品检验报告(出厂检验报告和第三方型式检验报告)，必要时实施进货检验(自检或送检)，确保所购产品符合 GB 4806.7—2016《食品安全国家标准　食品接触用塑料材料及制品》要求见表 3-28 和表 3-29。

表 3-28 食品接触用塑料材料及制品的感官要求

项目	要求
感官	色泽正常，无异臭、不洁物等
浸泡液	迁移试验所得浸泡液无浑浊、沉淀、异臭等感官性的劣变

表 3-29 食品接触用塑料材料及制品的理化指标要求

项目	限量
总迁移量/(mg/dm^2)[a]	10
高锰酸钾消耗量/(mg/kg)(水，60℃，2 h)	10
重金属(以 Pb 计)/(mg/kg)(4%乙酸，60℃，2 h)	1
脱色试验	阴性

注：[a]接触婴幼儿食品的橡胶材料及制品应根据实际使用中的面积体积比将结果换算为 mg/kg，且限量为≤60 mg/kg。

3. 正确使用食品接触用塑料材料及制品

每种塑料产品接触适合不同种类和状态的食品，应根据其特性正确使用。如购买仿瓷餐具时，请注意制品底部的标识，标有“MF”的，表示是以“密胺/甲醛树脂”为主要原料，作为餐具，例如在吃饭这样不算太长的时间内接触热汤、热饭菜的还是安全实用的；如果标有“UF”，表示是以“尿素/甲醛树脂”为主要原料，最好不要接触热的食品。这是因为 MF 比 UF 耐受高温，后者不适合在 80℃以上温度使用。但如果用作常温下盛放水果和瓜子、花生之类干果的盘、碟，“尿素/甲醛”制品不失为价廉物美的用品(UF 制品比 MF 制品便宜)。更要注意的是，如我们前面所说，无论是 MF 还是 UF，都不要长时间高温蒸煮或在微波炉中使用。如果制品使用不当或时间长了，表面出现裂纹、破损，最好弃用。

正规的保鲜膜产品都有材料标识(如“PE”“PVDC”等)和使用温度说明，我们可根据标识使用。对消费者来说，通过正确使用可以有效减少增塑剂的迁移；由于这类增塑剂容易在油脂中溶出，我们就要尽量避免保鲜膜、塑料袋接触到表面有油脂的食物，特别是不要接触热油脂，比如用保鲜膜包裹着鸡鸭鱼肉之类在微波炉中加热，或者用塑料袋装含有油的菜肴。不得已的情况下(比如出门在外)用塑料袋盛放含油脂食品，也要尽快换成其他材料的容器盛放，减少食品与塑料膜接触时间。聚氯乙烯(PVDC)塑料不允许用于含油脂的食品。

塑料树脂本身一般是无色或带点白色的，彩色制品意味着添加了着色剂，如果着色剂选用不当，可能是有害的。因此，应尽可能使用无色的制品。当然，并不是说彩色制品就一定不安全，很多彩色制品经检测也是合格的。

三、食品接触用橡胶材料及制品的化学性危害

(一)来源

橡胶可分为天然橡胶和合成橡胶两大类。天然橡胶是天然的长链高分子化合物，性

能稳定对人体无毒害，其主要的食品安全性问题在于生产不同工艺性能的产品时所加入的各种添加剂和生产过程中的中间产物。合成橡胶是由单体聚合而成的高分子化合物，其安全问题和塑料一样。

天然橡胶生产过程中要加入硫化剂、抗氧化剂、增塑剂等，例如二硫化氨基甲酸盐、醛胺类、胍类、硫脲类、噻唑类、次磺酰胺类等，它们大部分具有生物毒性，有些具有致癌性。

橡胶制品中可能释放N-亚硝胺和可转化为N-亚硝胺的物质，且这2种物质具有可能危害人类健康的毒性。

橡胶制品使用的油墨、粘合剂、涂层等辅料也是污染物来源。

（二）控制措施

1. 从正规的厂家购买食品接触用橡胶材料及制品

食品接触用橡胶材料及制品中的天然橡胶、合成橡胶、硅橡胶原料的使用应符合GB 4806.11—2016《食品安全国家标准　食品接触用橡胶材料及制品》及相关公告的规定，经硫化的热塑性弹性体树脂的使用应符合GB 4806.6—2016《食品安全国家标准　食品接触用塑料树脂》及相关公告的规定，所用的油墨、着色剂、粘合剂等添加剂应符合GB 9685—2016《食品安全国家标准　食品接触材料及制品用添加剂使用标准》。

2. 实施进货查验制度

采购的每批产品都要实施进货查验，核查生产企业提供的产品检验报告（出厂检验报告和第三方型式检验报告），必要时实施进货检验（自检或送检），确保所购产品符合GB 4806.11—2016《食品安全国家标准　食品接触用橡胶材料及制品》要求见表3-30和表3-31。

表3-30　食品接触用橡胶材料及制品的感官要求

项目	要求
感官	色泽正常，无异臭、不洁物等
浸泡液	迁移试验所得浸泡液无浑浊、沉淀、异臭等感官性的劣变

表3-31　食品接触用橡胶材料及制品的理化指标要求

项目	要求
总迁移量/(mg/dm^2)[a]	10
高锰酸钾消耗量/(mg/kg)(水，60℃，2 h)	10
重金属(以Pb计)/(mg/kg)(4%乙酸，60℃，2 h)	1

注：[a]接触婴幼儿食品的橡胶材料及制品应根据实际使用中的面积体积比将结果换算为mg/kg，且限量为≤60 mg/kg。

3. 正确使用食品接触用橡胶材料及制品

不同的橡胶制品适合不同的使用要求，有些适合油脂，有些适合高温，有些适合低温，一定要根据产品的特性正确使用。

四、食品接触用纸和纸板材料及纸制品的化学性危害

（一）来源

食品接触用纸和纸板材料及纸制品包括在正常或可预见的使用条件下，预期与食品接触的各种纸、纸板及纸制品，包括涂蜡纸、纸浆模塑制品（以纸浆为主要原料，按产品用途所需形状，经模塑等立体造纸技术制作成型的制品）及食品加工烹饪用纸等。

造纸的原料主要有木浆、棉浆、草浆和废纸，使用的化学辅助原料有甲醛、硫酸铝、纯碱、亚硫酸钠、次氯酸钠、松香和滑石粉、荧光物质等。

纯净的纸是无毒、无害的，但由于原材料受到污染，或经过加工处理，纸和纸板中通常会有一些化学残留物，如挥发性物质、植物性材料中的农药残留和防霉剂、制浆用的化学残留物、重金属、荧光物质、蜡纸（浸蜡包装纸）所用石蜡中含有的多环芳烃等，从而影响包装食品的安全性。

在我国许多地区，还存在着用书刊、报纸、废纸和其他不符合卫生要求的纸张包装直接入口食品的问题，而书刊、报纸和废纸附有大量有害物质。书刊、报纸使用的油墨中含有铅、镉等有害金属，尤其是含有多氯联苯等化学物质，实验证明，这些化学物质都是致癌物质。

纸制品使用的油墨、粘合剂等辅料也是污染物的来源。

（二）控制措施

1. 从正规的厂家购买食品接触用纸板材料及制品

食品接触用纸和纸板材料及制品使用的原料不应对人体健康产生危害。纤维原料应以植物纤维为主，含有的合成纤维应符合 GB 4806.6—2016《食品安全国家标准　食品接触用塑料树脂》及相关公告的规定。所用的蜡、油墨、着色剂、粘合剂等添加剂应符合 GB 9685—2016《食品安全国家标准　食品接触材料及制品用添加剂使用标准》。

2. 实施进货查验制度

采购的每批产品都要实施进货查验，核查生产企业提供的产品检验报告（出厂检验报告和第三方型式检验报告），必要时实施进货检验（自检或送检），确保所购产品符合 GB 4806.8—2016《食品安全国家标准　食品接触用纸和纸板材料及制品》要求。

食品接触用纸和纸板材料及制品的感官应符合表 3-32 的规定。

表 3-32　食品接触用用纸和纸板材料及制品的感官要求

项目	要求
感官	色泽正常，无异臭、不洁物等
浸泡液	迁移试验所得浸泡液无浑浊、沉淀、异臭等感官性的劣变

与食品直接接触的纸和纸板材料及制品中的铅、砷残留量应符合表 3-33 的规定，其他残留物应符合表 3-34 的规定（与食用、烹饪或者加工前需去皮、去壳或清洗的食品接触的纸和纸板材料及制品除外）。

表 3-33　与食品直接接触的纸和纸板材料及制品中的铅、砷指标

项目	限量
铅(Pb)/(mg/kg)[a]	3.0
砷(As)/(mg/kg)[a]	1.0

注：[a]以单位纸或纸板面积的物质毫克数计。

表 3-34　与食品直接接触的纸和纸板材料及制品中的残留物指标

项目	限量
甲醛/(mg/dm^2)[a]	1.0
荧光物质(波长 254 nm 和 365 nm)	阴性

注：[a]以单位纸或纸板面积的物质毫克数计。

预期直接接触液态食品、表面有游离水或游离脂肪食品的纸和纸板材料及制品中迁移物应符合表 3-35 的规定。

表 3-35　与食品直接接触的纸和纸板材料及制品中的迁移物指标

项目	限量
总迁移量/(mg/dm^2)[a]	10
高锰酸钾消耗量/(mg/kg)(水,60℃,2 h)	40
重金属(以 Pb 计)[b]/(mg/kg)(4%乙酸,60℃,2 h)	1

注：[a]不适用于食品接触表面覆蜡的纸和纸板材料及制品。
[b]仅适用于预期接触水性食品或表面有游离水食品的成品纸和纸板材料及制品。

3. 正确使用食品接触用纸和纸板材料及制品

不同的纸和纸板材料及制品适合不同的使用要求,有些适合油脂,有些适合高温,一定要根据产品的特性正确使用。

五、食品接触用玻璃制品的化学性危害

(一)来源

玻璃由二氧化硅和其他化学物质熔融在一起形成(主要生产原料为:纯碱、石灰石、石英),普通玻璃的主要成分是二氧化硅。在生产过程中,可能会用到各种添加剂和加工助剂,如蓝色玻璃要用氧化钴,绿色玻璃用重铬酸钾,水晶玻璃用氧化铅。用回收的旧玻璃材料生产的玻璃制品,会含有汞等重金属。因此,玻璃的主要安全问题是铅、砷、铬等重金属的迁移。

(二)控制措施

1. 从正规的厂家购买食品接触用玻璃制品

玻璃制品原料应符合 GB 4806.1—2016《食品安全国家标准　食品接触材料及制品通用安全要求》的规定。

2. 实施进货查验制度

采购的每批产品都要实施进货查验，核查生产企业提供的产品检验报告（出厂检验报告和第三方型式检验报告），必要时实施进货检验（自检或送检），确保所购产品符合 GB 4806.5—2016《食品安全国家标准　玻璃制品》要求。

感官方面，玻璃制品应无飞边、裂纹及崩损缺口。理化指标应符合表 3-36 要求。

表 3-36　食品接触用玻璃制品理化指标

项目	限量					
	扁平制品/(mg/dm^2)	贮存罐/(mg/L)	大空心制品/(mg/L)	小空心制品/(mg/L)	烹饪器皿/(mg/L)	口缘要求/(mg/L)
铅(Pb)	0.8	0.5	0.75	1.5	0.5	4.0
镉(Cd)	0.07	0.25	0.25	0.5	0.05	0.4

3. 正确使用食品接触用玻璃制品

新购的玻璃制品在使用之前，可以用醋加水浸泡 24 h 后，把醋水倒掉，再用新的醋水浸泡，这样重复 3 次以上。经过这样的浸泡，重金属迁移量通常就会大幅度下降，再用清水冲洗干净后，可以放心使用。

不要使用水晶玻璃、有色玻璃装酸性食品。

六、食品接触用陶瓷制品的化学性危害

（一）来源

陶瓷是用陶土和瓷土这两种不同性质的黏土为原料，经过配料、成型、干燥、焙烧等工艺流程制成的器物。陶瓷容器的主要危害来源于涂在坯体上的陶釉、瓷釉、彩釉等。釉是一种玻璃态物质，釉料的化学成分和玻璃相似，主要是由某些金属氧化物硅酸盐和非金属氧化物的盐类的溶液组成。釉料中含有铅（Pb）、锌（Zn）、镉（Cd）、锑（Sb）、钡（Ba）、钛（Ti）等多种金属氧化物硅酸盐和金属盐类，它们多为有害物质。当使用陶瓷容器盛装酸性食品（如醋、果汁）时，这些物质容易溶出而迁移入食品。

（二）控制措施

1. 从正规的厂家购买食品接触用陶瓷制品

陶瓷制品原料应符合 GB 4806.1—2016《食品安全国家标准　食品接触材料及制品通用安全要求》的规定。

2. 实施进货查验制度

采购的每批产品都要实施进货查验，核查生产企业提供的产品检验报告（出厂检验报告和第三方型式检验报告），必要时实施进货检验（自检或送检），确保所购产品符合 GB 4806.4—2016《食品安全国家标准　陶瓷制品》要求。

感官方面，上釉制品釉彩均匀，装饰无脱落现象。理化指标应符合表 3-37 要求。

表 3-37 食品接触用陶瓷制品理化指标

项目	限量					
	扁平制品/(mg/dm²)	贮存罐/(mg/L)	大空心制品//(mg/L)	小空心制品/(mg/L)	杯类/(mg/L)	烹饪器皿/(mg/L)
铅(Pb)	0.8	0.5	1.0	2.0	0.5	3.0
镉(Cd)	0.07	0.25	0.25	0.30	0.25	0.30

3. 正确使用食品接触用陶瓷制品

新购的陶瓷在使用之前，可以用醋加水浸泡 24 h 后，把醋水倒掉，再用新的醋水浸泡，这样重复 3 次以上。经过这样的浸泡，重金属迁移量通常就会大幅度下降，再用清水冲洗干净后，可以放心使用。

避免用陶瓷容器长时间盛装酸性食品(如醋、果汁、果酒等)。

七、不锈钢

(一)不锈钢分类

不锈钢是指以不锈、耐腐蚀为主要特征，且铬含量至少为 10.5%，碳含量最大不超过 1.2%的钢。不锈钢按组织状态(金属相)分为马氏体型不锈钢、铁素体型不锈钢、奥氏体型不锈钢、奥氏体•铁素体(双相)型不锈钢及沉淀硬化不锈钢等。

表 3-38 是几种常见的不锈钢的几种重要元素的含量和中国、美国、日本的牌号对照。

表 3-38 几种常见不锈钢各国牌号对照

(引自 GB/T 3280—2015)

类型	中国牌号	中国统一数字代号	美国 ASTM A959	日本	化学成分(质量分数)/%				
					C	Mn	Ni	Cr	Mo
奥氏体	12Cr17Mn6Ni5N	S35350	S20100,201	SUS201	0.15	5.5～7.5	3.5～5.5	16～18	/
	12Cr17Ni7	S30110	S30100,301	SUS301	0.15	2.0	6～8	16～18	/
	022 Cr17Ni7	S30103	S30103,301L	SUS301L	0.03	2.0	5～8	16～18	/
	06Cr19Ni10	S30408	S30400,304	SUS304	0.07	2.0	8～11	18～20	/
	022Cr19Ni10	S30403	S30403,304L	SUS304L	0.03	2.0	8～12	18～20	/
	06Cr17Ni12Mo2	S31608	S31600,316	SUS316	0.08	2.0	10～14	16～18	2～3
	022Cr17Ni12Mo2	S31603	S31603,316L	SUS316L	0.03	2.0	10～14	16～18	2～3
马氏体	30Cr13	S42030	S42000,420	SUS420J2	0.3	1.0	0.60	12～14	/
	12Cr13	S41010	S41000,410	SUS410	0.15	1.0	0.60	11.5～13.5	/
铁素体	022Cr12	S11203	—	SUS410L	0.03	1.0	0.60	11～13	/

(二)不锈钢特性

不锈钢的耐蚀性取决于钢中所含的合金元素(镍、钼、钛)。不锈钢的含碳量越高，质地越硬，但含碳量提高会使不锈钢耐酸碱的能力降低。

奥氏体型不锈钢含有镍，无磁性，主要通过冷加工使其强化，并可能因冷加工(如抛光)

而产生弱磁性。

奥氏体·铁素体(双相)型不锈钢兼有奥氏体型和铁素体型不锈钢的优点,有磁性,可通过冷加工使其强化。奥氏体和铁素体组织各约占一半的不锈钢。

铁素体型不锈钢有磁性,一般不能通过热处理硬化,但冷加工可使其轻微强化。

马氏体型不锈钢有磁性,通过热加工可调整其力学性能。

沉淀硬化型不锈钢的基体为奥氏体或马氏体组织,能通过沉淀硬化处理使其硬化。

由于不同类型的不锈钢的特性不同,其用途也不同,所以应根据不同用途选用不同类型的不锈钢。GB 4806.9—2016《食品安全国家标准　食品接触用金属材料及制品》规定,不锈钢食具容器及食品生产经营工具、设备的主体部分应选用奥氏体型不锈钢、奥氏体-铁素体型不锈钢、铁素体型不锈钢等不锈钢材料;不锈钢餐具和食品生产机械设备的钻磨工具等的主体部分也可采用马氏体型不锈钢材料。

美国 FDA 推荐食品加工设备器具的食品接触面采用 300 系列不锈钢。300 系列不锈钢属于铬-镍奥氏体型不锈钢,我国食品加工业中,一般使用 304 不锈钢。部分不锈钢的特性和用途如表 3-39 所示。

表 3-39　部分不锈钢特性和用途

(引自 GB/T 3280—2015)

牌号	俗称	类型	特性和用途
12Cr17Mn6Ni5N	201	奥氏体	一部分的“镍”用“锰”取代而制成,抗腐蚀性降低,大多用于装饰材料
12Cr17Ni7	301		与 304 钢相比,Cr、Ni 含量少,冷加工时抗拉强度和硬度增高;用于列车、航空器、传送带、车辆、螺栓、螺母、弹簧、筛网
022Cr17Ni7	301L		经冷加工有高的强度。是在 301 钢基础上,降低 C 含量,改善焊口的抗晶界腐蚀性;通过添加 N 元素来弥补含 C 量降低引起的强度不足,保证钢的强度;用于铁道车辆构架、外部装饰材料、传送带螺栓螺母等
06Cr19Ni10	304		在氧化性酸和大气、水等介质中耐腐蚀性好,但在敏态或焊接后有晶间腐蚀倾向。作为不锈耐热钢使用最广泛,用于食品设备、一般化工设备等,适用于制造深冲成型部件和输酸管道、容器等
022Cr19Ni10	304L		比 304 碳含量更低,耐晶间腐蚀性优越;应用于抗晶界腐蚀性要求高的化学、煤炭、石油产业的野外露天机器,建材耐热零件及热处理有困难的零件
06Cr17Ni12Mo2	316		比 304 多了钼,耐腐蚀性较 SUS304 好。主要用于耐腐蚀材料
022Cr17Ni12Mo2	316L		为 316 的超低碳钢。超低碳奥氏体型不锈钢对各种无机酸、碱类、盐类(如亚硫酸、硫酸、磷酸、醋酸、甲酸、氯盐、卤盐、亚硫酸盐等)均具有良好的耐腐蚀性。由于含碳量低,所以焊接性能良好,适合于多层焊接,焊后一般不需要热处理,且焊后无刀口腐蚀倾向。可用于制造合成纤维、石油化工、纺织、化肥等工业设备,如塔、槽、容器、管道等
022Cr17Ni12Mo2Ti	316Ti		有良好的耐晶间腐蚀性,用于抵抗硫酸、磷酸、甲酸、乙酸的设备

续表 3-39

牌号	俗称	类型	特性和用途
30Cr13	420	马氏体	不含镍，易生锈，淬火后硬度高，用作刃具、餐具、喷嘴、阀门等
12Cr13	410		不含镍，易生锈，耐磨性好，抗腐蚀性较差
022Cr12	410L	铁素体	在 410 钢的基础上，降低了含 C 量，其加工性，抗焊接变形，耐高温氧化性优秀；可用于机械构造用件，发动机排气管，锅炉燃烧室，燃烧器

304 不锈钢如果使用不当，也出现生锈现象，最可能的原因是使用环境中存在氯离子。氯离子广泛存在，比如食盐、含氯消毒液、汗迹、海水、海风、土壤等。不锈钢在氯离子存在下的环境中，腐蚀很快，甚至超过普通的低碳钢，所以 304 不锈钢不能用于含氯的环境中，如不能使用含氯消毒液(次氯酸钠、二氧化氯等)消毒设备和生产车间，不用 304 不锈钢容器装含盐食品。304 不锈钢长时间接触酸性物质也会腐蚀生锈，焊接部位腐蚀尤为严重，因此 304 不锈钢容器也不宜用于长期盛装酸性物质。在日常使用过程中，如果 304 不锈钢接触含氯物质、酸性物质后，应及时清洗干净并干燥。

复习思考题

一、单项选择题

1. 世界卫生组织曾宣布，在某些洋快餐中有一种致癌物质存在于炸薯条、薄脆饼、烤猪肉、水果甜品上的棕色脆皮等煎炸食品中，它是(　　)。

A. 苏丹红　　B. 二氧化硫　　C. 苯并[a]芘　　D. 丙烯酰胺

2. 食品添加剂的安全卫生问题是(　　　　)。

A. 超量使用添加剂　　B. 超范围使用添加剂或隐瞒使用添加剂

C. 违禁使用添加剂　　D. 以上都对

3. 食物若由于烹饪方式不当，食用后会对人体健康造成危害。烧焦了的鱼、肉不宜再食用，因其中含有对人体有极强致癌作用的(　　)物质。

A. 苯并[a]芘　　B. 二噁英　　C. 黄曲霉毒素　　D. 亚硝胺

4. 下列食品中不得添加任何食品添加剂的品种是(　　)。

A. 纯牛奶　　B. 酱油　　C. 奶油　　D. 火腿

5. 食品的储存和加工方式不当会产生有害物质，世界公认的在食品中可产生的三大致癌物质是黄曲霉毒素、苯并[a]芘和硝胺，其中黄曲霉毒素多存在于(　　)中；食品加工、烹调过程中苯并[a]芘的污染主要发生在烟熏和烘烤食品中；硝胺则主要来自肉类及其制品添加的亚硝酸盐和硝酸盐。

A. 发霉的玉米　　B. 炸糊了的薯条

C. 过了保质期的牛奶　　D. 海鱼和贝蛤类食品

6. 长期使用铝制品作为食品容器会引发(　　)。

A. 老年痴呆症　　B. 甲状腺肿大　　C. 肠胃疾病　　D. 癌症

7. 发芽马铃薯的主要有害物质是(　　)。此种物质对胃肠道黏膜有较强的刺激性及腐蚀性，对中枢神经系统有麻痹作用，尤其对呼吸中枢及运动中枢作用明显。

A. 亚麻苦苷　　B. 苦杏仁苷　　C. 秋水仙碱　　D. 龙葵素

8. 酸菜在腌制的第 8 天内亚硝酸盐含量最高，腌菜时应稍多放些盐，至少要腌上 20 d 以后再吃，吃酸菜时最好同时吃一些富含(　　)的水果。

A. 维生素 A　　B. 维生素 B　　C. 维生素 C　　D. 维生素 D

9. 亚硝酸盐属剧毒类化学物质，又叫工业用盐，如酸菜中就含一定量的亚硝酸盐，吃酸菜时最好吃一些(　　)，可减少亚硝酸盐的危害。

A. 绿色食品　　B. 新鲜蔬菜　　C. 富含维生素 C 的水果　　D. 各种杂粮

10. 新鲜黄花菜中引起人呕吐、腹痛、血尿等中毒症状的化学物质是(　　)。

A. 龙葵毒素　　B. 秋水仙碱　　C. 皂苷　　D. 亚硝胺

11. 白酒的国家标准中规定了安全指标，而劣质酒中导致饮用者失明的物质为(　　)。

A. 甲醛　　B. 甲醇　　C. 乙醇　　D. 乙酸

12. 食品加工、烹调过程中苯并[a]芘的污染主要发生在(　　)中。

A. 烟熏和烘烤食品　　B. 炸糊了的薯条

C. 过了保质期的牛奶　　D. 海鱼和贝蛤类食品

13. 下列(　　)种因素中不可能产生化学性危害。

A. 环境中的有机废物　　B. 兽用药品残留

C. 诺瓦克病毒　　D. 生长在谷物中的霉菌

14. 马口铁空罐的安全问题包括(　　)。

A. 锡、铅的迁移　　B. 灰尘　　C. 微生物污染　　D. 以上都对

15. 以下为食品中禁止加入的物质是(　　)。

A. 食品添加剂　　B. 营养强化剂　　C. 药物　　D. 甜味剂

二、判断题

1. 过敏源不属于食品安全危害。

2. 标有“不含胆固醇”字样的食用油才是好油。

3. 在食品中按照国家有关标准规定正确选择和适量使用食品添加剂并不会对人体健康造成伤害。

4. 喝豆浆有“五不”，即不喝没有煮沸的豆浆；豆浆中不能冲入鸡蛋；不要空腹饮豆浆；不用保温瓶储存豆浆；不要过量饮豆浆。

5. 亚硝酸盐在产品中有可能会转化成亚硝胺，后者具有很强的致癌作用，因此在食品中不能应用。

6. 地沟油在经过回收、净化以后可以安全食用。

7. 建议少食富含淀粉的油炸食品，因为此类食品中含有对人体有潜在致癌性的丙烯酰胺。

8. 食品添加剂是国家允许在食品加工中使用的，没必要进行使用管理。

9. 粮食中的黄曲霉毒素属于食品污染中的化学污染。

10. 红心鸭蛋为受消费者欢迎的产品，为使鸭蛋心变红，可以在鸭饲料中加入苏丹红。

11. 选购银耳时，颜色越白的质量越好。

12. 炒菜时一定要等到锅里的油冒烟后菜才可以下锅，不然对身体不健康。

13. 黄曲霉毒素在100℃下加热就可以分解。

14. 防止食物发霉是预防黄曲霉毒素危害的最有效措施。

15. 鲭鱼毒素，不论是加热或冷冻均不能使毒素消除。

三、简答题

1. 目前我国食品添加剂应用中的主要问题是什么？如何安全使用食品添加剂？

2. 化学性食物中毒发生的原因是什么？如何预防化学性食物中毒的发生？

3. 你认为应该采取哪些措施以控制有毒“镉大米”？

4. 如何理解“世界上没有无毒的物质，只有无毒的使用方法”这句话？

项目四
食品中的物理性危害和转基因食品安全性

【知识目标】

1. 了解物理性危害的种类、来源和控制措施；
2. 了解转基因食品的安全性及其管理要求。

【技能目标】

1. 能识别食品中物理性危害的来源并制定控制措施；
2. 能识别食品中的转基因成分来源并制定控制措施。

【素质目标】

1. 培养学生语言表达、文字表达、团队协作等素质；
2. 培养学生发现问题、分析问题和解决问题的能力。

【思政目标】

1. 培养学生精益求精的工匠精神；
2. 树立生命至上的食品安全观；
3. 树牢客观全面看待事物的辩证唯物主义思想。

任务一　识别食品中的物理性危害并制定控制措施

【任务引入】

AB糕点厂最近接连收到顾客投诉其蛋糕中有纽扣、螺丝钉、蛋壳、钢丝、头发、尼龙绳等异物。公司领导指派您负责调查，分析原因并制定控制措施，杜绝此类问题的再次发生。

【任务分析】

蛋糕中异物的来源即可来自蛋糕的原辅料和包装材料，也可来自加工用水、加工人员、设备用具、环境等污染，而且蛋糕加工过程的每一个步骤都可能引入异物。因此，要找到蛋糕中纽扣、螺丝钉、蛋壳、钢丝、头发、尼龙绳等异物的来源，就要分析从原辅料进货验收到最终包装整个流程的每个步骤可能引入的异物，然后到生产现场去查证，最后制定相应的控制措施，杜绝此类问题的再次发生。控制措施是指能够用于防止或消除食品安全危害或将其降低到可接受水平的行动或活动，针对每个步骤每种异物的来源不同，可分别或同时采取预防异物污染、消除异物的措施。

【任务实施】

步骤一　编制蛋糕加工工艺流程

编制从原辅料进货验收到最终包装整个流程涉及的各个步骤。

步骤二　分析异物来源

在表4-1第一列填入蛋糕加工步骤，然后分析每个加工步骤涉及的人员、设备、原料、包材、环境等因素可能引入的异物及其来源。

表4-1　糕点中异物危害分析表

加工步骤	潜在异物	异物来源	控制措施

步骤三　制定控制措施

针对每个步骤的每种异物，分别或同时采取预防异物污染、消除异物的措施。

【知识链接】

食品中的物理性危害

一、物理性危害的种类

物理性危害指食品中发现的任何外来的对人体健康可能造成危害的物质。包括损伤牙齿、口腔、喉咙、肠胃等。

物理的危害是最常见的消费者投诉的问题，因为伤害立即发生或吃后不久发生，并且伤害的来源是经常容易确认的。

一般认为，物理性危害主要是指食品中的杂质，如沙石、金属、草木等非食品固有的组成物质所造成的污染，如表 4-2 所示。

表 4-2 食品中常见的物理性危害种类

危害种类	来源或原因
玻璃	瓶子、灯泡、温度计、量具
金属	机器零件、针头、订书钉、保洁丝
石块	原料
塑料	包装材料、纽扣
骨头	原料、不当加工
首饰	加工人员
木屑	砧板、木棍

二、物理性危害的控制措施

（一）金属杂质危害的控制

1. 控制金属工具的使用

食品加工车间内禁止使用不锈钢丝刷和美工刀；不得在开放式食品区使用订书钉和书夹。

2. 定期检查加工设备以隔离可能含有金属碎片的食品

切割、去壳、粉碎、搅拌、金属传输带等加工设备的损坏是食品中金属碎片的来源。通过视觉检查加工设备是否有损坏或缺少零部件，可以发现金属碎片掺入食品的可能性。这个措施不一定会防止金属碎片进入产品中，但可以让你把那些接触过金属碎片的产品隔离出来。

3. 使用分离设备、金属探测器等设备去除食品中的金属杂质

(1)利用分离设备去除食品中的金属碎片　粉状和液体食品可以通过磁铁或筛网，将食品中的金属碎片等杂质分离出来。液体食品还可以用屏幕视觉检查或浮箱分离措施控制金属碎片等外来杂质。

使用过滤器和筛子时，应根据可能异物的大小规定过滤器和筛子的网孔尺寸，定期检查过滤器和筛子的损害情况。

使用磁铁时应规定磁铁的类型、位置和强度，定期测试磁铁的强度，定期检查磁铁的完整性，定期清洁磁铁。

(2)利用金属探测器隔离含有金属碎片的食品　食品中的金属碎片也可以用金属探测器检测出来(图 4-1)。使用金属探测器时要注意方法正确。要定期用测试片进行灵敏度测试，测试时应主要将测试块置于产品的中间。

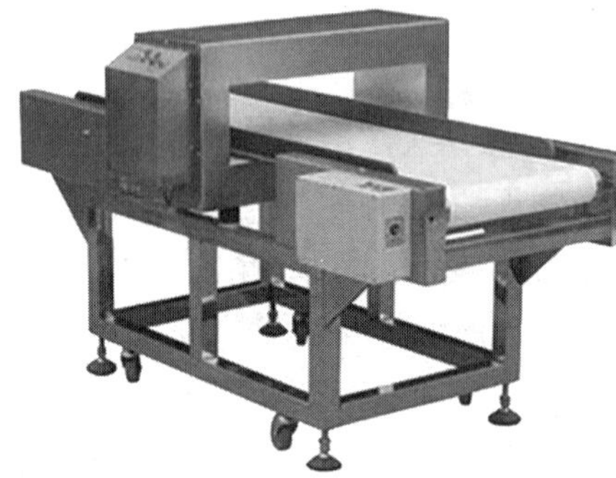

图 4-1　金属探测器

金属物品在食品中的方位影响金属探测器的探测能力。比如，一个探测器不恰当的校准设置为直径 2 mm，它可能无法探测到直径小于 2 mm 但长度达 24 mm 的不锈钢丝。

(二)玻璃、易碎塑料、陶瓷及类似材料污染的控制措施

1. 限制玻璃、易碎塑料、陶瓷及类似材料的使用

应避免在开放式食品(未包装食品)处理区使用玻璃或其他易碎材料，否则应采取防碎措施，如照明灯安装保护罩；不使用玻璃温度计测量食品温度；与食品接触的加工设备和工具避免使用玻璃等。

2. 定期检查玻璃或其他易碎材料的数量和完好情况

建立玻璃和其他易碎材料物品清单，详细说明使用位置、数量、类型和条件；根据对产品可能造成的污染风险，确定检查频率，按规定的频率进行物品状况检查并记录。

3. 管理好玻璃或其他易碎容器的使用

(1)装罐前清洗(水或压缩空气)和倒置空玻璃容器，去除玻璃碎片。

(2)装罐前肉眼检查空玻璃容器，检测玻璃容器是否破损，避免再次产生碎片。

(3)肉眼检查装有透明液体的水产品的玻璃容器。但该措施仅适用透明液体食品，其他食品无法看清楚是否有玻璃碎片。

4. 发生破碎时应及时处理

(1)隔离可能受影响的产品　受影响的产品隔离后，采用有效方法剔除所有污染物并经授权人评估后方可放行，否则按废品处理。

(2)清扫受影响的生产区和设备　应使用专用的带盖垃圾容器收集玻璃或其他易碎材料的碎片，其他保洁工具也应是专用的。保洁操作不得导致碎片的进一步扩散，例如，通过使用高压水或压缩空气。

(3)更换工作服，检查工作鞋　工作服和工作鞋上可能沾有玻璃或其他材料碎片。

工作服上的碎片会掉入食品中,应更换工作服。工作鞋上的碎片虽然不太可能掉入食品中,但应检查是否有碎片,根据情况,可进行碎片清除或更换工作鞋。

(4)经检查后方可继续生产　确保生产线周围的区域没有玻璃或其他碎片后方可继续生产。

(5)利用X射线设备隔离含有非金属杂质的食品,使用X射线设备要定期测试校准。

任务二　识别食品中的转基因成分来源并制定控制措施

【任务引入】

某食品公司生产供婴幼儿食用的大米糊(粉),销售市场为国内和欧盟。最近一批出口欧盟的产品被退回,原因是产品被检测出含有转基因成分。公司成立一个工作小组,查找产品中转基因成分的来源并制定对应的控制措施,防止此类问题的再次发生。您是小组成员之一,请您分析、确定产品中转基因成分的来源并制定对应的控制措施。

【任务分析】

食品中的转基因成分可来自以下几个方面:原料大米本身含有、原料大米运输储存过程中被污染、产品加工过程中被污染、产品储存运输过程中被污染等。要杜绝此类问题的再次发生,首先就要找到转基因成分的来源,然后再制定对应的控制措施。

【任务实施】

步骤一　编制大米糊(粉)加工工艺流程

编制从原辅料进货验收到最终包装整个流程涉及的各个步骤。

步骤二　分析异物来源

在表4-3第一列填入大米糊(粉)加工步骤,然后分析每个加工步骤涉及的人员、设备、原料、包材、环境等因素可能引入的转基因成分。

表4-3　大米糊(粉)中转基因成分分析表

加工步骤	转基因成分来源	控制措施

步骤三　制定控制措施

针对每个步骤的转基因成分来源的不同，分别采取相应的措施，预防污染的发生。

【知识链接】

转基因食品的安全性及管理

一、农业转基因生物和转基因食品

农业转基因生物是指利用基因工程技术改变基因组构成，用于农业生产或者农产品加工的动植物、微生物及其产品，主要包括：转基因动植物（含种子、种畜禽、水产苗种）和微生物，转基因动植物、微生物产品，转基因农产品的直接加工品，含有转基因动植物、微生物或者其产品成分的种子、种畜禽、水产苗种、农药、兽药、肥料和添加剂等产品。

以转基因生物为基础开发植物的最初目标是改进作物保护。目前市场上的转基因作物主要目的在于通过增强对由昆虫或病毒引起的植物病的抗性或通过增强对除草剂的耐受性提高作物保护水平。

目前我国共批准发放7种转基因植物的转基因安全证书（表4-4），但商业化种植的只有转基因棉花和番木瓜。

表4-4　我国已批准的农业转基因生物

证书类型	生物名称	备注
农业转基因生物安全证书	耐贮存番茄	尚未商业化种植
	抗虫棉花	商业化种植
	改变花色矮牵牛	尚未商业化种植
	抗病辣椒（甜椒、线辣椒）	尚未商业化种植
	抗病番木瓜	商业化种植
	抗虫水稻	尚未商业化种植
	转植酸酶玉米	尚未商业化种植
进口安全证书	转基因棉花	商业化种植
	转基因大豆	限加工大豆粉、大豆油、豆粕
	转基因玉米	限加工玉米油、玉米粉、饲料
	转基因油菜	限油菜籽油、油菜籽粕

网上流传一份转基因食品名单，包括“圣女果、大个彩椒、小南瓜、小黄瓜”。其实，这些都不是转基因的。

二、转基因生物的安全性问题

（一）食用安全问题

1. 转基因产物的直接影响

包括营养成分改变、毒性或增加食物过敏性物质的可能。

就食用安全而言，任何一种食物，包括转基因食物，进入胃肠后，其中的蛋白质、脂肪、碳水化合物等分解成小分子被人体吸收。转基因产品只要经过安全评价和验证，证明其转入基因表达的蛋白质不是致敏物和毒素，就不会因食用而出现安全问题。

2. 转基因间接影响

(1)经遗传工程修饰的基因片段导入后，引发基因突变或改变代谢途径，致使其最终产物可能含有新的成分或改变现有成分的含量所造成的间接影响。

(2)植物里导入了具有抗除草剂或毒杀虫功能的基因后，它是否也像其他有害物质一样能通过食物链进入人体内。

(3)转基因食品经由胃肠道的吸收而将基因转移至胃肠道微生物中，从而对人体健康造成影响。

（二）环境安全性问题

转基因生物的环境安全问题主要包括：①转基因生物对农业和生态环境的影响；②产生超级杂草的可能；③种植抗虫转基因作物后可能使害虫产生免疫并遗传、从而产生更加难以消灭的“超级害虫”；④转基因向非目标生物漂移的可能性；⑤其他生物吃了转基因食物是否会产生畸变或灭绝；⑥转基因生物是否会破坏生物的多样性等。

在环境安全性方面，只要通过安全评价和验证，证明转基因生物与常规生物在生存竞争力、基因漂移、生物多样性等环境生态影响不会带来更多风险，就不会因转基因而导致环境安全问题。

三、农业转基因生物安全管理

（一）国际组织对农业转基因生物的安全管理

为推动转基因技术和产品的安全评价，国际食品法典委员会（CAC）、联合国粮农组织（FAO）与世界卫生组织（WHO）等国际权威组织制定了一系列转基因生物安全评价指导性文件和标准，包括《现代生物技术食品的安全风险评估原则》《重组 DNA 植物食品安全评估准则》《重组 DNA 微生物食品安全评估准则》《重组 DNA 动物食品安全评估准则》等，这些文件和标准是全球公认的评价准则，确立了对转基因产品食用的毒性、致敏性、致畸性，以及对转基因作物基因漂移、遗传稳定性、生存竞争能力、生物多样性等环境生态影响的评价原则和方法，确保了通过安全评价、获得安全证书的转基因生物及其产品的安全性。

世界各主要国家参照以上这些标准也都制定了本国的转基因生物安全评价和管理体系。从 1996 年转基因大规模商业化应用以来，全世界 28 个国家累计种植了 300 亿亩转基因作物，65 个国家和地区几十亿人吃过转基因食品，目前尚未发生 1 例被科学证实的安全问题。

欧盟委员会历时25年，组织500多个独立科学团体参与130多个科研项目，得出的结论是“生物技术，特别是转基因技术，并不比传统育种技术危险”。

世界卫生组织认为“目前尚未显示转基因食品批准国的广大民众使用转基因食品后对人体健康产生了任何影响”。

2016年5月，美国国家科学院、工程院和医学院历时2年研究分析30年来900项基因工程技术研究资料，联合发布报告，“没有发现确凿证据表明目前商业种植的转基因作物与传统方法培育的作物在健康风险方面之间存在差异，没有发现任何疾病与食用转基因食品之间存在关联，没有发现确定性因果关系证据表明转基因作物会造成环境问题”。

（二）我国对农业转基因生物的安全管理

1. 法律法规

在遵循国际通行指南的基础上，综合借鉴美国和欧盟做法，注重我国国情农情，我国建立了一整套适合我国国情并与国际接轨的法律法规、技术规程和管理体系，涵盖转基因研究、试验、生产、加工、经营、进口许可审批和产品强制标识等各环节。2001年，国务院颁布了《农业转基因生物安全管理条例》，农业部制定并实施了《农业转基因生物安全评价管理办法》《农业转基因生物进口安全管理办法》《农业转基因生物标识管理办法》和《农业转基因生物加工审批办法》4个配套规章，质检总局施行了《进出境转基因产品检验检疫管理办法》。

2. 管理体系

国务院建立由农业、科技、环保、卫生、食品药品、检验检疫等12个部门组成的农业转基因生物安全管理部际联席会议制度，负责研究、协调农业转基因生物安全管理工作中的重大问题。农业部设立农业转基因生物安全管理办公室，负责全国农业转基因生物安全的日常协调管理工作。县级以上地方各级人民政府农业行政主管部门负责本行政区域内的农业转基因生物安全的监督管理工作。

3. 科学评价

组建国家农业转基因生物安全委员会，负责转基因生物安全评价和开展转基因安全咨询工作。历届安委会委员由国务院各有关部门推荐，涵盖农业、医药、卫生、食品、环境、检测检验等领域，具有广泛的代表性和权威性。组建了全国农业转基因生物安全管理标准化技术委员会，目前已发布160项转基因生物安全标准。认定了42个国家级的第三方监督检验测试机构进行转基因成分、食用安全、环境安全的权威检验工作，确保评价数据真实、可靠。在安全评价制度方面，我国对农业转基因生物实行分级分阶段安全评价管理制度。安全评价按照风险高低分成4个等级，按实验研究、中间试验、环境释放、生产性试验和申请安全证书5个阶段进行，在任何一个阶段发现任何一个对健康和环境不安全的问题，都将立即终止。以我国转基因抗虫水稻安全评价为例，自研发单位1999年申报转基因抗虫水稻“华恢1号”和“Bt汕优63”安全评价以来，对食用安全和环境安全进行了系统全面的评价，评价过程长达11年之久，而且我国对转基因水稻食用安全检测的一些指标严于国际标准，增加了大鼠三代繁殖试验和水稻重金属含量分析等指标。

4. 进口管理

批准进入中国的转基因农产品需要有 4 个前置条件：一是输出国家或者地区已经允许作为相应用途并投放市场的证明文件；二是输出国家或者地区经过科学试验证明对人类、动植物、微生物和生态环境无害的资料；三是农业部委托的技术检测机构出具的对人类、动植物、微生物和生态环境安全性的检测报告；四是境外公司在向中华人民共和国出口过程中拟采取的安全防范措施。在满足 4 个条件的前提下，通过农业部组织的安全评价，并获得进口安全证书的，才能被批准进口。国内加工企业开展转基因农产品加工还需要申请加工许可证，各省监管部门定期不定期进行监管检查。

我国法律规定，进口用作加工原料的农业转基因生物，不得改变用途，即不得在国内种植。我国至今没有批准任何一种转基因粮食作物种子进口到中国境内种植。

5. 标识制度

我国实行按目录定性强制标识制度，即在我国销售列入农业转基因生物目录的农业转基因生物，都必须按要求进行标识(表 4-5)。2002 年，农业部发布了《农业转基因生物标识管理办法》，对在中华人民共和国境内销售的大豆、油菜、玉米、棉花、番茄 5 类 17 种转基因产品进行强制定性标识(图 4-2)。

图 4-2 转基因标识

表 4-5 我国转基因产品的标识方法

产品名称	标识要求
转基因动植物、微生物产品，含有转基因动植物、微生物或者其产品成分的种子、种畜禽、水产苗种、农药、兽药、肥料和添加剂等产品	直接标注“转基因××”
转基因农产品的直接加工品	标注为“转基因××加工品(制成品)”或者“加工原料为转基因××”
用农业转基因生物或用含有农业转基因生物成分的产品加工制成的产品，但最终销售产品中已不再含有或检测不出转基因成分的产品	标注为“本产品为转基因××加工制成，但本产品中已不再含有转基因成分”或者标注为“本产品加工原料中有转基因××，但本产品中已不再含有转基因成分”
难以在每个销售产品上标识的快餐业和零售业中的农业转基因生物	在产品展销(示)柜(台)上进行标识，也可以在价签上进行标识或者设立标识板(牌)进行标识
销售无包装和标签的农业转基因生物时	采取设立标识板(牌)的方式进行标识
装在运输容器内的农业转基因生物不经包装直接销售时	销售现场可以在容器上进行标识，也可以设立标识板(牌)进行标识
销售无包装和标签的农业转基因生物，难以用标识板(牌)进行标注时	销售者应当以适当的方式声明
进口无包装和标签的农业转基因生物，难以用标识板(牌)进行标注时	应当在报检(关)单上注明

续表 4-5

产品名称	标识要求
有特殊销售范围要求的农业转基因生物	还应当明确标注销售的范围，可标注为“仅限于××销售（生产、加工、使用）”
农业转基因生物标识应当醒目，并和产品的包装、标签同时设计和印制，使用规范的中文汉字进行标注。难以在原有包装、标签上标注农业转基因生物标识的，可采用在原有包装、标签的基础上附加转基因生物标识的办法进行标注，但附加标识应当牢固、持久。	

四、食品中转基因成分污染的控制

1. 原辅材料采购、运输和储存阶段的转基因控制

对原辅材料供应商进行评审，在供应商评估表中增加配料成分表调查及转基因物质调查表，确认此供应商提供的原辅材料是否含有转基因，供应商责任人必须签字负责。

将公司的转基因清单提供给供应商，要求供应商在原辅材料的运输过程中不能将含转基因成分的食品一起运输。

原辅材料在存储时做到分开堆放，不混放，详细记录入厂日期、供应商名称。

2. 生产阶段的转基因控制

在安排生产计划时，考虑一班做一种产品来避免不同食品间转基因交叉污染。

在生产转基因食品之前，检查生产车间内的工具、设备等是否残留食品转基因。检查生产现场待使用的标签、物料是否正确，防止非预期的使用。

配料时所有辅料必须用单独包装存放并标识，对每次使用的辅料进行记录。

当含有转基因成分的产品返工时，必须与其他的产品完全隔离，在返工前后清除所有现场的遗留物品，返工后对现场、流水线及食品接触面进行彻底清洁消毒，以防转基因成分混入其他产品，返工后的成品必须明显的标识和隔离，以防其他产品混淆。返工和储存过程做所有可追溯的记录。

生产结束后，对生产车间内的工具、设备等进行清洗；对生产现场的标签、包装材料等进行清点，并把相关的标签和包装材料放到指定的仓库区域内。

研发部门在试制含有转基因种类产品时，不能使用车间内设备，以免造成转基因对产品产生污染。

3. 成品储存、运输的转基因控制

对不同的产品进行分类储存和标识。转基因和非转基因食品分开存放，确保成品内外包装完好无损。

复习思考题

1. 食品异物控制最有效的措施是什么？
2. 转基因食品的安全问题主要体现在哪些方面？
3. 如何确保非转基因食品中不含有转基因成分？

项目五
食品生产卫生规范（GMP）

【知识目标】

1. 理解食品卫生的作用；
2. 理解食品生产卫生规范的内容和要求；
3. 理解 SSOP 与 GMP 的关系。

【技能目标】

1. 能判定食品生产场所布局是否符合规范要求；
2. 能判定食品生产现场卫生是否符合卫生规范要求。

【素质目标】

1. 培养学生语言表达、文字表达、团队协作等素质；
2. 培养学生发现问题、分析问题和解决问题的能力。

【思政目标】

1. 培养学生自己遵守食品法律法规和标准的意识；
2. 理解“三全育人”的重大意义；
3. 树牢绿水青山就是金山银山的生态文明理念。

任务一　认知食品生产卫生规范的种类和基本术语

一、食品生产卫生规范的种类

安全食品的提供，需要卫生健康合格的人员，在法律卫生的环境下，采用卫生安全的方法，对安全的食材进行加工处理，并对整个过程实施有效的监视和测量。其中任何一个环节出现问题，都会引起生物性、化学性或物理性危害污染食品，导致食源性疾病的发生（图 5-1）。

食品生产卫生规范，也称为良好操作规范、良好生产规范（good manufacturing practices，GMP），由 GB 14881—2013《食品安全国家标准　食品生产通用卫生规范》和系列食品专项卫生规范构成，规定了食品生产过程中原料采购、加工、包装、贮存和运输等环节的场所、设施、人员基本要求和管理准则，适用于各类食品（含保健食品）的生产（图 5-2）。

图 5-1　食源性疾病的构成因素

图 5-2　卫生意味着安全

具体某类食品的生产，必须同时满足食品生产通用卫生规范和某类食品专项卫生规范。罐头厂需要同时满足 GB 14881 和 GB 8950 的要求。目前我国已经发布了 28 个食品、食品添加剂和相关产品生产卫生规范，如表 5-1 所示。

表 5-1　食品、食品添加剂和相关产品生产卫生规范

序号	标准号	标准名称
1	GB 14881—2013	食品安全国家标准　食品生产通用卫生规范
2	GB 8950—2016	食品安全国家标准　罐头食品生产卫生规范
3	GB 8951—2016	食品安全国家标准　蒸馏酒及其配制酒生产卫生规范
4	GB 8952—2016	食品安全国家标准　啤酒生产卫生规范
5	GB 8953—2018	食品安全国家标准　酱油生产卫生规范

续表 5-1

序号	标准号	标准名称
6	GB 8954—2016	食品安全国家标准　食醋生产卫生规范
7	GB 8955—2016	食品安全国家标准　食用植物油及其制品生产卫生规范
8	GB 8956—2016	食品安全国家标准　蜜饯生产卫生规范
9	GB 8957—2016	食品安全国家标准　糕点、面包卫生规范
10	GB 12693—2010	食品安全国家标准　乳制品良好生产规范
11	GB 12694—2016	食品安全国家标准　畜禽屠宰加工卫生规范
12	GB 12695—2016	食品安全国家标准　饮料生产卫生规范
13	GB 12696—2016	食品安全国家标准　发酵酒及其配制酒生产卫生规范
14	GB 13122—2016	食品安全国家标准　谷物加工卫生规范
15	GB 17403—2016	食品安全国家标准　糖果巧克力生产卫生规范
16	GB 17404—2016	食品安全国家标准　膨化食品生产卫生规范
17	GB 18524—2016	食品安全国家标准　食品辐照加工卫生规范
18	GB 19304—2018	食品安全国家标准　包装饮用水生产卫生规范
19	GB 20799—2016	食品安全国家标准　肉和肉制品经营卫生规范
20	GB 20941—2016	食品安全国家标准　水产制品生产卫生规范
21	GB 21710—2016	食品安全国家标准　蛋与蛋制品生产卫生规范
22	GB 22508—2016	食品安全国家标准　原粮储运卫生规范
23	GB 29923— 2013	食品安全国家标准　特殊医学用途配方食品企业良好生产规范
24	GB 23790—2010	食品安全国家标准　粉状婴幼儿配方食品良好生产规范
25	GB 31603—2015	食品安全国家标准　食品接触材料及制品生产通用卫生规范
26	GB 31641—2016	食品安全国家标准　航空食品卫生规范
27	GB 31647—2018	食品安全国家标准　食品添加剂生产通用卫生规范
28	GB 17405—1998	保健食品良好生产规范

二、食品生产卫生规范的术语和定义

1. 污染

在食品生产过程中发生的生物、化学、物理污染因素传入的过程。

2. 虫害

由昆虫、鸟类、啮齿类动物等生物(包括苍蝇、蟑螂、麻雀、老鼠等)造成的不良影响。

3. 食品加工人员

直接接触包装或未包装的食品、食品设备和器具、食品接触面的操作人员。

4. 接触表面

设备、工器具、人体等可被接触到的表面。

5. 分离

通过在物品、设施、区域之间留有一定空间，而非通过设置物理阻断的方式进行隔离。

6. 分隔

通过设置物理阻断如墙壁、卫生屏障、遮罩或独立房间等进行隔离。

7. 食品加工场所

用于食品加工处理的建筑物和场地，以及按照相同方式管理的其他建筑物、场地和周围环境等。

8. 监控

按照预设的方式和参数进行观察或测定，以评估控制环节是否处于受控状态。

9. 工作服

根据不同生产区域的要求，为降低食品加工人员对食品的污染风险而配备的专用服装。

三、卫生标准操作程序（SSOP）

（一）卫生标准操作程序的含义

美国FAD于1997年12月发布《水产品HACCP法规》，2001年1月颁布《果蔬汁HACCP法规》，要求水产品和果蔬汁加工者必须制定和实施SSOP，并要求监测和记录加工过程中的卫生条件和程序，以符合“通用良好操作规范（CGMP）”要求。因此，所有产品出口美国的食品生产企业，必须建立和实施卫生标准操作程序（SSOP）。

卫生标准操作程序（SSOP）也有表述为卫生标准操作规程（SSOP）、卫生控制程序（SCP）。

我国《出口食品生产企业安全卫生要求》规定，出口食品生产企业应建立并有效运行食品加工卫生控制程序（SCP），确保加工用水（冰）、食品接触表面、加工操作卫生、人员健康卫生、卫生间设施、外来污染物、虫害防治、有毒有害物质等处于受控状态，并记录。

SSOP包括GMP要求中最可能影响产品安全的8个关键条件：①与食品接触或与食品接触物表面接触的水（冰）的安全；②与食品接触的表面的状况和清洁；③防止发生交叉污染；④手的清洗与消毒和卫生间设施的维护；⑤防止食品被污染物污染；⑥有毒化学物质的标识、储存和使用；⑦员工的健康状况；⑧虫害的控制。

（二）GMP与SSOP的关系

GMP规定食品生产经营企业必须遵守的良好操作规范，尤其是良好的卫生规范，其规定是原则性和通用性的。SSOP是企业根据自身实际情况制定的具体的、操作性强的卫生操作规程。比如，GB 14881规定食品生产企业生产用水必须符合生活饮用水卫生标准，但未规定如何做以保证生产用水符合要求；企业可以根据实际情况，制定自己企业应实施的水处理措施（如过滤、消毒等），以保证生产用水符合生活饮用水卫生标准。又比如，GMP规定生产人员进入车间必须洗手消毒，但如何清洗消毒，各个企业的做法不一样，有的用次氯酸钠溶液浸泡消毒，有的用75%酒精喷洒消毒。也就是说，GMP规定必须做什么，而SSOP规定该如何做。

GB 14881—2013中要求制定的卫生管理制度，实际就是要求食品生产企业制定符合企业实际的具体的卫生标准操作程序（SSOP）。

任务二　检查果酒厂基础设施

【任务引入】

广西南宁绿悦食品有限责任公司是一家生产果酒和果汁饮料的食品生产企业，其生产许可证即将到期，目前正在准备申请复评。为确保现场核查能够顺利通过，公司决定先进行一次内部审查，并指定您负责检查果酒生产车间的基础设施。

【任务分析】

食品厂的基础设施主要包括厂区、车间、仓库、检验室、配套的设施和设备等。食品生产许可现场核查食品厂基础设施的主要依据是 GB 14881—2013《食品安全国家标准　食品生产通用卫生规范》和 GB 12696—2016《食品安全国家标准　发酵酒及其配制酒生产卫生规范》。若要做好内部检查工作，那就需要先熟悉这 2 个标准对发酵果酒厂基础设施的规范要求，然后再根据标准要求对照检查公司的果酒厂的基础设施，找出不符合项，提出整改建议。

【任务实施】

步骤一　知识准备

认证研读 GB 14881—2013《食品安全国家标准　食品生产通用卫生规范》和 GB 12696—2016《食品安全国家标准　发酵酒及其配制酒生产卫生规范》2 个标准，理解标准对发酵果酒厂基础设施的规定要求。

步骤二　准备检查表

参照《食品生产许可审查通则》提供的《食品生产现场核查评分记录表》，编制果酒厂基础设施现场检查表(表 5-2)。

步骤三　现场检查

实地观察果酒厂厂区、车间、仓库、检验室、配套的设施和设备等，将不符合规范要求的问题点记录在场检查表中。

表 5-2　果酒厂基础设施现场核查评分记录表

一、生产场所

序号	核查项目	核查内容	核查记录
1.1	厂区要求	1. 保持生产场所环境整洁，周围无虫害大量滋生的潜在场所，无有害废弃物以及粉尘、有害气体、放射性物质和其他扩散性污染源。各类污染源难以避开时应当有必要的防范措施，能有效清除污染源造成的影响	
		2. 厂区布局合理，各功能区划分明显。生活区与生产区保持适当距离或分隔，防止交叉污染	
		3. 厂区道路应当采用硬质材料铺设，厂区无扬尘或积水现象。厂区绿化应当与生产车间保持适当距离，植被应当定期维护，防止虫害滋生	

续表 5-2

序号	核查项目	核查内容	核查记录
1.2	厂房和车间	1. 应当具有与生产的产品品种、数量相适应的厂房和车间，并根据生产工艺及清洁程度的要求合理布局和划分作业区，避免交叉污染；厂房内设置的检验室应当与生产区域分隔	
		2. 车间保持清洁，顶棚、墙壁和地面应当采用无毒、无味、防渗透、防霉、不易破损脱落的材料建造，易于清洁；顶棚在结构上不利于冷凝水垂直滴落，裸露食品上方的管路应当有防止灰尘散落及水滴掉落的措施；门窗应当闭合严密，不透水、不变形，并有防止虫害侵入的措施	
1.3	库房要求	1. 库房整洁，地面平整，易于维护、清洁，防止虫害侵入和藏匿。必要时库房应当设置相适应的温度、湿度控制等设施	
		2. 原辅料、半成品、成品等物料应当依据性质的不同分设库房或分区存放。清洁剂、消毒剂、杀虫剂、润滑剂、燃料等物料应当与原辅料、半成品、成品等物料分隔放置。库房内的物料应当与墙壁、地面保持适当距离，并明确标识，防止交叉污染	
		3. 有外设仓库的，应当承诺外设仓库符合 1.3.1、1.3.2 条款的要求，并提供相关影像资料	

二、设备设施

序号	核查项目	核查内容	核查记录
2.1	生产设备	1. 应当配备与生产的产品品种、数量相适应的生产设备，设备的性能和精度应当满足生产加工的要求	
		2. 生产设备清洁卫生，直接接触食品的设备、工器具材质应当无毒、无味、抗腐蚀、不易脱落，表面光滑、无吸收性，易于清洁保养和消毒	
2.2	供排水设施	1. 食品加工用水的水质应当符合 GB 5749 的规定，有特殊要求的应当符合相应规定。食品加工用水与其他不与食品接触的用水应当以完全分离的管路输送，避免交叉污染，各管路系统应当明确标识以便区分	
		2. 室内排水应当由清洁程度高的区域流向清洁程度低的区域，且有防止逆流的措施。排水系统出入口设计合理并有防止污染和虫害侵入的措施	
2.3	清洁消毒设施	应当配备相应的食品、工器具和设备的清洁设施，必要时配备相应的消毒设施。清洁、消毒方式应当避免对食品造成交叉污染，使用的洗涤剂、消毒剂应当符合相关规定要求	
2.4	废弃物存放设施	应当配备设计合理、防止渗漏、易于清洁的存放废弃物的专用设施。车间内存放废弃物的设施和容器应当标识清晰，不得与盛装原辅料、半成品、成品的容器混用	
2.5	个人卫生设施	生产场所或车间入口处应当设置更衣室，更衣室应当保证工作服与个人服装及其他物品分开放置；车间入口及车间内必要处，应当按需设置换鞋（穿戴鞋套）设施或鞋靴消毒设施；清洁作业区入口应当设置与生产加工人员数量相匹配的非手动式洗手、干手和消毒设施。卫生间不得与生产、包装或贮存等区域直接连通	

续表 5-2

序号	核查项目	核查内容	核查记录
2.6	通风设施	应当配备适宜的通风、排气设施,避免空气从清洁程度要求低的作业区域流向清洁程度要求高的作业区域;合理设置进气口位置,必要时应当安装空气过滤净化或除尘设施。通风设施应当易于清洁、维修或更换,并能防止虫害侵入	
2.7	照明设施	厂房内应当有充足的自然采光或人工照明,光泽和亮度应能满足生产和操作需要,光源应能使物料呈现真实的颜色。在暴露食品和原辅料正上方的照明设施应当使用安全型或有防护措施的照明设施;如需要,还应当配备应急照明设施	
2.8	温控设施	应当根据生产的需要,配备适宜的加热、冷却、冷冻以及用于监测温度和控制室温的设施	
2.9	检验设备设施	自行检验的,应当具备与所检项目相适应的检验室和检验设备。检验室应当布局合理,检验设备的数量、性能、精度应当满足相应的检验需求	

三、设备布局和工艺流程

序号	核查项目	核查内容	核查记录
3.1	设备布局	生产设备应当按照工艺流程有序排列,合理布局,便于清洁、消毒和维护,避免交叉污染	
3.2	工艺流程	1. 应当具备合理的生产工艺流程,防止生产过程中造成交叉污染。工艺流程应当与产品执行标准相适应。执行企业标准的,应当依法备案	
		2. 应当制定所需的产品配方、工艺规程、作业指导书等工艺文件,明确生产过程中的食品安全关键环节。复配食品添加剂的产品配方、有害物质、致病性微生物等的控制要求应当符合食品安全标准的规定	

步骤四 编写检查报告

根据现场审查的情况,对比标准形成现场检查意见(表 5-3)。

表 5-3 现场检查报告

核查项目序号	问题描述	整改建议
整体评价		

检查组员签名: 年 月 日

【知识链接】

果酒厂基础设施卫生规范

本规范依据 GB 14881—2013《食品安全国家标准　食品生产通用卫生规范》和 GB 12696—2016《食品安全国家标准　发酵酒及其配制酒生产卫生规范》编制。

一、选址及厂区环境

(一)选址

厂区不应选择对食品有显著污染的区域。如某地对食品安全和食品宜食用性存在明显的不利影响,且无法通过采取措施加以改善,应避免在该地址建厂。

厂区不应选择有害废弃物以及粉尘、有害气体、放射性物质和其他扩散污染源不能有效清除的地址。

厂区不宜择易发生洪涝灾害的地区,难以避开时应设计必要的防范措施。

厂区周围不宜有虫害大量滋生的潜在场所,难以避开时应设计必要的防范措施。

(二)厂区环境

应考虑环境给食品生产带来的潜在污染风险,并采取适当措施将其降至最低水平。

厂区应合理布局,各功能区域划分明显,并有适当的分离或分隔措施,防止交叉污染。

厂区内的道路应铺设混凝土、沥青,或者其他硬质材料;空地应采取必要措施,如铺设水泥、地砖或铺设草坪等方式,保持环境清洁,防止正常天气下扬尘和积水等现象的发生。

厂区绿化应与生产车间保持适当距离,植被应定期维护,以防止虫害的滋生。

厂区应有适当的排水系统。

宿舍、食堂、职工娱乐设施等生活区应与生产区保持适当距离或分隔。

二、厂房和车间

(一)设计和布局

厂房和车间的内部设计和布局应满足食品卫生操作要求,避免食品生产中发生交叉污染。

厂房和车间的设计应根据生产工艺合理布局,预防降低食品受污染风险。

厂房和车间应根据产品特点、生产工艺、生产特性以及生产过程对清洁程度的要求合理划分作业区,并采取有效分离或分隔。如:通常可划分为清洁作业区、准清洁作业区和一般作业区;或清洁作业区和一般作业区等。一般作业区应与其他作业区域分隔。

根据生产工艺需要,果酒生产区应划分为水果原料加工区、发酵区、贮存陈酿区、原酒后加工区、灌装区等,各区域应布局合理。

果酒的酒窖应保持卫生,墙面和天花板的材料应具有防潮功能。酒窖应具有一定的通风功能,根据生产需要可以进行温度和湿度的控制。

厂房内设置的检验室应与生产区域分隔。

厂房的面积和空间应与生产能力相适,便于设备安置、清洁消毒、物料存储及人员操作。

(二)建筑内部结构与材料

1. 内部结构

建筑内部结构应易于维护、清洁或消毒。应采用适当的耐用材料建造。

2. 顶棚

顶棚应使用无毒、无味、与生产需求相适应、易于观察清洁状况的材料建造;若直接在屋顶内层喷涂涂料作为顶棚,应使用无毒、无味、防霉、不易脱落、易于清洁的涂料。

顶棚应易于清洁、消毒,在结构上不利于冷凝水垂直滴下,防止虫害和霉菌滋生。

蒸汽、水、电等配件管路应避免设置于暴露食品的上方;如确需设置,应有能防止灰尘散落及水滴掉落的装置或措施。

3. 墙壁

墙面、隔断应使用无毒、无味的防渗透材料建造,在操作高度范围内的墙面应光滑、不易积累污垢且易于清洁;若使用涂料,应无毒、无味、防霉、不易脱落、易于清洁。

墙壁、隔断和地面交界处应结构合理、易于清洁,能有效避免污垢积存。例如,设置漫弯形交界面等。

4. 门窗

门窗应闭合严密。门的表面应平滑、防吸附、不渗透,并易于清洁、消毒。应使用不透水、坚固、不变形的材料制成。

清洁作业区和准清洁作业区与其他区域之间的门应能及时关闭。

窗户玻璃应使用不易碎材料。若使用普通玻璃,应采取必要的措施防止玻璃破碎后对原料、包装材料及食品造成污染。

窗户如设置窗台,其结构应能避免灰尘积存且易于清洁。可开启的窗户应装有易于清洁的防虫害窗纱(图 5-3)。

图 5-3 窗台、墙角弧度要求

5. 地面

地面应使用无毒、无味、不渗透、耐腐蚀的材料建造。地面的结构应有利于排污和清洗的需要。

地面应平坦防滑、无裂缝,并易于清洁、消毒,有适当的措施防止积水。

三、设施与设备

(一)生产设施

1. 供水设施

应能保证水质、水压、水量及其他要求符合生产需要。

食品加工用水的水质应符合 GB 5749—2006 的规定,对加工用水水质有特殊要求的食品应符合相应规定。间接冷却水、锅炉用水等食品生产用水的水质应符合生产需要。

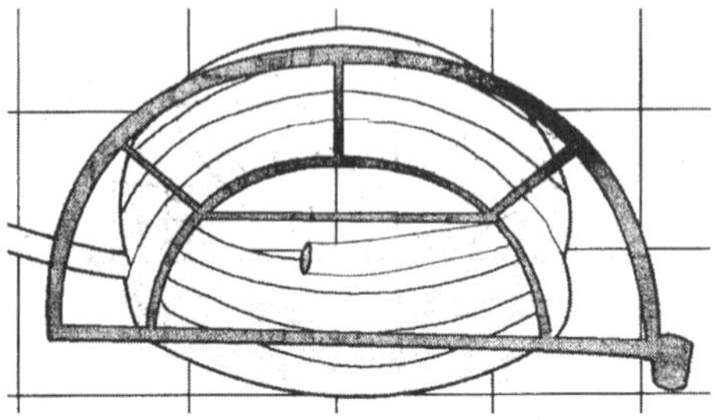

图 5-4　软管架

食品加工用水与其他不与食品接触的用水(如间接冷却水、污水或废水等)应以完全分离的管路输送,避免交叉污染。各管路系统应明确标识以便区分(图 5-4)。

自备水源及供水设施应符合有关规定。供水设施中使用的涉及饮用水卫生安全产品还应符合国家相关规定(图 5-5)。

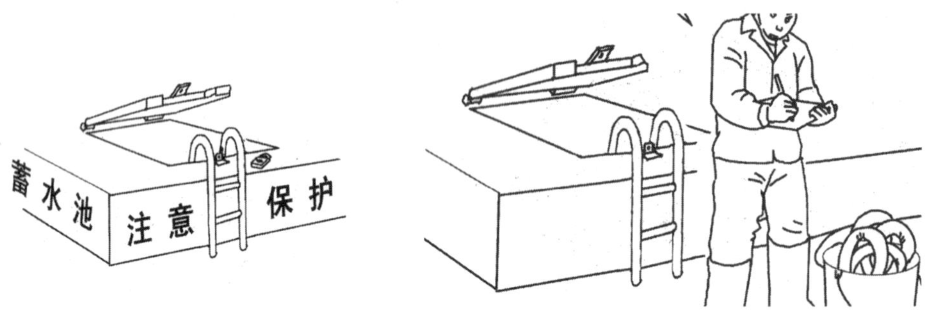

图 5-5　蓄水池应上锁并定期清洗消毒

2. 排水设施

排水系统的设计和建造应保证排水畅通、便于清洁维护(图 5-6);应适应食品生产的需要,保证食品及生产、清洁用水不受污染。

排水系统入口应安装带水封的地漏等装置,以防止固体废弃物进入及浊气逸出。

排水系统出口应有适当措施以降低虫害风险。

室内排水的流向应由清洁程度要求高的区域流向清洁程度要求低的区域,且应有防止逆流的设计(图 5-7)。

污水在排放前应经适当方式处理,以符合国家污水排放的相关规定。

图 5-6　排水沟清洁

3. 清洁消毒设施

应配备足够的食品、工器具和设备的专用清洁设施，必要时应配备适宜的消毒设施。应采取措施避免清洁、消毒工器具带来交叉污染。

4. 废弃物存放设施

应配备设计合理、防止渗漏、易于清洁的存放废弃物的专用设施；车间内存放废弃物的设施和容器应标识清晰。必要时应在适当地点设置废弃物临时存放设施，并依废弃物特性分类存放。

5. 个人卫生设施

生产场所或生产车间入口处应设置更衣室；必要时特定的作业区入口处应设置更衣室。更衣室应保证工作服与个人服装及其他物品分开放置(图 5-8，图 5-9)。

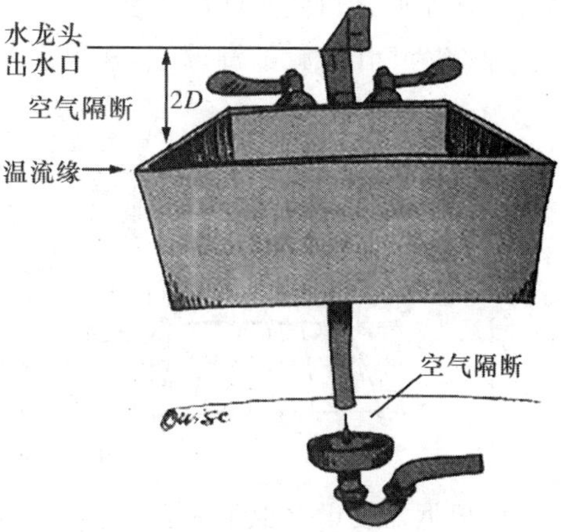

图 5-7　空气隔断控制水回流

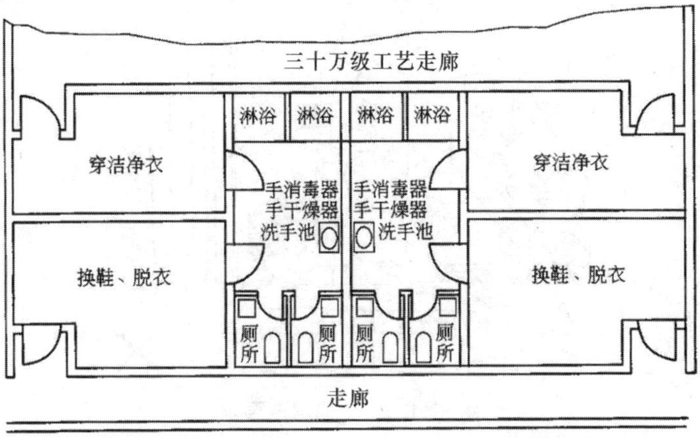

图 5-8　低于万级要求人员更衣室示意图

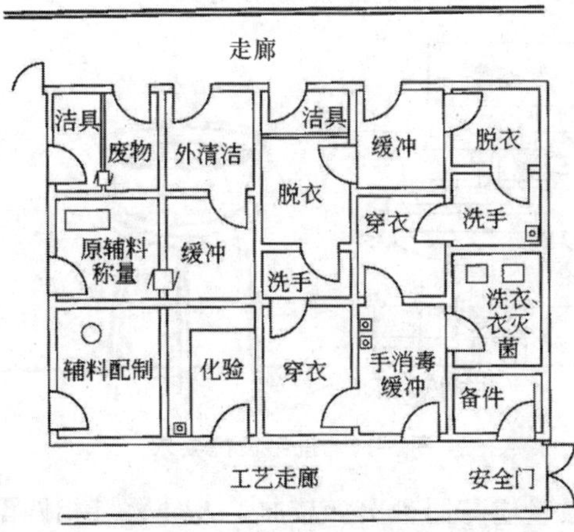

图 5-9　万级无菌控制区人员更衣室示意图

生产车间入口及车间内必要处，应按需设置换鞋(穿戴鞋套)设施或工作鞋靴消毒设施。如设置工作鞋靴消毒设施，其规格尺寸应能满足消毒需要(图 5-10)。

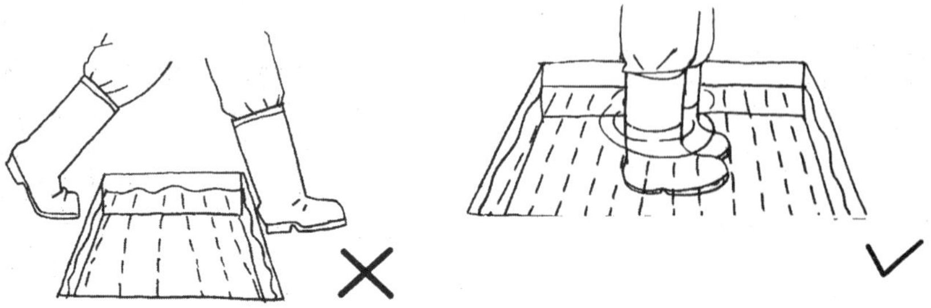

图 5-10　鞋靴消毒池要求

应根据需要设置卫生间，卫生间的结构、设施与内部材质应易于保持清洁(图 5-11)；卫生间内的适当位置应设置洗手设施。卫生间不得与食品生产、包装或贮存等区域直接连通。

不合格的卫生间

图 5-11　卫生间清洁要求

应在清洁作业区入口设置洗手、干手和消毒设施；如有需要，应在作业区内适当位置加设洗手和(或)消毒设施；与消毒设施配套的水龙头其开关应为非手动式(图 5-12)。

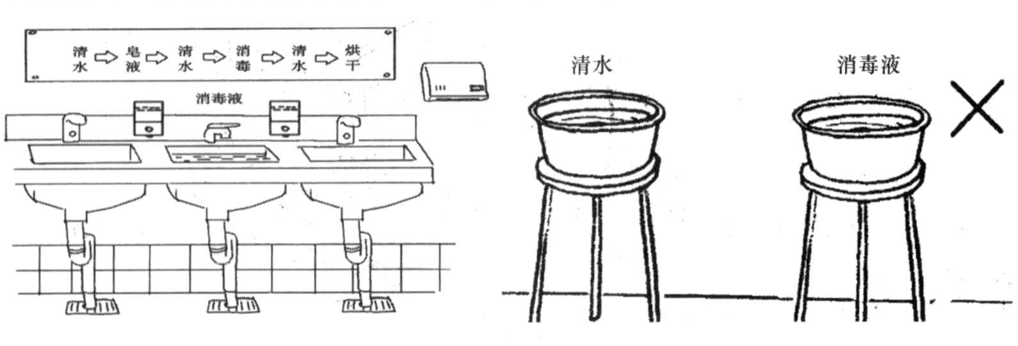

图 5-12　洗手设施要求

洗手设施的水龙头数量应与同班次食品加工人员数量相匹配，必要时应设置冷热水混合器。洗手池应采用光滑、不透水、易清洁的材质制成，其设计及构造应易于清洁消毒。应在临近洗手设施的显著位置标示简明易懂的洗手方法。

根据对食品加工人员清洁程度的要求,必要时应设置风淋室、淋浴室等设施。

6. 通风设施

应具有适宜的自然通风或人工通风措施;必要时应通过自然风或机械设施有效控制生产环境的温度和湿度;通风设施应避免空气从清洁度要求低的作业区域流向清洁度要求高的作业区域。

应合理设置进气口位置,进气口与排气口和户外垃圾存放装置等污染源保持适宜的距离和角度。进、排气口应装有防止虫害侵入的网罩等设施。通风排气设施应易于清洁、维修或更换。

若生产过程需要对空气进行过滤净化处理,应加装空气过滤装置并定期清洁。

根据生产需要,必要时应安装除尘设施。

7. 照明设施

厂房内应有充足的自然采光或人工照明,光泽和亮度能满足生产和操作需要;光源应使食品呈现真实的颜色。

如需在暴露食品和原料的正上方安装照明设施,应使用安全型照明设施或采取防护措施。

8. 仓储设施

应具有与生产产品的数量、贮存要求相适应的仓储设施。

仓库应以无毒、坚固的材料建成;仓库地面应平整,便于通风换气。仓库的设计应能易于维护和清洁,防止虫害藏匿,并应有防止虫害侵入的装置。

原料、半成品、成品、包装材料等应依据性质的不同分设贮存场所、或分区域码放,并有明确标识,防止交叉污染。必要时仓库应设有温、湿度控制设施。

贮存物品应与墙壁、地面保持适当距离,以利空气流通及物品搬运。

清洁剂、消毒剂、杀虫剂、润滑剂、燃料等物质应分别安全包装,明确标识,并应与原料、半成品、成品、包装材料等分隔放置(图 5-13)。

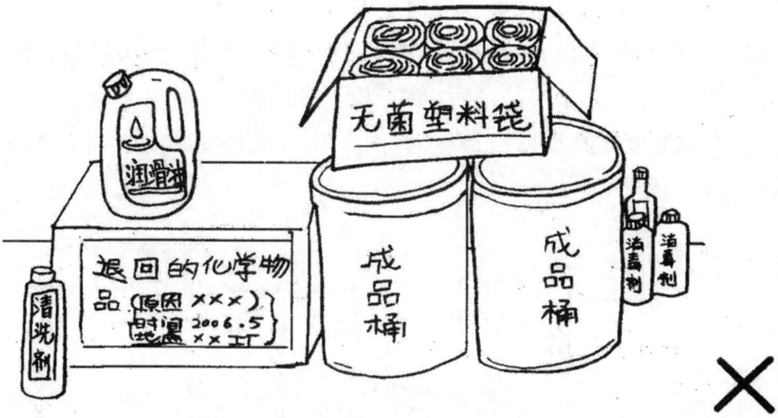

图 5-13　仓库管理要求

9. 温控设施

应根据食品生产的特点，配备适宜的加热、冷却冷冻设施，以及用于监测温度的设施。根据生产需要，可设置控制室温的设施。

10. 清洁消毒设施

应当配备相应的食品、工器具和设备的清洁设施，必要时配备相应的消毒设施。清洁、消毒方式应当避免对食品造成交叉污染，使用的洗涤剂、消毒剂应当符合相关规定要求(图 5-14)。

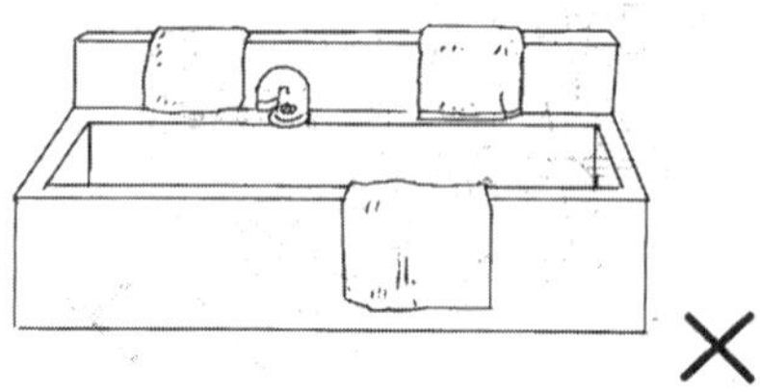

图 5-14　清洁用具放置要求

11. 废弃物存放设施

应当配备设计合理、防止渗漏、易于清洁的存放废弃物的专用设施。车间内存放废弃物的设施和容器应当标识清晰，不得与盛装原辅料、半成品、成品的容器混用。

(二)生产和监控设备

1. 生产设备

(1)一般要求　应配备与生产能力相适应的设备，并按工艺流程有序排列，合理布局，便于清洁、消毒和维护，避免引起交叉污染。

(2)材质要求　与原料、半成品、成品接触的设备与用具，应使用无毒、无味、抗腐蚀、不易脱落的材料制作，并应易于清洁和保养。

设备、工器具等与食品接触的表面应使用光滑、无吸收性、易于清洁保养和消毒的材料制成，在正常生产条件下不会与食品、清洁剂和消毒剂发生反应，并应保持完好无损。

新不锈钢罐在使用前应进行酸洗和钝化。

葡萄酒(果酒)及配制酒若采用水泥池发酵或储酒时，水泥池内壁应涂有防腐层，防腐层应满足以下要求：①无毒，耐酸、耐碱、耐腐蚀，对酒的风味无任何不良影响；②应有很强的附着力，不应脱落；③应具有光滑平整的表面；④应有较高的机械强度、致密的结构和足够的厚度，不应渗漏；⑤敷设工艺应简单易行。

(3)设计要求　所有生产设备应从设计和结构上避免零件、金属碎屑、润滑油、或其他污染因素混入食品，并应易于清洁消毒、易于检查和维护。

设备应不留空隙地固定在墙壁或地板上(图 5-15)，或在安装时与地面和墙壁间保留足够空间，以便清洁和维护。

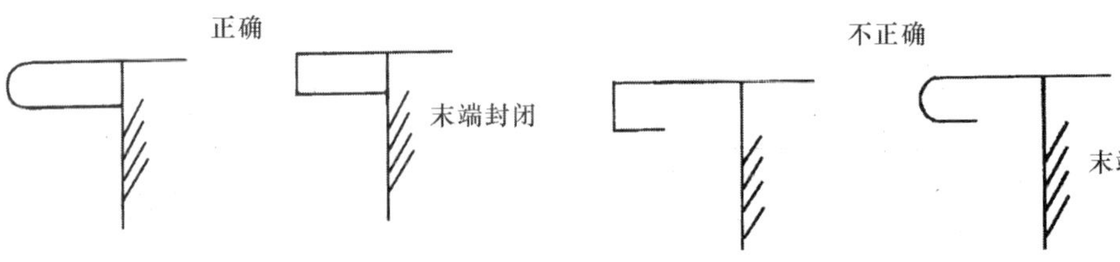

图 5-15　食品设备边角要求

2. 监控设备

用于监测、控制记录的设备，如压力表、温度计、记录仪等，应定期校准、维护。

3. 设备的保养和维修

应建立设备保养和维修制度，加强的日常维护和保养，定期检修，及时记录。

（三）检验设施和设备

企业自行检验的，应当具备与所检项目相适应的检验室和检验设备。检验室应当布局合理，检验设备的数量、性能、精度应当满足相应的检验需求。检验仪器设备应按期检定。

任务三　检查果汁饮料车间卫生

【任务引入】

广西南宁绿悦食品有限责任公司是一家生产果酒和果汁饮料的食品生产企业，其生产许可证即将到期，目前正在准备申请复评。为确保现场核查能够顺利通过，公司决定先进行一次内部审查，并指定您负责检查果汁饮料生产车间的卫生。

【任务分析】

食品生产车间的卫生主要包括人员健康与卫生、设施设备卫生、加工用水卫生、环境卫生、虫害控制、化学品管理、废弃物处理、工作服管理、污染控制等。现场检查食品厂卫生的主要依据是 GB 14881—2013《食品安全国家标准　食品生产通用卫生规范》、GB 12695—2016《食品安全国家标准　饮料生产卫生规范》和企业的卫生标准操作规程 SSOP。要做好内部检查工作，那就需要先熟悉这 2 个标准及企业卫生管理文件对车间卫生的规范要求，然后再按照要求对照检查果汁饮料生产车间的卫生，找出不符合项，提出整改建议。

【任务实施】

步骤一　知识准备

认证研读 GB 14881—2013《食品安全国家标准　食品生产通用卫生规范》GB 12695—2016《食品安全国家标准　饮料生产卫生规范》和企业的卫生标准操作规程 SSOP。

步骤二　准备检查表

编制卫生检查表(表 5-4)。

步骤三　现场检查

实地观察果汁生产车间、仓库、检验室的卫生，将不符合规范要求的问题点记录在场检查表中。

表 5-4 卫生检查表

检查内容		记录
加工用水	水质余氯检测报告/微生物检测报告	
	水龙头及其固定进水装置有防虹吸装置	
设备清洁消毒	设备清洁消毒	
	工器具清洁消毒	
预防交叉污染	工厂建筑物维修良好，原料、辅料、半成品、成品严格分开	
	工人的操作不能导致交叉污染（穿戴工作服、帽和鞋、使用手套、手的清洁，个人物品的存放、吃喝、串岗、鞋消毒、工作服的清洗消毒等）	
	果渣、腐烂果及杂质的清除，盛装容器的卫生	
	厂区排污顺畅、无积水，车间地面排水充分，无溢溅、无倒流	
	各作业区工器具标识明显，无混用	
卫生设施维护	卫生间设施卫生	
	更衣室、洗手消毒设施	
	洗手消毒剂浓度符合要求	
防止污染物	包装材料、清洁剂等的存放	
	灌装间的冷凝物，加工车间光照设备的安全	
	设备状况良好，无松动、无破损	
	冷藏库的温度/卫生状况	
	生产过程污染控制	
有害化合物标记	有毒化合物的标签、存放	
	分装容器标签和分装操作程序正确	
员工健康与卫生	食品加工人员具有健康证	
	职工健康状况良好	
	个人手部的清洁消毒	
	手套、工作服清洁卫生	
	职工个人卫生和个人行为	
鼠虫控制	加工车间防虫设施（纱窗、门帘、挡鼠板等）良好	
	工厂内无害虫	
环境卫生	厂区应无污染源、杂物，地面平整不积水	
	车间、库房、果棚卫生	
	地面、墙壁清洁消毒	
	空气清洁、消毒	
检验检测卫生	各生产工序的检查监督人员所使用的采样器具、检测用具应干净卫生	
	实验室应干净卫生，无污染源，不得存放与检验无关的物品	
废弃物处理	车间内废弃物存放容器和废弃物处理	
	车间外废弃物存放容器和废弃物处理	

步骤四　编写检查报告

根据现场审查的情况，对比标准形成现场检查意见（表 5-5）。

表 5-5　现场检查报告

核查内容	问题描述	整改建议
整体评价		

检查组员签名：　　　　　　　　　　　　　　　　　　　　　　年　　月　　日

【知识链接】

食品厂卫生管理

一、卫生管理制度

企业应制定食品加工人员和食品生产卫生管理制度以及相应的考核标准，明确岗位职责，实行岗位责任制。

应根据食品的特点以及生产、贮存过程的卫生要求，建立对保证食品安全具有显著意义的关键控制环节的监控制度，良好实施并定期检查，发现问题及时纠正。

应制定针对生产环境、食品加工人员、设备及设施等的卫生监控制度，确立内部监控的范围、对象和频率。记录并存档监控结果，定期对执行情况和效果进行检查，发现问题及时整改。

应建立清洁消毒制度和清洁消毒用具等卫生管理制度或卫生标准操作程序（SSOP）。

二、厂房、设施及设备卫生管理

（一）厂房、设施卫生管理

厂房内各项设施应保持清洁（图 5-16），出现问题及时维修或更新；厂房地面、屋顶、天花板及墙壁有破损时，应及时修补。

图 5-16　车间清洁

（二）生产用水卫生管理

食品生产企业应用根据自身加工用水水源和水质对产品食品安全的影响程度，制定食品加工用水的卫生标准操作规程，供企业用于控制水质卫生，以确保加工用水符合 GB 5749 的规定和企业产品的要求。

案例：AB 果汁厂加工用水卫生 SOP

1. 控制和监测

(1)加工厂内用水若取自可靠的城市供水系统，每年应按国家饮用水标准全项对水质分析检测 1 次。

(2)加工厂用水若取自自备水源（如地下水、冷凝水等），地下水水源应远离居民或其他有污染可能的区域 50 m 以上，以防止地下水受到污染，每天须进行消毒，使其符合生活饮用水标准。每年榨季开工前或每年不少于 2 次全项目水质分析检测。

(3)储水压力罐应密封、安全，保证水源不受污染。对储水压力罐每年榨季开工前或每年不少于 2 次清洗、消毒。其程序为：清除杂物→水冲洗→200 mg/kg 次氯酸钠喷洒→水冲洗。

(4)由本厂质控部门每天进行 1 次余氯测定，余氯含量保持在 0.04～0.5 mg/kg。每周进行 1 次细菌总数、大肠菌群检测。

(5)加工厂的水系统应由被认可的承包商设计、安装和改装，不同用途的水管用标识加以区分，备有完备的供水网络图和污水排放管道分布图以表明管道系统的安装正确性。应对加工车间水龙头进行编号。

(6)车间水龙头及固定进水装置（如有必要或装有软管的水龙头）应安装防虹吸装置。监测频率：每班生产前。

2. 纠正措施

(1)、(2)、(3)城市供水系统、自备水系统发生故障、储水压力罐损坏或受污染时，企业应停止生产，判断何时发生故障或损坏，将本段时间内生产的产品进行安全评估，以保证食品的安全性，只有当水质符合国家饮用水质标准时，才可重新生产。

(4)水质检验结果不合格，质控部门应立即制定消毒处理方案，并进行连续监控，只有当水质符合国家饮用水质标准时，才可重新生产。

(5)如有必要，应对输水管道系统采取纠正措施，并且只有当水质符合国家饮用水质标准时，才可重新生产。

(6)不能使用未安装防虹吸装置的水龙头和固定进水装置。

3. 记录

(1)城市水质检测报告、定期的卫生记录。

(2)储水压力罐检查报告和定期的卫生记录。

(3)水中余氯/细菌总数、大肠菌群检测记录。

(4)供、排水管道系统检查报告和定期的卫生记录。

(5)每日卫生控制记录。

（三）设备卫生管理

生产、包装、贮存等设备及工器具、生产用管道、裸露食品接触表面等应定期清洁消毒。清洁消毒前后的设备和工器具应分开放置妥善保管，避免交叉污染。

案例：果汁车间CIP清洗SOP

1. 目的

规范车间生产线各工段班后的CIP清洗作业，使清洗按一定要求、程序和质量以达到预定的目标，即：所有接触物料的工具、管道、设备都得到充分清洗，禁止任何清洗死角存在，从而防止任何污染源造成产品不合格。

2. 范围

该规程适用于车间果汁生产线预处理工段，灌装工段的班后CIP清洗工作。

3. 材料

3.1　NaOH：片碱(≥96%)　HNO_3：工业硝酸(65%～68%)。

3.2　测定终点用精密试纸(pH 6.4～8.0或pH 4～14)，必要时用pH计。

3.3　测定清洗液酸、碱浓度。

3.4　每段清洗前都要测定酸、碱清洗液的浓度，如不够补到规定浓度。

4. CIP清洗操作规程

4.1　榨汁工段

4.1.1　清洗液所经流程为物料所经的流程。

4.1.2　清洗程序及要求

a. 预冲洗：生产结束，用自来水把工具、管道、果汁储罐、喷淋头冲洗干净。

b. 水洗：用 60℃以上的热水，循环 10～15 min。

c. 碱洗：碱液浓度 2%～3%，温度 80℃，循环 10～15 min。

d. 水洗：循环 10～15 min 至中性 pH 6.8～7.2 止。

e. 酸洗：循环 10～15 min，酸液浓度 4%～1.5%。温度 60℃。

f. 水洗：至中性(pH 6.8～7.2)，管道归位。

4.1.3　管口冲洗，罐体喷淋分开；要求罐体喷淋 5 min，管口冲洗 2 min。

4.1.4　每个月进行 1 次人工检查罐的清洗状况(操作员进入罐中检查焊接部位和搅拌器及喷淋)。

4.2　预处理工段(配料、UHT 段分开清洗)。

4.2.1　清洗液所经流程为物料所经的流程。

4.2.2　清洗程序及要求

a. 预冲洗：生产结束，用自来水把管道、果汁储罐、喷淋头冲洗干净。

b. 水洗：用 60℃以上的，热水，循环 10～15 min。

c. 碱洗：碱液浓度 2%～3%，温度 80℃，循环 10～15 min。

d. 水洗：循环 10～15 min 至中性 pH 6.8～7.2 止。

e. 酸洗：循环 10～15 min，酸液浓度 4%～1.5%。温度 60℃。

f. 水洗：至中性(pH 6.8～7.2)，管道归位。

4.2.3　管口冲洗，罐体喷淋分开；要求罐体喷淋 5 min，管口冲洗 2 min。

4.2.4　UHT 单独洗(按上述程序，碱液浓度 5%，酸液浓度 3%)，每天班后或连续生产 12 h 以上都要单独清洗 UHT。每 2 个月拆洗 1 次。

4.2.5　冷排每 1 个月拆洗 1 次。(夏季，大的冷排 10～15 d 拆洗 1 次)

4.2.6　做好清洗原始记录(时间、温度、浓度、操作人等)。

4.2.7　每个月进行 1 次人工检查罐的清洗状况(操作员进入罐中检查焊接部位和搅拌器及喷淋)。

4.3　灌装段清洗

4.3.1　清洗液所经流程为物料所经的流程。

4.3.2　清洗程序及要求

a. 预冲洗：生产结束，用自来水把管道、料桶、下料口冲洗干净。

b. 水洗：用 60℃以上的，热水，循环 10～15 min。

c. 碱洗：用 80℃左右的碱液循环清洗 20 min 左右，碱液浓度 2%～3%。

d. 水洗：用水冲洗至中性(pH 6.8～7.2)。

e. 酸洗：用 60℃左右的酸液清洗 20 min 左右，酸液浓度 4%～1.5%。

f. 水洗：用水冲洗至中洗(pH 6.8～7.2)。

4.3.3 灌装头要求每天拆洗，并经过二氧化氯消毒液浸泡，料桶每周拆洗1次。

4.3.4 做好清洗记录(时间、温度、浓度、操作人等)。

4.4 监督与检查

4.4.1 各工段清洗必须责任到人。

4.4.2 CIP清洗状态，工段长、班组长必须认真检查。

4.4.3 特殊情况及时与生产经理联系。

三、食品加工人员健康管理和卫生要求

（一）食品加工人员健康管理

1. 健康证要求

应建立并执行食品加工人员健康管理制度。

食品加工人员每年应进行健康检查，取得健康证明(图5-17)；上岗前应接受卫生培训。

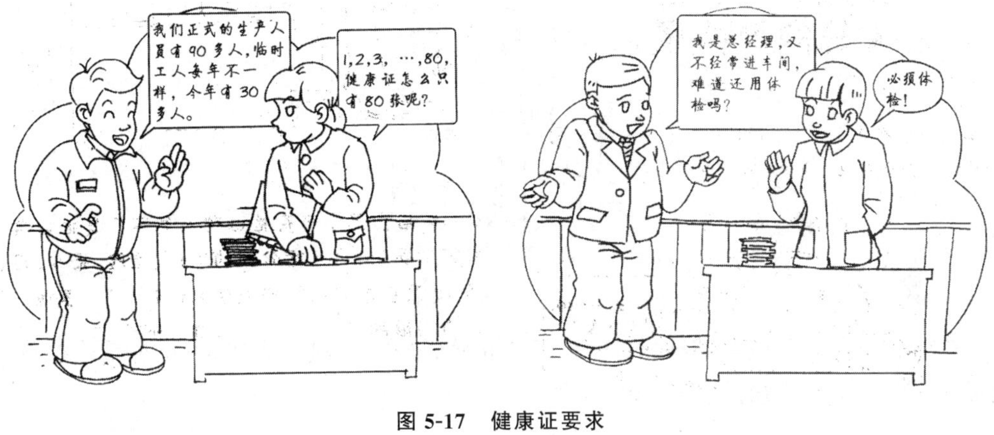

图5-17 健康证要求

2. 日常健康要求

食品加工人员如患有痢疾、伤寒、甲型病毒性肝炎、戊型病毒性肝炎等消化道传染病，以及患有活动性肺结核、化脓性或者渗出性皮肤病等有碍食品安全的疾病，或有明显皮肤损伤未愈合的，应当调整到其他不影响食品安全的工作岗位(图5-18)。

（二）食品加工人员卫生要求

1. 更衣要求

进入食品生产场所前应整理个人卫生，防止污染食品。

进入作业区域应规范穿着洁净的工作服，并按要求洗手、消毒；头发应藏于工作帽内或使用发网约束(图5-19)。

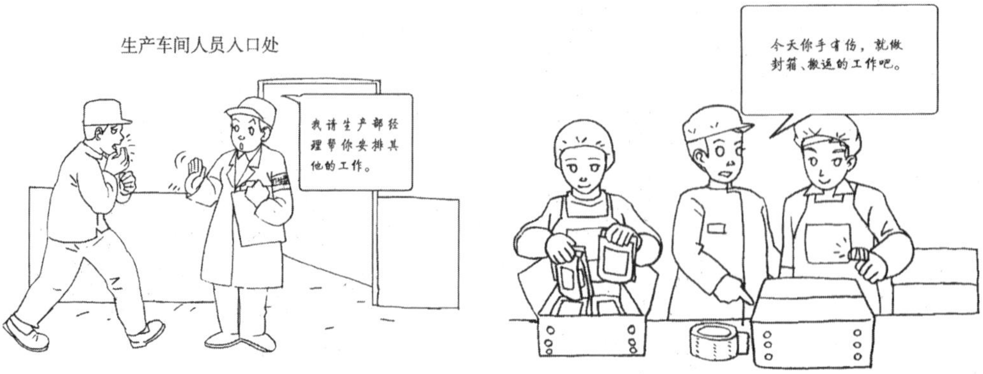

图 5-18 人员健康要求

图 5-19 穿工作服

进入作业区域不应配戴饰物、手表，不应化妆、染指甲、喷洒香水；不得携带或存放与食品生产无关的个人用品(图 5-20)。

(图例说明：图中员工的水杯、糖果均不能带入车间)

图 5-20 个人物品管理要求

2. 洗手消毒要求

使用卫生间、接触可能污染食品的物品，或从事与食品生产无关的其他活动后，再次从事接触食品、食品加工器具、食品设备等与食品生产相关的活动前应洗手消毒。

洗手程序如图 5-21 步骤 1 至步骤 4 所示；使用含有 50 mg/L 有效氯的次氯酸钠溶液消毒手的程序如下图步骤 5 至步骤 7 所示；使用 75％酒精消毒手的程序为洗手后，先烘干或擦干手(用一次性纸或干净毛巾)，再喷洒酒精于掌心手背，最后双手相互搓擦确保掌心手背手指均被酒精涂抹到。

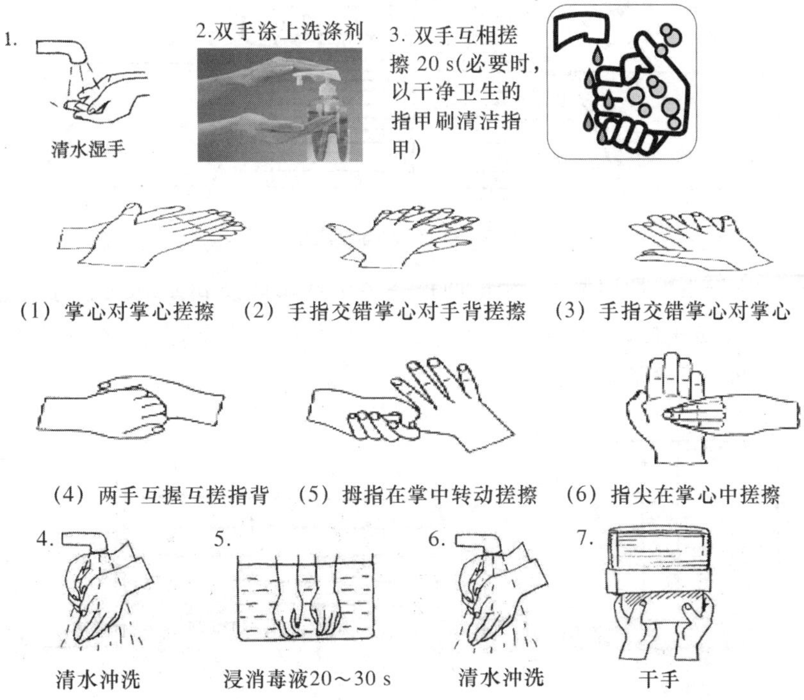

图 5-21　洗手消毒程序

(三) 来访者卫生要求

非食品加工人员不得进入食品生产场所，特殊情况下进入时，应遵守和食品加工人员同样的卫生要求(图 5-22)。

图 5-22　进入车间检查

四、虫害控制要求

1. 减少虫害滋生

(1)厂区绿化应与生产车间保持适当距离，植被应定期维护，以防止虫害的滋生。

(2)厂区内不得堆放杂物，以防止虫害的滋生。

(3)厂区内不得有积水，以防止虫害的滋生。

2. 防止虫害进入

应保持建筑物完好、环境整洁，防止虫害侵入及滋生(图 5-23)。

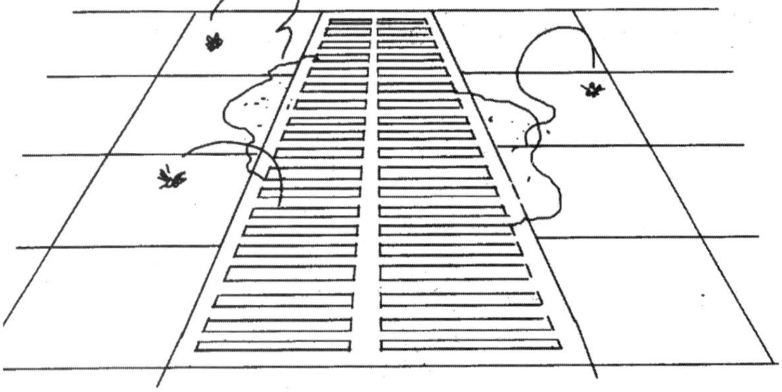

图 5-23　防止害虫滋生

应制定和执行虫害控制措施，并定期检查。生产车间及仓库应采取有效措施(如纱帘、纱网、防鼠板、防蝇灯、风幕等)，防止鼠类昆虫等侵入(图 5-24)。若发现有虫鼠害痕迹时，应追查来源，消除隐患。

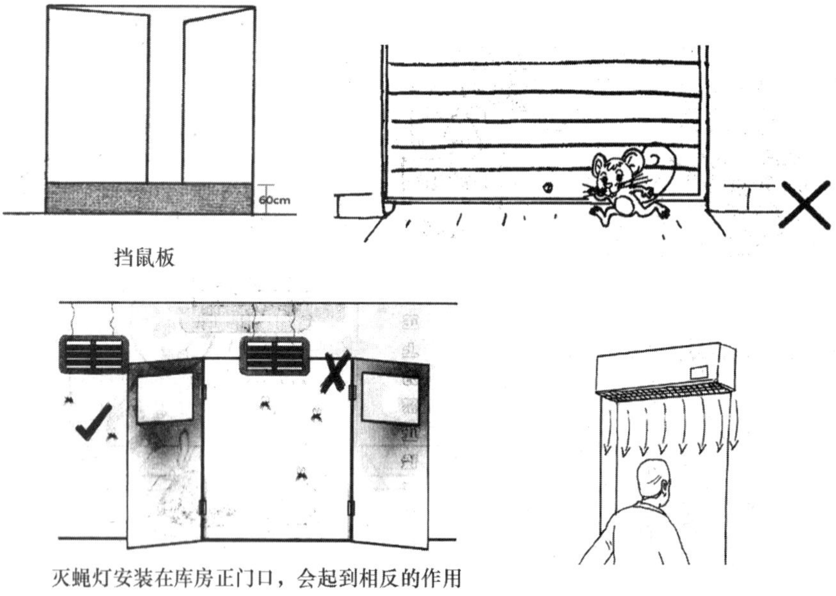

图 5-24　防止害虫进入

应准确绘制虫害控制平面图，标明捕鼠器、粘鼠板、灭蝇灯、室外诱饵投放点、生化信息素捕杀装置等放置的位置(图 5-25)。

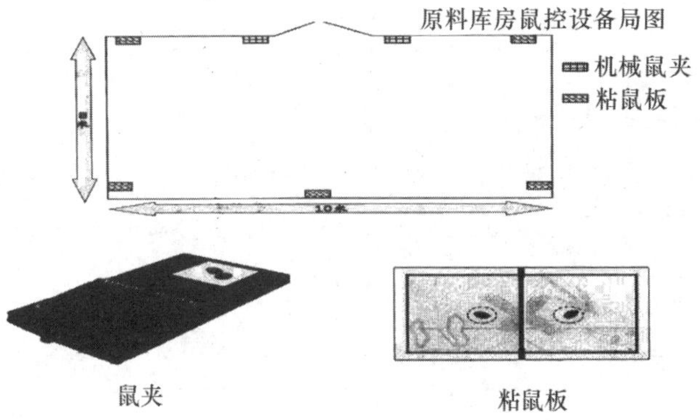

图 5-25　虫害控制平面图

3. 消除虫害

厂区应定期进行除虫灭害工作。

采用物理、化学或生物制剂进行处理时，不应影响食品安全和食品应有的品质、不应污染食品接触表面、设备、工器具及包装材料。除虫灭害工作应有相应的记录(图 5-26)。

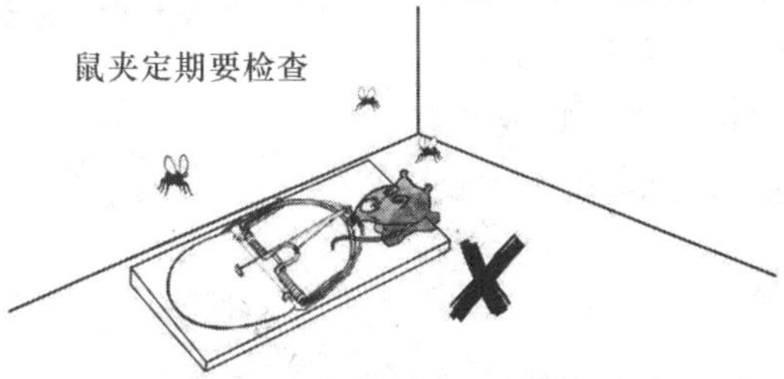

图 5-26　定期检查害虫诱杀工具

使用各类杀虫剂或其他药剂前，应做好预防措施避免对人身、食品、设备工具造成污染；不慎污染时，应及时将被污染的设备、工具彻底清洁，消除污染。

案例：AB 果汁厂害虫控制 SOP

1. 控制和监测

(1)加工车间、贮存库、物料库入口应安装塑料胶帘或风幕；车间下水管道须装水封式地漏，排水沟须备有不锈钢防护罩并在与外界相通的污水管道接口处安装铁纱网；车间的窗户、通(排)风口应安装有铁纱网；加工车间、贮存库、物料库入口和通(排)风口应安装捕鼠设备。上述各设施必须完好，以防鼠、虫侵入。卫生监督员负责检查。监测频率：每天开工前。

(2)厂区和车间地面不应存在可招引鼠、虫的垃圾、废料等污物。生产区大门应关闭。卫生监督员负责检查有无鼠、虫的存在。卫生监督员应及时向企业管理人员报告鼠害状况。监测频率：每天开工前、生产中、生产结束。

(3)生产加工企业应定期灭除老鼠和害虫。卫生监督员负责检查。监测频率：每月 1 次。

2. 纠正措施

(1)完善防鼠、虫的设施。

(2)及时清理招引鼠、虫的污物。

(3)定期捕灭鼠、虫。

3. 记录

(1)每日卫生控制记录;

(2)定期卫生控制记录。

五、废弃物处理要求

应制定废弃物存放和清除制度,有特殊要求的废弃物其处理方式应符合有关规定。废弃物应定期清除;易腐败的废弃物应尽快清除;必要时应及时清除废弃物。

车间外废弃物放置场所应与食品加工场所隔离防止污染;应防止不良气味或有害有毒气体溢出;应防止虫害滋生(图 5-27)。

图 5-27 厂区内垃圾存放要求

六、工作服管理

应根据食品的特点及生产工艺的要求配备专用工作服,如衣、裤、鞋靴、帽和发网等,必要时还可配备口罩、围裙、套袖、手套等(图 5-28)。

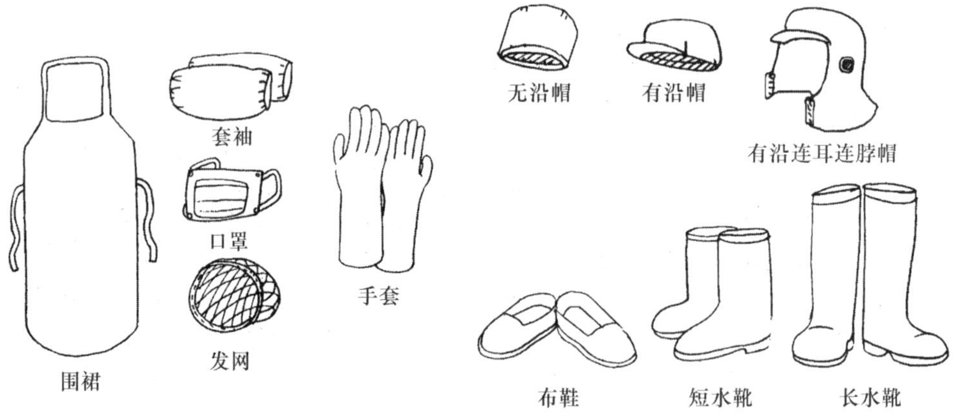

图 5-28 工作服种类

应制定工作服的清洗保洁制度,必要时应及时更换;生产中注意保持干净完好。

工作服的设计、选材和制应适不同业区要求,降低交叉污染食品的风险(图 5-29);应合理选择工作服口袋的位置、使用的连接扣件等,降低内容物或扣件掉落污染食品的风险。

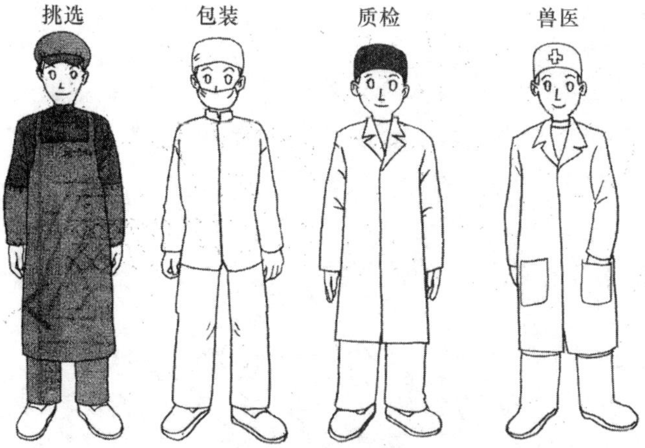

图 5-29　不同岗位的工作服

七、食品原辅料和相关产品管理规范

（一）制定管理制度

1. 采购、验收、运输和贮存管理制度

应建立食品原料、食品添加剂、和食品相关产品的采购、验收、运输和贮存管理制度，确保所使用的食品原料、食品添加剂和食品相关产品符合国家有关要求。不得将任何危害人体健康和生命安全的物质添加到食品中。

2. 进货查验记录制度

应当建立进货查验记录制度，并规定采购食品原料、食品添加剂和食品包装材料等食品相关产品时，应当查验供货者的许可证和产品合格证明，记录采购的产品名称、规格、数量、生产日期或者生产批号、保质期、进货日期以及供货者名称、地址、联系方式等信息，保存相关记录和凭证。

食品原料、食品添加剂和食品包装材料等食品相关产品进货查验记录应由记录和审核人员复核签名，记录内容应完整。保存期限不得少于 2 年。

案例：AB 公司进货查验记录制度

1　目的

对采购进行控制，确保所采购的产品满足规定的要求及实现原材料的可追溯性。

2　适用范围

适用于本公司食品原料、辅料、食品添加剂，以及食品包装材料、容器、洗涤剂、消毒剂等食品相关产品的采购。

3　职责

3.1　仓库管理员负责采购产品的查验。

3.2　检验室负责采购原辅料的抽样检验。

4 要求

4.1 采购原辅料时，应当查验供货者的许可证和产品合格证明，记录采购的原辅料名称、规格、数量、生产日期或者生产批号、保质期、进货日期以及供货者名称、地址、联系方式等信息，保存相关记录和凭证。

4.2 对供方无法提供合格证明文件的食品原料，质检员应依照食品安全标准及产品标准实施抽样检验；对无法检验的项目应委托检验机构检验，并保存检验记录。

4.3 当需要在供方处验证时，品管部按合同或协议中规定的方法进行验证。

4.4 查验合格的产品，由仓管员在进货查验记录单上签名，检验员复核签名，仓库办理入库手续。

4.5 查验不合格的产品，由仓管员在进货查验记录单上签名，检验员复核签名，不合格品按《不合格品管理制度》执行。

5 记录管理

进货查验记录，保存期限2年。

（二）食品原料采购与贮存管理规范

1. 原料查验检验要求

采购的食品原料应当查验供货者的许可证和产品合格明文件；对无法提供合格证明文件的食品原料，应当依照食品安全标准进行检验（图5-30）。

食品原料必须经过验收合格后方可使用。经验收不合格的食品原料应在指定区域与合格品分开放置并明显标记，并应及时进行退、换货等处理。

盛装食品原料的包材或容器，其材质应稳定、无毒无害，不易受污染，符合卫生要求。

加工前宜进行感官检验，必要时应进行实验室检验；检验发现涉及食品安全项目指标异常的，不得使用；只应使用确定适合的食品原料。

图5-30 食品原料进货查验

2. 原料运输与贮存要求

食品原料运输及贮存中应避免日光直射、备有防雨防尘设施；根据食品原料的特点和卫生需要，必要时还应具备保温、冷藏、保鲜等设施。

食品原料运输工具和容器应保持清洁、维护良好，必要时应进行消毒。食品原料不得与有毒、有害物品同时装运，避免污染食品原料。

食品原料仓库应设专人管理，建立制度，定期检查质量和卫生情况，及时清理变质或超过保质期的食品原料。仓库出货顺序应遵循先进先出的原则，必要时根据不同食品原料的特性确定出货顺序（图 5-31）。

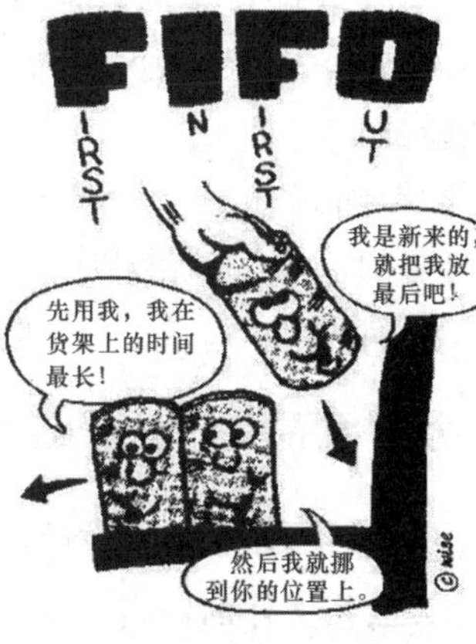

图 5-31　进出库要求

（三）食品添加剂

1. 采购查验要求

采购食品添加剂应当查验供货者的许可证和产品合格明文件。食添加剂必须经过验收后方可使用。

盛装食品添加剂的容器，其材质应稳定、无毒无害，不易受污染，符合卫生要求。

2. 运输与贮存要求

运输食品添加剂的工具和容器应保持清洁、维护良好，并能提供必要的保护，避免污染食品添加剂。

食品添加剂的贮藏应有专人管理，定期检查质量和卫生情况，及时清理变质或超过保质期的食品添加剂。仓库出货顺序应遵循先进先出的原则，必要时仓库出货顺序应根据食品添加剂的特性确定出货顺序。

（四）食品相关产食品

1. 采购查验要求

采购食品包装材料、容器、洗涤剂、消毒剂等食品相关产品应当查验产品的合格证明文件，实行许可管理的食品相关产食品还应查验供货者的许可证。食品包装材料等相关产品必须经过验收合格后方可使用（图 5-32）。

图 5-32　包装材料进货查验

盛装直接接触食品的包材或容器，其材质应稳定、无毒无害，不易受污染，符合卫生要求。

2. 运输与贮存要求

运输食品相关产品的工具和容器应保持清洁、维护良好，并能提供必要的保护，避免污染食品原料和交叉污染。

食品相关产品的贮藏应有专人管理，定期检查质量和卫生情况，及时清理变质或超过保质期的食品相关产品。仓库出货顺序应遵循先进先出的原则。

八、食品成品贮存、运输卫生规范

根据食品的特点和卫生需要选择适宜的贮存和运输条件，必要时应配备保温、冷藏、保鲜等设施。不得将食品与有毒、有害，或有异味的物品一同贮存运输。

应建立和执行适当的仓储制度，发现异常应及时处理。

贮存、运输和装卸食品的容器、工器具和设备应当安全、无害，保持清洁降低食品污染的风险（图 5-33）。

贮存和运输过程中应避免日光直射、雨淋、显著的温湿度变化和剧烈撞击等，防止食品受到不良影响。

图 5-33　运输车辆清洁

九、食品生产提供过程卫生规范

（一）产品污染风险控制

1. 工艺文件的制定

应当建立生产过程控制制度，明确原料控制（如领料、投料等）、生产关键环节控制（如生产工序、设备管理、贮存、包装等）、检验控制（如原料检验、半成品检验、成品出厂检验等）以及运输和交付控制的相关要求。

应当具备合理的生产工艺流程，防止生产过程中造成交叉污染。工艺流程应当与产品执行标准相适应。

应当制定所需的产品配方、工艺规程、作业指导书等工艺文件。

应通过危害分析方法明确生产过程中的食品安全关键环节，并设立食品安全关键环节的控制措施。在关键环节所在区域，应配备相关的文件以落实控制措施，如配料（投料）表、岗位操作规程等（图 5-34）。

鼓励采用危害分析和关键控制点体系（HACCP）对生产过程进行食品安全控制。

图 5-34　品控员核查工艺执行情况

2. 物料污染风险控制

食品原料、食品添加剂和食品包装材等进入生产区域时应有一定的缓冲区域或外包装清洁措施，以降低污染风险（图 5-35）。

3. 食品包装

食品包装应能在正常的贮存、运输、销售条件下最大限度地保护食品的安全性和食品品质。

使用包装材料时应核对标识，避免误用；应如实记录包装材料的使用情况。

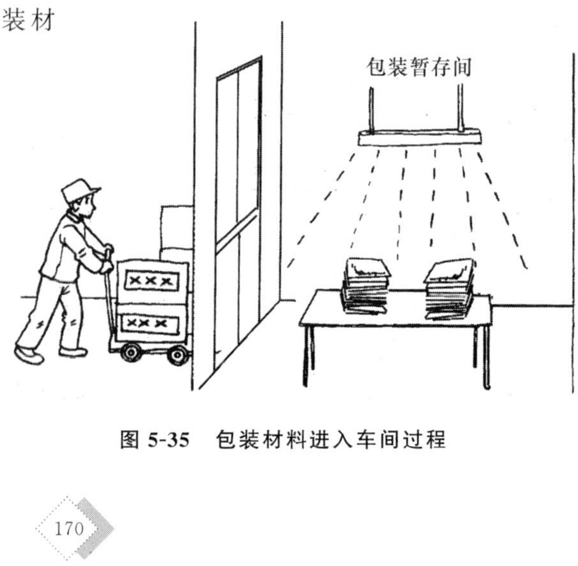

图 5-35　包装材料进入车间过程

应合理划分记录生产批次，采用产品批号等方式进行标识，便于产品追溯。

（二）生物污染的控制

1. 清洁和消毒

应根据原料、产品和工艺的特点，针对生产设备和环境制定有效的清洁消毒制度，降低微生物污染的风险(图 5-36)。

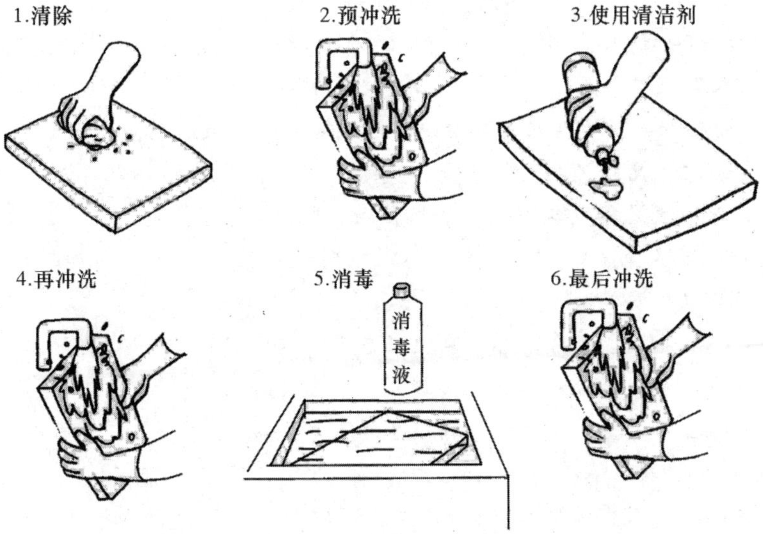

图 5-36　食品接触面清洗消毒程序

清洁消毒制度应包括以下内容：清洁消毒的区域、设备或器具名称；清洁消毒工作的职责；使用的洗涤、消毒剂；清洁消毒方法和频率；清洁消毒效果的验证及不符合的处理；清洁消毒工作及监控记录。

应确保实施清洁消毒制度，如实记录；及时验证消毒效果，发现问题及时纠正。

2. 食品加工过程的微生物监控

根据产品特点确定关键控制环节进行微生物监控；必要时应建立食品加工过程的微生物监控程序，包括生产环境的微生物监控和过程产品的微生物监控(图 5-37)。

食品加工过程的微生物监控程序应包括：微生物监控指标、取样点、监控频率、取样和检测方法、评判原则和整改措施等，具体可参照 GB 14881—2013 附录 A 的要求，结合生产工艺及产品特点制定。

微生物监控应包括致病菌监控和指示菌监控，食品加工过程的微生物监控结果应能反映食品加工过程中对微生物污染的控制水平。

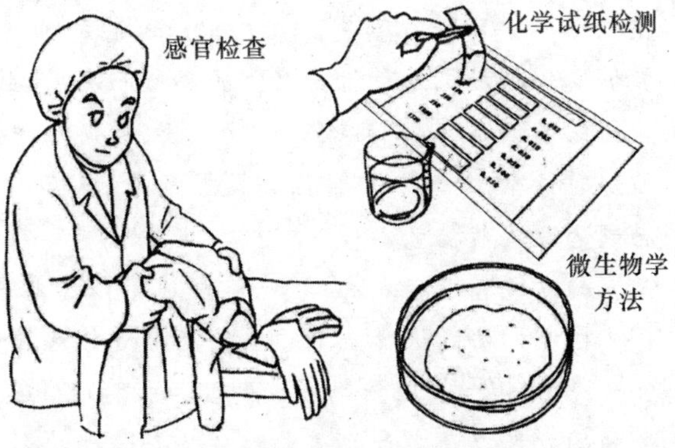

图 5-37　过程卫生监控

附录 A　食品加工过程的微生物监控程序指南

注：本附录给出了制定食品加工过程环境微生物监控程序时应当考虑的要点，实际生产中可根据产品特性和生产工艺技术水平等因素参照执行。

A.1　食品加工过程中的微生物监控是确保食品安全的重要手段，是验证或评估目标微生物控制程序的有效性、确保整个食品质量和安全体系持续改进的工具(表 A.1)。

A.2　本附录提出了制定食品加工过程微生物监控程序时应考虑的要点。

A.3　食品加工过程的微生物监控，主要包括环境微生物监控和过程产品的微生物监控。环境微生物监控主要用于评判加工过程的卫生控制状况，以及找出可能存在的污染源。通常环境监控对象包括食品接触表面、与食品或食品接触表面邻近的接触表面以及环境空气。过程产品的微生物监控主要用于评估加工过程卫生控制能力和产品卫生状况。

A.4　食品加工过程的微生物监控涵盖了加工过程各个环节的微生物学评估、清洁消毒效果以及微生物控制效果的评价。在制定时应考虑以下内容：

a)加工过程的微生物监控应包括微生物监控指标、取样点、监控频率、取样和检测方法、评判原则以及不符合情况的处理等；

b)加工过程的微生物监控指标：应以能够评估加工环境卫生状况和过程控制能力的指示微生物(如菌落总数、大肠菌群、酵母霉菌或其他指示菌)为主。必要时也可采用致病菌作为监控指标；

c)加工过程微生物监控的取样点：环境监控的取样点应为微生物可能存在或进入而导致污染的地方。可根据相关文献资料确定取样点，也可以根据经验或者积累的历史数据确定取样点。过程产品监控计划的取样点应覆盖整个加工环节中微生物水平可能发生变化且会影响产品安全性和/或食品品质的过程产品，例如微生物控制的关键控制点之后的过程产品。具体可参考表 A.1 中示例；

d)加工过程微生物监控的监控频率：应基于污染可能发生的风险来制定监控频率。可根据相关文献资料，相关经验和专业知识或者积累的历史数据，确定合理的监控频率。具体可参考表 A.1 中示例。加工过程的微生物监控应是动态的，应根据数据变化和加工过程污染风险的高低而有所调整和定期评估。例如：当指示微生物监控结果偏高、终产品检测出致病菌、重大维护施工活动后，或者卫生状况出现下降趋势时等，需要增加取样点和监控频率；当监控结果一直满足要求，可适当减少取样点或者放宽监控频率；

e)取样和检测方法：环境监控通常以涂抹取样为主，过程产品监控通常直接取样。检测方法的选择应基于监控指标进行选择；

f)评判原则：应依据一定的监控指标限值进行评判，监控指标限值可基于微生物控制的效果以及对产品质量和食品安全性的影响来确定；

g）微生物监控的不符合情况处理要求：各监控点的监控结果应当符合监控指标的限值并保持稳定，当出现轻微不符合时，可通过增加取样频次等措施加强监控；当出现严重不符合时，应当立即纠正，同时查找问题原因，以确定是否需要对微生物控制程序采取相应的纠正措施。

表 A.1　食品加工过程微生物监控示例

监控项目		建议取样点 a	建议监控微生物 b	建议监控频率 c	建议监控指标限值
环境的微生物监控	食品接触表面	食品加工人员的手部、工作服、手套传送皮带、工器具及其他直接接触食品的设备表面	菌落总数大肠菌群等	验证清洁效果应在清洁消毒之后，其他可每周、每 2 周或每月	结合生产实际情况确定监控指标限值
	与食品或食品接触表面邻近的接触表面	设备外表面、支架表面、控制面板、零件车等接触表面	菌落总数、大肠菌群等卫生状况指示微生物，必要时监控致病菌	每 2 周或每月	结合生产实际情况确定监控指标限值
	加工区域内的环境空气	靠近裸露产品的位置	菌落总数酵母霉菌等	每周、每 2 周或每月	结合生产实际情况确定监控指标限值
过程产品的微生物监控		加工环节中微生物水平可能发生变化且会影响食品安全性和（或）食品品质的过程产品	卫生状况指示微生物（如菌落总数、大肠菌群、酵母霉菌或其他指示菌）	开班第一时间生产的产品及之后连续生产过程中每周（或每 2 周或每月）	结合生产实际情况确定监控指标限值

注：a 可根据食品特性以及加工过程实际情况选择取样点。

b 可根据需要选择一个或多个卫生指示微生物实施监控。

c 可根据具体取样点的风险确定监控频率。

（三）化学污染的控制

1. 化学品管理制度的建立

应建立防止化学污染的管理制度，分析可能的污染源和污染途径，制定适当的控制计划和控制程序。应当建立食品添加剂和食品工业用加工助剂的使用制度。建立清洁剂、消毒剂等化学品的使用制度。

2. 化学品贮存管理要求

食品添加剂、清洁剂、消毒剂等均应采用适宜的容器妥善保存，且应明显标示、分类贮存。除清洁消毒必需和工艺需要，不应在生产场所使用和存放可能污染食品的化学制剂。食品添加剂、清洁剂、消毒剂等领用时应准确计量、做好使用记录（图 5-38）。

图 5-38　化学品管理要求

3. 化学品使用要求

(1)食品添加剂的使用　不得在食品加工中添加食品添加剂以外的非食用化学物质和其他可能危害人体健康的物质。

按照 GB 2760—2014 的要求使用食品添加剂。

(2)润滑剂的使用　生产设备上可能直接或间接接触食品的活动部件若需润滑,应当使用食用油脂或能保证食品安全要求的其他油脂。

案例:AB 果汁厂有毒化合物的标记、贮藏和使用 SOP

1. 控制和监测

(1)生产加工中(清洗用的强酸强碱、生产中和实验室检测用有关试剂等)使用的所有有毒化合物必须有生产厂商提供的产品合格证明或含有其他必要的信息文件。监测频率:每批有毒化合物。

(2)所有有毒化合物应在明显位置正确标记并注明生产厂商名、使用说明。贮存于加工和包装区外的单独库房内,须由专人保管。并不得与食品级的化学物品、润滑剂和包装材料共存于同一库房内。卫生监督员应检查其标签和仓库中的存放情况。监测频率:每天 1 次。

(3)须严格按照说明及建议操作使用。由专人进行分装操作,应在分装瓶的明显位置正确标明本化学物的常用名,并不得将有毒化学物存放于可能污染原料、果蔬汁或包装材料的场所。卫生监督员负责检查标识和分装、配制情况。

监测频率:每次分装、配制、使用。

2. 纠正措施

(1)无产品合格证明等资料的有毒化合物拒收,资料不全的应先单独存放,直到获得所需资料方可接受。

(2)标记或存放不当的应纠正。

(3)未合理使用有毒化学物的工作人员应接受纪律处分或再培训,可能受到污染的果蔬汁应销毁,分装瓶标识不明显时应予以更正。

3. 记录

(1)定期的卫生控制记录

(2)每日卫生控制记录

4. 加工过程产生的有害物质的管理

应当关注食品在加工过程中可能产生有害物质的情况,鼓励采取有效措施减低其风险。

(四)物理污染的控制

1. 物理污染管理制度的建立

应建立防止异物污染的管理制度,分析可能的污染源和污染途径,并制定相应的控制计划和控制程序。

2. 物理污染的控制措施

应通过采取设备维护、卫生管理、现场管理、外来人员管理及加工过程监督等措施，最大限度地降低食品受到玻璃、金属、塑胶等异物污染的风险。

应采取设置筛网、捕集器、磁铁、金属检查器等有效措施降低金属或其他异物污染食品的风险。

当进行现场维修、维护及施工等作业时，应采取适当措施避免异物、异味、碎屑等污染食品（图 5-39）。

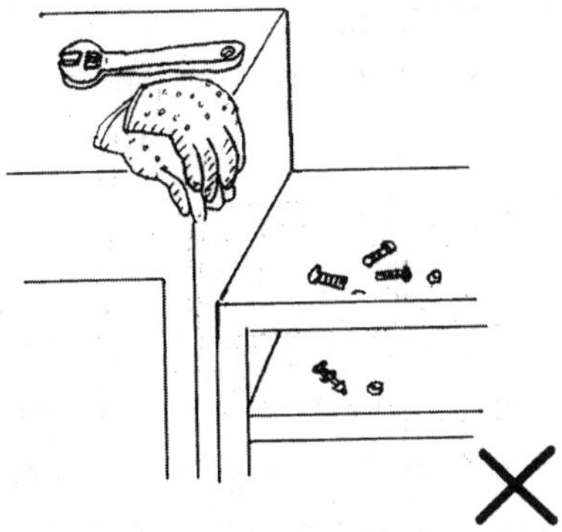

图 5-39　设备维修污染控制

十、食品检验规范

1. 食品出厂检验记录制度的建立

应通过自行检验或委托具备相应资质的食品检验机构对原料和产品进行检验，建立食品出厂检验记录制度。

食品出厂时，应当查验出厂食品的检验合格证和安全状况，记录食品的名称、规格、数量、生产日期或者生产批号、保质期、检验合格证号、销售日期以及购货者名称、地址、联系方式等信息，保存相关记录和凭证。

2. 检验能力和过程管理要求

自行检验应具备与所检项目适应的检验室和检验能力；由具有相应资质的检验人员按规定的检验方法检验；检验仪器设备应按期检定。

检验室应有完善的管理制度，妥善保存各项检验的原始记录和检验报告。应建立产品留样制度，及时保留样品。

应综合考虑产品特性、工艺特点、原料控制情况等因素，合理确定检验项目和检验频次以有效验证生产过程中的控制措施。净含量、感官要求以及其他容易受生产过程影响而变化的检验项目的检验频次应大于其他检验项目。

同一品种不同包装的产品，不受包装规格和包装形式影响的检验项目可以一并检验。

食品出厂检验记录应由记录和审核人员复核签名，记录内容应完整。保存期限不得少于 2 年。

复习思考题

一、单项选择题（请根据 GB 14881—2013 要求，选择你认为最佳的答案）

1. 用于生产车间的消毒剂可以是（　　）。

A. 次氯酸钠　　B. 75%酒精　　C. 过氧乙酸　　D. 以上都是

2. GB 14881—2013 规定了食品生产过程中(　　)等环节的场所、设施、人员基本要求和管理准则。

A. 原料采购　　B. 加工　　C. 包装　　D. 以上都是

3. GB 14881—2013 规定了食品生产过程中(　　)等环节的场所、设施、人员基本要求和管理准则。

A. 原料采购　　B. 贮存　　C. 运输　　D. 以上都是

4. GB 14881—2013 规定了食品生产过程中原料采购、加工、包装、贮存和运输等环节的(　　)基本要求和管理准则。

A. 场所　　B. 设施　　C. 人员　　D. 以上都是

5. 污染是在食品生产过程中发生的(　　)污染因素传入的过程。

A. 生物　　B. 化学　　C. 物理　　D. 以上都是

6. 虫害指由包括(　　)等生物(包括苍蝇、蟑螂、麻雀、老鼠等)造成的不良影响。

A. 昆虫　　B. 鸟类　　C. 啮齿类动物　　D. 以上都是

7. 厂区内的道路可用(　　)铺设。

A. 混凝土　　B. 沥青　　C. 红砖　　D. 以上都是

8. 食品厂区空地应采取(　　)等方式,保持环境清洁,防止正常天气下扬尘和积水等现象的发生。

A. 混凝土　　B. 地砖　　C. 草坪　　D. 以上都是

9. 食品生产车间墙面、隔断应使用无毒、无味的防渗透材料建造,在(　　)范围内的墙面应光滑、不易积累污垢且易于清洁。

A. 1.5 m 高度　　B. 操作高度　　C. 1.8 m　　D. 2.0 m

10. 食品生产车间可开启的窗户应装有易于清洁的防虫害窗纱。窗纱孔径应小于(　　)mm。

A. 2　　B. 4　　C. 6　　D. 8

11. 食品加工用水的水质应符合(　　的要求。

A. 生产需要　　B. GB 5749—2006　　C. 纯净水　　D. 以上均不是

12. 间接冷却水、锅炉用水等食品生产用水的水质应符合(　　)要求。

A. 生产需要　　B. GB 5749—2006　　C. 纯净水　　D. 以上均不是

13. 食品生产场所或生产车间入口处应设置(　　)设施。

A. 更衣室　　B. 工作鞋靴消毒　　C. 洗手　　D. 干手

14. 食品生产车间进气口和户外垃圾存放装置应保持(　　)距离。

A. 5 m　　B. 10 m　　C. 15 m　　D. 适宜的

15. 食品生产车间的空气过滤装置应(　　)清洁 1 次。

A. 1 个月　　B. 3 个月　　C. 6 个月　　D. 定期

16. 仓库出货顺序应遵循(　　)的原则,必要时根据不同食品原料的特性确定出货顺序。

A. 先进先出　　B. 方便　　C. 后进先出　　D. 随意

17. 应通过危害分析方法明确生产过程中的食品安全(　　)。

A. 关键环节　　B. 关键控制点　　C. 控制点　　D. 重要环节

18. 环境监控的取样点应为(　　)。

A. 微生物可能存在的地方　　B. 微生物可能进入的地方

C. A+B　　D. 角落

19. 当加工过程微生物监控结果(　　)时,可适当减少取样点或者放宽监控频率。

A. 一直满足要求　　B. 偏高

C. 终产品检测出致病菌　　D. 气温偏低

20. 当微生物监控出现轻微不符合时,可通过(　　)取样频次等措施加强监控。

A. 增加　　B. 减少　　C. 不增不减　　D. 以上都对

二、判断题(请根据 GB 14881—2013 要求进行判断)

1. 食品加工人员包括直接接触包装食品的操作人员。

2. 食品加工人员不包括直接接触食品设备和器具的操作人员。

3. 设备维修人员不需要健康证。

4. 食品生产工作服清洗人员需要健康证。

5. 分隔是通过在物品、设施、区域之间留有一定空间,而非通过设置物理阻断的方式进行隔离。

6. 食品生产厂区不应选择对食品有污染的区域。

7. 如某地对食品安全和食品宜食用性存在明显的不利影响,但通过采取措施可以改善,则可在该地址建食品厂。

8. 食品厂区不宜择易发生洪涝灾害的地区。

9. 易发生洪涝灾害的地区不能建设食品厂区。

10. 周围有虫害大量滋生的潜在场所不能建设食品厂区。

11. 为减少灰尘和美化环境,厂区绿化树应紧挨生产车间种植。

12. 宿舍、食堂、职工娱乐设施等生活区必须与生产区分隔。

13. 一般作业区应与其他作业区域分离。

14. 清洁作业区应与准清洁作业区分隔。

15. 厂房内设置的检验室应与生产区域分离。

16. 蒸汽、水、电等配件管路不允许设置于暴露食品的上方。

17. 食品生产车间顶棚必须安装吊顶。

18. 食品生产车间墙壁、隔断和地面交界处应结构合理、易于清洁,能有效避免污垢积存。

19. 食品生产车间门窗宜采用实木材料。

20. 食品生产车间地面不能铺混凝土,需铺瓷砖或花岗岩。

三、不符合判定题(根据所述情况判断不符合 GB 14881—2013 的条款号和内容)

1. 某食品加工厂与某水泥厂仅一墙之隔,生产车间采用自然通风。

2. 香香面包厂加工车间的临时工没有健康证。

3. 某食品厂因为生产太忙已有一年半没为生产人员进行健康检查了。

4. 某面粉厂的面粉运输车辆没有防雨设施。

5. 某肉食品加工厂现有库房不能满足其生产需求，故将内包装材料、添加剂包括亚硝酸盐同室堆放。

6. 某果蔬加工厂将原料果堆放在一块露天的清洁空地上。

7. 某食品厂成品库内的成品，包装完整，标识显著，清洁干燥，靠墙码放。

8. 中秋节前夕胡经理带着一条烟，去糕点车间慰问加夜班的工人，说要给男同胞提提神。

9. 某食品厂生产车间的工人向车间主任反映，在刚领回的原料里发现了老鼠屎，另外听库房管理员说："最近原料库里的老鼠闹得挺凶。"车间主任说："检出来就行了，不要大惊小怪的。"

10. 某食品厂精加工车间，企业为了节省空间减少了更衣室面积，衣橱数量与员工数不符，工人衣物无法完全放置，有5套衣物堆积在更衣室的角落里。

11. 乳品厂厂区内奶罐车要通过一段土路才能到达鲜奶收购部。

12. 某肉制品生产企业熟肉车间墙裙为白色瓷砖，高1.2 m，窗台离地面1.8 m，且严密不变形。位于屋顶的照明灯有防护装置。车间现有50人上班，车间进口处有4个脚踏式洗手龙头和消毒池。

13. 在某啤酒厂灌装车间门口发现，洗手设施为手动开关，没有消毒设施。

14. 在某肉制品厂，原料肉解冻间墙壁下部为瓷砖，上部涂料有部分脱落。

15. 审核化验室时，发现化验员正在出检验报告，审核员看到公司对产品全项目检验。其中铅用原子吸收检验，审核员看到原子吸收仪并未开启，询问什么时候化验的，化验员说，我们用原子吸收法检测，由于成本太高，设备停用了，都是委托检验，我只是按以前外部委托的数据填报告。

16. 某食品车间的地板有积水。

17. 某食品厂原料进厂时，仓管员核对原料的数量、品种规格符合采购合同就入库。

18. 现场检查发现食品生产车间内操作工人的头发露出工作帽外。

19. 某食品厂厂长说，我们车间工人都有健康证，但品控员不加工食品，因此没有健康证。

20. 查某食品厂糕点成品出厂检验记录，感官、理化和微生物检验原始记录都有检验员黄刚的签字，出厂检验报告上有检验员黄刚和复核人李丽（经理）的签名。

四、案例题

1. 某乳制品厂有下列部门或区域，请按洁净度要求的不同，划分为不同的区域：

①收乳间；②原料仓库；③内包装材料仓库；④外包装材料仓库；⑤原料预处理车间；⑥裸露待包装的半成品贮存；⑦充填及内包装车间；⑧外包装车间；⑨成品仓库；⑩品控部；⑪检验室；⑫生产部；⑬办公室。

洁净度区分		部门/区域
食品处理区	一般作业区	
	准清洁作业区	
	清洁作业区	
非食品处理区		

五、简答题

1. SSOP 的主要内容是什么?
2. GMP 包括哪些种类?
3. GB 14881—2013 的主要内容是什么?
4. GMP 与 SSOP 的关系。

项目六
危害分析和关键控制点（HACCP）

【知识目标】

1. 了解前提计划的内涵；
2. 理解 HACCP 基本术语；
3. 理解 HACCP 的七个原理。

【技能目标】

1. 能进行危害分析；
2. 能制订 HACCP 计划。

【素质目标】

1. 培养学生语言表达、文字表达、团队协作等素质；
2. 培养学生发现问题、分析问题和解决问题的能力。

【思政目标】

1. 培养学生自己遵守食品法律法规和标准的意识；
2. 理解“三全育人”的重大意义；
3. 树立生态文明理念。

任务一　认知危害分析和关键控制点体系

一、危害分析及关键控制点体系的构成与作用

在食品加工过程中，常伴随着物理的、化学的以及生物的危害。找到并控制潜在的危害，可以有效提高食品的安全保证。HACCP（hazard analysis and critical control point）即危害分析及关键控制点，通过预防的方法，对加工过程中的关键点进行监视和控制，从而降低危害发生的概率。

HACCP 是以科学为基础，通过系统性地确定具体危害及其控制措施，以保证食品安全性的系统。HACCP 的控制系统着眼于预防而不是依靠终产品的检验来保证食品的安全。

HACCP 体系主要由前提方案和 HACCP 计划构成。前提方案是在组织和整个食品链中为保持食品安全所必需的基本条件和活动，如良好生产规范（GMP）、卫生标准操作程序（SSOP）、应急预案及法律法规要求的其他管理制度等（图 6-1）。

图 6-1　前提方案和 HACCP 的关系

二、HACCP 的起源与发展

（一）创立阶段（1960—1991 年）

20 世纪 60 年代初　美国 Pillsbury 公司应用于航空食品的生产

1971 年　美国 Pillsbury 公司公开提出 HACCP

1974 年　美国 FDA 将 HACCP 原理应用于低酸罐头生产

1985 年　美国科学院 NAS 评价并宣布采用 HACCP

1992 年　美国食品微生物基准咨询委员会采纳了 HACCP 原理

1993 年　FAO/WHO 食品法典委员会批准《HACCP 体系应用准则》

1997 年　FAO/WHO 食品法典委员会颁布《HACCP 体系应用准则》

（二）应用阶段

1. 国际上的应用

美国食品与药物管理局（FDA）于 1999 年 4 月修订了低酸罐头食品法规和酸化食品法规，并首次运用了 HACCP 原理。

美国农业部食品安全检验署（FSIS）1996 年 7 月 25 日，颁布了肉禽产品加工企业“减少致病菌，危害分析和关键控制点体系最终法规”，并于颁布之日生效。

1995 年 12 月，美国 FDA 发布了“水产品 HACCP 法规”，并于 1997 年 12 月 18 日正式施行。

2001 年 1 月 19 日，美国 FDA 颁布了“果蔬汁产品实施 HACCP 的最终法规”。

自 20 世纪 90 年代起，欧共体委员会在食品卫生法令中规定“食品行业应明确保证食品安全的关键步骤，并保证按 HACCP 原则贯彻执行安全操作步骤”。

2. 中国应用情况

2002 年 4 月 19 日国家质量监督检验检疫总局发布第 20 号总局令，规定自 2002 年 5 月 20 日起施行《出口食品生产企业卫生注册登记管理规定》。规定中明确卫生注册需评审 HACCP 体系的产品包括罐头类、水产品类（活品、冰鲜、晾晒、腌制品除外）、肉及肉制品、速冻蔬菜、果蔬汁、含肉或水产品的速冻方便食品。

2011 年 9 月 14 日，国家认监委颁布 2011 年第 23 号公告，自 2011 年 10 月 1 日起施行《出口食品生产企业备案需验证 HACCP 体系的产品目录》，规定罐头类、水产品类（活品、冰鲜、晾晒、腌制品除外）、肉及肉制品类、速冻蔬菜、果蔬汁、含肉或水产品的速冻方便食品、乳及乳制品类 7 类食品出口生产企业备案需验证 HACCP 体系。其他类出口食品生产企业须建立和实施以危害分析和预防控制措施为核心的食品安全卫生控制体系。

国家鼓励食品生产经营企业建立 HACCP 体系。目前我国很多食品生产企业建立了 HACCP 体系，著名的食品生产企业都建立和实施 HACCP 体系。

三、HACCP 原理

（一）基本术语

1. 潜在危害

如不加以预防，将有可能发生的食品安全危害。

2. 显著危害

如不加以控制，将极有可能发生并引起疾病或伤害的潜在危害。

3. 控制措施

能够用于防止或消除食品安全危害或将其降低到可接受水平的行动或活动。

4. 关键控制点（critical control point，CCP）

能够进行控制，并且该控制对防止、消除食品安全危害或将其降低到可接受水平是必需的某一步骤。

（二）HACCP 原理概述

HACCP 的原理有 7 个：原理 1：进行危害分析；原理 2：确定关键控制点（CCP）；原理 3：确定关键限值；原理 4：建立 CCP 的监视体系；原理 5：建立偏离关键限值时采取的纠正措施；原理 6：建立验证程序；原理 7：建立有关上述原理及其在应用中的所有文件和记录控制程序。

制定 HACCP 计划包括 12 个步骤，如图 6-2 所示。危害分析是这些步骤中最核心的部分，危害分析做好了，食品安全危害才能被完全、有效地控制。如果在危害分析过程中，重要的食品安全危害没有被识别，对应的控制措施缺失，这些食品安全危害就继续存在，食品安全就没有保障。

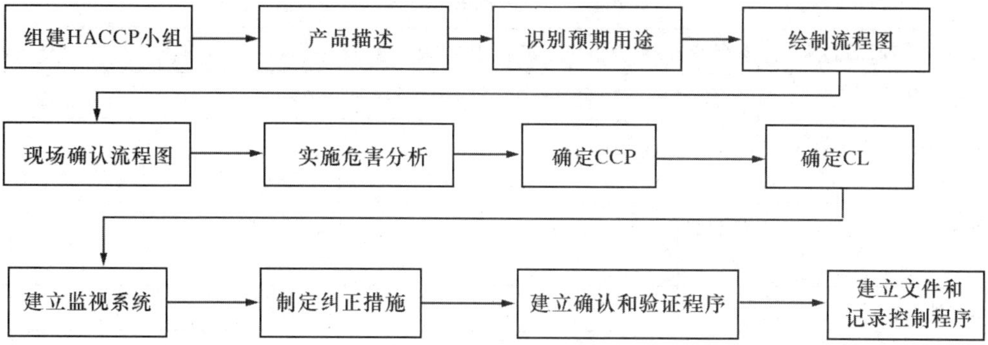

图 6-2 HACCP 应用步骤

任务二 实施危害分析

【任务引入】

广西南宁绿悦食品有限责任公司正在建立 HACCP 体系。公司任命您为 HACCP 小组组长，负责进行蛋糕生产的危害分析，为下一步制订 HACCP 计划做准备。

【任务分析】

危害分析就是识别食品生产过程中各个步骤潜在的食品安全危害，然后根据这些危害发生的可能性和后果的严重性评估其是否属于显著危害，最后制定显著危害的控制措施，也就是能够用于防止或消除显著食品安全危害或将其降低到可接受水平的行动或活动。

【任务实施】

步骤一 成立 HACCP 小组

组建 1 个 5 人的 HACCP 小组，小组人员构成应保证建立有效 HACCP 计划所需的相关专业知识和经验，应包括企业具体管理 HACCP 计划实施的领导，生产工艺技术、设备设施管理、卫生质量控制、产品研发、原辅料采购、销售、仓储及运输部门的人员。技术力量不足的部分小型企业可以外聘专家。

步骤二 描述产品

按照所生产的蛋糕的配方，对所有的配料成分（原料、辅料、食品添加剂和加工助剂）进行特性描述，并分别用表 6-1 记录。终产品特性描述记录在表 6-2 中。

表 6-1 原辅料和包材特性描述

产品名称	
配料成分	
生物、化学和物理的食品安全重要特性	
来源(动物、植物、微生物或矿物)	
原产地	
生产方法	
包装和交付方式	
贮存条件和保质期	
使用前的处理	
接受准则	

表 6-2 终产品特性描述

产品名称	
配料成分	
生物、化学和物理的食品安全重要特性	
贮存条件和保质期	
包装	
与食品安全有关的标识、处理和预期用途的说明	
分销方式	

步骤三 确定产品的预期用途

应考虑终产品的预期用途和合理的预期处理,以及非预期但可能发生的错误处理和误用,并应保持成文信息,其详尽程度应足以进行危害分析。适用时,应识别每种产品的消费/使用群体。应识别对特定食品安全危害易感的消费/使用群体,例如,老人、孕妇、病人、儿童、集体供餐(图 6-3)。

步骤四 绘制流程图

绘制蛋糕的生产工艺流程图。流程图应清晰、准确和足够详尽,为评价可能出现、增加或引入的食品安全危害提供基础。

步骤五 现场确认流程图

由熟悉生产工艺的 HACCP 小组成员对所有操作步骤在操作状态下进行现场核查,确认并证实与所制定流程图是否一致,并在必要时进行修改。

步骤六 实施危害分析

图 6-3　高危人群

1. 危害识别

HACCP 小组应识别加工步骤中所有合理预期发生的食品安全危害。在从原料接收、生产全过程直到最终消费的范围内，针对需要考虑的所有危害，识别其在每个操作步骤中被引入、产生或增加的所有潜在食品安全危害及其原因。

2. 危害评估

HACCP 小组应根据食品安全危害造成不良健康后果的严重性及其发生的可能性，对每种潜在的食品安全危害进行评价。如果这种潜在危害在该步骤有可能发生且后果严重（给消费者带来伤害或疾病），则应确定为显著危害。

3. 制定控制措施

控制措施是能够用于防止或消除食品安全危害或将其降低到可接受水平的行动或活动。HACCP 小组应针对每种显著危害，制定相应的控制措施，并提供证实其有效性的证据（即对每种控制措施进行确认）。控制某一特定危害可以需要采用 1 个以上的控制措施，而某个特定的控制措施也可能用来控制 1 个以上的危害。

将以上危害分析的结果记录在表 6-3 中。

表 6-3　危害分析工作单

<table>
<tr><td colspan="3">公司名称：</td><td colspan="3">产品名称：</td></tr>
<tr><td colspan="3" rowspan="2">公司地址：</td><td colspan="3">贮存和销售方法：</td></tr>
<tr><td colspan="3">预期用途和消费者：</td></tr>
<tr><td>（1）
加工步骤</td><td>（2）
潜在危害</td><td>（3）
该危害在本步骤是否显著</td><td>（4）
第 3 列的判断依据</td><td>（5）
控制措施</td><td>（6）
该步骤是否为 CCP</td></tr>
<tr><td></td><td></td><td></td><td></td><td></td><td></td></tr>
<tr><td></td><td></td><td></td><td></td><td></td><td></td></tr>
<tr><td></td><td></td><td></td><td></td><td></td><td></td></tr>
<tr><td></td><td></td><td></td><td></td><td></td><td></td></tr>
<tr><td></td><td></td><td></td><td></td><td></td><td></td></tr>
<tr><td></td><td></td><td></td><td></td><td></td><td></td></tr>
</table>

步骤七　确定关键控制点

关键控制点是能够进行控制，并且该控制对防止、消除食品安全危害或将其降低到可接受水平所必需的某一步骤。

关键控制点的确定原则是：①该步骤存在显著食品安全危害；②潜在的显著食品安全危害可以在该步骤予以控制；③潜在的显著食品安全危害必须在该步骤予以控制。

根据以上原则，确定蛋糕生产的关键控制点，并记录在表6-3中。

【知识链接】

鲜鲯鳅鱼片生产危害分析

一、实施危害分析的预备步骤

（一）成立HACCP小组

HACCP小组负责制定HACCP计划以及实施和验证HACCP体系。HACCP小组的人员构成应保证建立有效HACCP计划所需的相关专业知识和经验，应包括企业具体管理HACCP计划实施的领导、生产工艺技术、设备设施管理、卫生质量控制、产品研发、原辅料采购、销售、仓储及运输部门的人员。技术力量不足的部分小型企业可以外聘专家。

（二）描述产品，确定产品的预期用途

应在文件中对所有原料、辅料和与产品接触的材料予以描述，其详略程度应足以实施危害分析（表6-4，表6-5，表6-6）。

表6-4　原料特性描述

产品名称	生的野生鲯鳅鱼片
配料成分	野生鲯鳅鱼
生物、化学和物理的食品安全重要特性	新鲜无腐败变质，表面有冰覆盖；组胺≤50 mg/kg，铅≤0.5 mg/kg，镉≤0.1 mg/kg，甲基汞≤0.5 mg/kg，砷≤0.1 mg/kg，铬≤2.0 mg/kg，多氯联苯≤0.5 mg/kg。
来源	海洋天然渔场
原产地	国内水产品加工厂
生产方法	人工解剖、切割
包装和交付方式	空气包装，带冰保存和销售

续表 6-4

贮存条件和保质期	覆盖冰冷藏库保存，保质期 1 年
使用前的处理	无
接受准则	合格供方的产品，货车的运输时间不超过 8 h。装有鲯鳅鱼片的桶或其他容器内覆盖有冰，用冷藏车运输

表 6-5　包材特性描述

产品名称	塑料包装袋
配料成分	聚乙烯
生物、化学和物理的食品安全重要特性	色泽正常，干燥、清洁，无异臭、可见霉斑、不洁物，无肉眼可见异物；总迁移量（mg/dm^2）≤10；高锰酸钾（mg/kg）（60℃水，2 h）≤10；重金属（以 Pb 计，mg/L）≤1；脱色试验：阴性
原产地	国内生产企业
生产方法	吹塑
包装和交付方式	塑料编织袋、纸箱包装，在公司验收、交付
贮存条件	离墙、隔地、密封包装、遮盖；通风干燥环境
使用前的处理	紫外线或臭氧消毒 30 min 以上
接受准则	供方生产许可证和合格证明，包装完整、清洁卫生

表 6-6　终产品特性描述

产品名称	新鲜野生鲯鳅鱼片
配料成分	鲯鳅鱼
生物、化学和物理的食品安全重要特性	新鲜无腐败变质，表面有冰覆盖；组胺≤50 mg/kg，铅≤0.5 mg/kg，镉≤0.1 mg/kg，甲基汞≤0.5 mg/kg，砷≤0.1 mg/kg，铬≤2.0 mg/kg，多氯联苯≤0.5 mg/kg
贮存条件和保质期	冷库冰覆盖贮存，保质期 1 年
包装	塑料袋非真空包装
与食品安全有关的标识、处理和预期用途的说明	鱼是食物过敏原，加热后供一般公众食用
分销方式	带冰冷藏保存和销售

（三）绘制流程图

应绘制 HACCP 体系所覆盖产品或过程类别的流程图。流程图应为评价可能出现、增加或引入的食品安全危害提供基础。

流程图应清晰、准确和足够详尽。适宜时，流程图应包括：

①操作中所有步骤的顺序和相互关系；

②源于外部的过程和分包工作；

③原料、辅料和中间产品投入点；

④返工点和循环点;

⑤终产品、中间产品和副产品放行点及废弃物的排放点。

每个加工步骤的操作要求和工艺参数应在工艺描述中列出。适用时,应提供厂区平面图、车间布置图、工艺流程图、人流图、物流图、水流图、气流图和虫害控制图等。

(四)现场确认流程图

应由熟悉操作工艺的 HACCP 小组成员对所有操作步骤在操作状态下进行现场核查,确认并证实与所制定流程图是否一致,并在必要时进行修改。

图 6-4 是 ABC 水产公司鲜鲯鳅鱼片生产工艺流程图,表 6-7 是 ABC 水产公司鲜鲯鳅鱼片生产工艺流程说明。

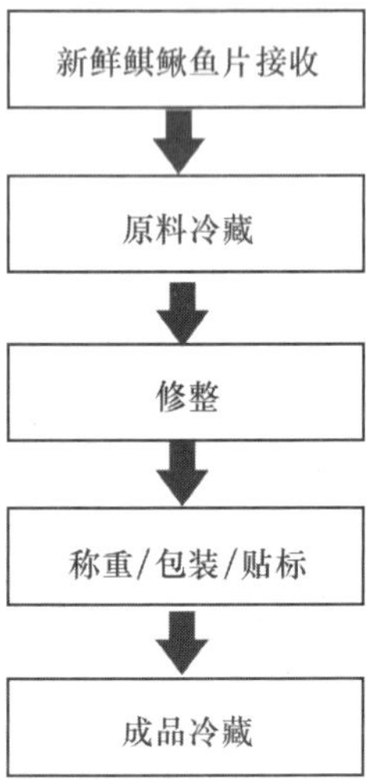

图 6-4 ABC 水产公司鲜鲯鳅鱼片生产工艺流程图

表 6-7 ABC 水产公司鲜鲯鳅鱼片生产工艺流程说明

序号	工序	操作要求
1	新鲜鲯鳅鱼片接收	新鲜的野生鲯鳅鱼片来自几个国内的供应商。货车的运输时间为 2~8 h。装有鲯鳅鱼片的桶或其他容器内覆盖有冰,用冷藏车运输。接收后,必要时将产品再加冰覆盖,转移至冷库贮存
2	冷藏	每片鲯鳅鱼片完全被冰覆盖,使用前贮存在冷库内
3	修整	根据客户订单,将装有鲯鳅鱼片的容器移出冷库进行加工。根据需要手工持刀对鱼片进行修整以符合顾客要求。本步骤及称重/包装/贴标步骤总用时控制在 30 min 内
4	称重/包装/贴标签	根据顾客订单的净重要求称重,包装在容器内,每个容器贴上标签,标签内容包括商品名称等。每个容器完全用冰覆盖,根据订单要求装入外箱。整个修整和本步骤总用时控制在 30 min 内
5	成品贮存	将装有覆盖有冰的鲯鳅鱼容器的成品包装箱放回冷库贮存。发货时直接装入冷藏车

二、危害分析

（一）危害识别

HACCP 小组应识别加工步骤中所有合理预期发生的食品安全危害。识别应基于以下方面：

(1)产品、操作和环境；

(2)消费者或顾客和法律法规对产品及原辅料、食品包装材料的安全卫生要求；

(3)产品食用、使用安全的监控和评价结果；

(4)不安全产品处置、纠偏、召回和应急预案的状况；

(5)历史上和当前的流行病学、动植物疫情或疾病统计数据和食品安全事故案例；

(6)科技文献,包括相关类别产品的危害控制指南；

(7)危害识别范围内的其他步骤对产品产生的影响；

(8)人为破坏和蓄意污染等情况；

(9)经验。

在从原料生产直到最终消费的范围内,针对需要考虑的所有危害,识别其在每个操作步骤中被引入、产生或增加的所有潜在食品安全危害及其原因。

（二）危害评估

HACCP 小组应根据食品安全危害造成不良健康后果的严重性及其发生的可能性,对每种潜在的食品安全危害进行评价。如果这种潜在危害在该步骤有可能发生且后果严重(给消费者带来伤害或疾病),则应确定为显著危害。

应记录食品安全危害评估的结果。

危害评价可采用风险评价的方法。例如,可采用矩阵图的方法对危害进行评价；也可以通过危害发生可能性与严重性之间的函数关系评价危害。以下是一种推荐的矩阵图方法对危害进行的评价和分类。

1. 评估危害的可能性

该危害发生的概率多大?

(1)频繁——经常发生,消费者持续接触或食用。

(2)经常——发生几次,消费者经常接触或食用。

(3)偶尔——将会发生,零星发生。

(4)很少——可能发生,很少发生在消费者身上。如其他地方发生过,但本地未发生过。

(5)不可能——极少发生在消费者身上。即理论上有可能,但从未发生过。

通常组织可以根据统计调查的结果,确定“频繁”“经常”“偶尔”“很少”和“不可能”。例如,将 50%的发生概率确定为“频繁”,将 15%～50%的发生概率确定“经常”,将 5%～15%的发生概率确定为“偶尔”,将 1%～5%的发生概率确定为“很少”,将 1%以下的发生概率确定为“不可能”。

2. 评估危害严重性

如危害的确发生，评价它将产生后果的严重性。

(1)灾难性——导致消费者死亡，如布鲁氏杆菌、肉毒梭菌神经毒素、鼠伤寒沙门氏菌、单增李斯特氏菌、O157:H7 大肠埃希氏菌、霍乱弧菌、创伤弧菌、麻痹性贝类毒素、健忘性贝类毒素所导致的疾病。

(2)严重——导致消费者严重疾病，如空肠弯曲杆菌属、沙门氏菌属、志贺氏菌属、小肠结肠炎耶尔森菌、甲肝病毒、真菌毒素、西加鱼毒素所导致的疾病。

(3)中度——导致消费者轻微性疾病，如蜡样芽孢杆菌属、产气荚膜梭菌、金黄色葡萄球菌、诺瓦克病毒、寄生虫、组胺、重金属所导致的疾病。

(4)可忽略——食品污染导致较少轻微性疾病。

3. 绘制风险评估表

根据识别的危害，对每个危害进行评估。可采用表 6-8 对已识别的危害进行风险分类，也可以按表 6-9 对危害进行分级。

表 6-8 风险评估表

<table>
<tr><td colspan="3" rowspan="3"></td><td colspan="5">可能性</td></tr>
<tr><td>频繁</td><td>经常</td><td>偶尔</td><td>很少</td><td>不可能</td></tr>
<tr><td>A</td><td>B</td><td>C</td><td>D</td><td>E</td></tr>
<tr><td rowspan="4">严重性</td><td>灾难性</td><td>Ⅰ</td><td colspan="2">极高风险</td><td colspan="2">高风险</td><td>中等风险</td></tr>
<tr><td>严重</td><td>Ⅱ</td><td>极高风险</td><td colspan="2">高风险</td><td>中等风险</td><td>低风险</td></tr>
<tr><td>中度</td><td>Ⅲ</td><td>高风险</td><td colspan="2">中等风险</td><td colspan="2">低风险</td></tr>
<tr><td>可忽略</td><td>Ⅳ</td><td>中等风险</td><td colspan="4">低风险</td></tr>
<tr><td colspan="3"></td><td colspan="5">风险等级</td></tr>
</table>

表 6-9 风险分级表

<table>
<tr><td colspan="3" rowspan="3"></td><td colspan="5">可能性</td></tr>
<tr><td>频繁</td><td>经常</td><td>偶尔</td><td>很少</td><td>不可能</td></tr>
<tr><td>A</td><td>B</td><td>C</td><td>D</td><td>E</td></tr>
<tr><td rowspan="4">严重性</td><td>灾难性</td><td>Ⅰ</td><td>1</td><td>2</td><td>6</td><td>8</td><td>12</td></tr>
<tr><td>严重</td><td>Ⅱ</td><td>3</td><td>4</td><td>7</td><td>11</td><td>15</td></tr>
<tr><td>中度</td><td>Ⅲ</td><td>5</td><td>9</td><td>10</td><td>14</td><td>16</td></tr>
<tr><td>可忽略</td><td>Ⅳ</td><td>13</td><td>17</td><td>18</td><td>19</td><td>20</td></tr>
<tr><td colspan="3"></td><td colspan="5">风险等级</td></tr>
</table>

组织根据其确定的可接受水平，结合制订的食品安全方针和目标，确定在何种级别的食品安全危害必须由组织进行控制。例如，有的组织可将确定为 20 级的食品安全危害也要进行控制，有的组织则根据资源的提供能力和食品安全危害所能够达到的基本目标，在满足法律法规要求的前提下，可以不需控制已经满足可接受水平的食品安全危害。

（三）控制措施的制定

控制措施是能够用于防止或消除食品安全危害或将其降低到可接受水平的行动或活动。HACCP小组应针对每种显著危害，制定相应的控制措施，并提供证实其有效性的证据（即对每种控制措施进行确认）。控制某一特定危害可以需要采用1个以上的控制措施，而某一个特定的控制措施也可能用来控制1个以上的危害。

1. 对致病菌的控制措施

（1）时间/温度控制：控制适当的冷藏和存储时间，最大程度降低或阻止细菌性病原体生长。

（2）通过加热和蒸煮消除（杀死）细菌性病原体。

（3）冷冻阻止细菌性病原体生长。

（4）通过发酵和/或控制pH，确保食物的酸性从而阻止细菌性病原体生长。

（5）添加盐或其他防腐剂可以阻止细菌性病原体的生长。

（6）通过干燥确保食物中蒸发出足够的水分从而阻止细菌性病原体生长。

（7）进行源头控制或者从满足要求的来源购买原料，将细菌性病原体的风险降低到可接受水平。

2. 对致病病毒的控制措施

（1）通过设计的蒸煮方法消除（破坏）病毒。

（2）进行源头控制或者从满足要求的来源购买原料，将病毒的风险降低到可接受水平。

3. 对寄生虫的控制措施

（1）在适当的温度、适宜的时间下进行蒸煮，消除（杀死）寄生虫。

（2）在适当的温度、适宜的时间下进行冷冻，消除（杀死）寄生虫。

4. 对于化学危害的控制措施

（1）进行源头控制，以降低从存在化学危害的区域采购原材料，比如含量水平可导致消费者患病或受伤害的环境污染物或者天然毒素，如西加毒素。

（2）通过控制时间/温度来控制有毒有害物质（如组胺、苯并[a]芘）的形成。

（3）生产控制以确保任何食品添加剂的适量使用。

（4）通过标签控制，确保消费者了解产品中存在已知的过敏原，如亚硫酸盐。

5. 对于物理危害的控制措施

（1）源头控制，降低由卖主提供的产品存在物理危害（如金属或玻璃）的风险。

（2）生产控制，如使用磁铁、金属探测器、筛网或者其他设备，防止含有金属或其他物理危害的成品进入市场。

针对人为的破坏或蓄意污染等造成的显著危害，应建立食品防护计划作为控制措施。

三、确定关键控制点

（一）关键控制点的位置

关键控制点是能够进行控制，并且该控制是对防止、消除显著食品安全危害或将其降低到可接受水平所必需的某一步骤。

关键控制点的确定原则是：①该步骤存在显著食品安全危害；②潜在的显著食品安全危害可以在该步骤予以控制；③潜在的显著食品安全危害必须在该步骤予以控制。

在某些情况下，在某一特定步骤应当采取控制措施，但这一步骤可能不是控制危害的最佳步骤。在这种情况下，工艺流程中后序的某一加工步骤可能是控制危害的最佳步骤。例如，当生产一种蒸煮产品时，在接收步骤首先可以确定病原体生长的危害。这一危害可以在任何能够对该危害进行控制的加工步骤上进行控制。然而，控制这一危害最佳步骤是蒸煮环节，在此步骤中该危害可以被消除。蒸煮步骤对该危害来说便是关键控制点。

对于同一个危害可能有不同的控制选择。例如，可以在不同的加工步骤控制金属危害，如：接收时，成分来源不得含有金属碎片；过筛时，使用筛网去除所有的金属碎片；金属检测时，使用探测器找出被金属碎片污染的成品。这些加工步骤中，只有一个是控制该危害的最佳关键控制点。

（二）关键控制点示例

1. 用于预防危害的关键控制点示例

(1)严格遵守良好操作规范，防止食品被污染物污染。

(2)预防在某些特定鱼种中形成组胺，可以在所有步骤中通过正确使用冰、冷藏或者控制非冷藏时间的方法以防止产品长时间暴露于温度高于4.4℃的环境中。

(3)在车间门口安装挡鼠板，防止老鼠进入车间。

2. 用以消除危害的关键控制点的示例

(1)在蒸煮步骤，通过控制蒸煮时间和温度，消除(杀死)病原体。

(2)在金属探测步骤，可消除成品中可能存在的金属碎片，因为任何含有金属碎片的产品都将会从生产线上移除。

(3)在冷冻步骤，通过控制冷库温度及产品在此温度下的冷冻时间来消除(杀死)寄生虫。

3. 用以将危害降低到可接受水平的关键控制点的示例

(1)通过清洗、超滤、离心，将病原体降低到可接受水平。

(2)通过色选剔除霉变大米或花生米，将大米或花生的霉菌毒素含量降低到可接受的水平。

(3)病原体生长的可能性可以在储存步骤中通过控制冷库的温度或使用足够的冰，使其降低到可接受的水平。

(三)多个关键控制点和多种危害

可以用一个关键控制点来控制多个危害。例如,活牡蛎或者蛤蜊的接收步骤就是一个关键控制点控制多个危害的示例。这种产品中与来源相关的危害,例如,捕获场所的致病菌、天然毒素和化学污染物,可以通过确保贝类原料来自许可的来源以及被正确标记的方式标记,在接收步骤进行控制。

在某些情况下,需要多个关键控制点来控制一个显著危害。例如,接收和储藏都是控制组胺危害的关键控制点。这是因为如果时间和温度控制不当,某些鱼在任何时候都能够形成组胺。任何可能出现时间/温度控制不当的加工步理都必须作为关键控制点。

(四)关键控制点具有产品特异性和加工工艺特异性

对于一种产品在某一条生产线上确认的关键控制点可能与相同产品在其他生产线上的不同。这是因为危害和对加工过程中危害的控制受以下影响:工厂或生产线的布局、成品的配方、工艺流程或者加工步骤的顺序、使用的加工设备、卫生状况和其他支持性计划,以及其他可能用到的配料。

表 6-10 是 ABC 水产公司鲜鲯鳅鱼片的危害分析工作单。

表 6-10　危害分析工作单

<table>
<tr><td colspan="3">公司名称:ABC 水产公司</td><td colspan="3">产品名称:鲜鲯鳅鱼片</td></tr>
<tr><td colspan="3" rowspan="2">公司地址:北海市铁山港区海滨路68号</td><td colspan="3">贮存和销售方法:冰鲜贮存和销售</td></tr>
<tr><td colspan="3">预期用途和消费者:煮熟后供一般大众食用</td></tr>
<tr><td>(1)
加工步骤</td><td>(2)
潜在危害</td><td>(3)
该危害在本步骤是否显著</td><td>(4)
第 3 列的判断依据</td><td>(5)
控制措施</td><td>(6)
该步骤是否为 CCP</td></tr>
<tr><td rowspan="7">接收新鲜原料鱼片</td><td>B:病原体污染</td><td>否</td><td>产品在食用前会经过彻底的蒸煮</td><td></td><td></td></tr>
<tr><td>B:病原体生长</td><td>否</td><td>产品在食用前会经过彻底的蒸煮</td><td></td><td></td></tr>
<tr><td>C:组胺</td><td>是</td><td>运输过程中时间/温度控制不当会导致组胺的形成</td><td>用覆盖冰的容器运输鲯鳅鱼片</td><td>是</td></tr>
<tr><td>C:食物过敏原</td><td>是</td><td>鱼是一种食物过敏原</td><td>在称重/包装/贴标步骤用鱼片商品名标识产品</td><td>否</td></tr>
<tr><td>C:环境化学污染物</td><td>否</td><td>野生鲯鳅鱼捕捞自远离人类活动的无污染海域</td><td></td><td></td></tr>
<tr><td>C:水产养殖药物</td><td>否</td><td>野生鲯鳅鱼不使用养殖药物</td><td></td><td></td></tr>
<tr><td>P:金属污染</td><td>否</td><td>本步骤不可能发生</td><td></td><td></td></tr>
</table>

续表 6-10

公司名称:ABC 水产公司			产品名称:鲜鲯鳅鱼片		
公司地址:北海市铁山港区海滨路 68 号			贮存和销售方法:冰鲜贮存和销售		
			预期用途和消费者:煮熟后供一般大众食用		
原料冷藏	B:病原体生长	否	产品在食用前会经过彻底的蒸煮		
	C:组胺	是	贮存过程中时间/温度控制不当会导致组胺的形成	鲯鳅鱼片加冰覆盖贮存于冷库内	是
	C:食物过敏原	是	鱼是一种食物过敏原	在称重/包装/贴标步骤用鱼片商品名标识产品	否
	P:无	否	本步骤不可能发生		
修整	B:病原体污染	否	可通过 SSOP 控制		
	C:组胺	否	本步骤及称重/包装/贴标步骤总用时控制在 30 min 内,产品不会产品组胺		
	C:食物过敏原	是	鱼是一种食物过敏原	在称重/包装/贴标步骤用鱼片商品名标识产品	否
	P:无	否	割鱼刀不可能产生金属碎片并无人产品		
称重/包装/贴标	B:病原体污染	否	可通过 SSOP 控制		
	C:组胺	否	修整和本步骤总用时控制在 30 min 内,产品不会产品组胺		
	C:食物过敏原	是	鱼是一种食物过敏原	本步骤用鱼片商品名标识产品	是
	P:无	否	本步骤不可能发生		
成品冷藏	B:病原体生长	否	产品在食用前会经过彻底的蒸煮		
	C:组胺	是	贮存过程中时间/温度控制不当会导致组胺的形成	成品鲯鳅鱼片加冰覆盖贮存于冷库内	是
	P:无	否	本步骤不可能发生		

注:B—生物性危害,C—化学性危害,P—物理性危害。

任务三　制订 HACCP 计划

【任务引入】

广西南宁绿悦食品有限责任公司正在建立 HACCP 体系，HACCP 小组已经完成了糕点生产的危害分析，现在请您接着制订糕点生产的 HACCP 计划。

【任务分析】

HACCP 计划的内容和形式如表 6-11 所示。制订 HACCP 计划，就是将危害分析确定的关键控制点及其所控制的显著食品安全危害填入表 6-11 中，然后针对每个关键控制点确定关键限值、建立监视系统、制定纠正关键限值偏离时采取的纠正、建立验证程序，以及建立文件和记录控制程序。

表 6-11　HACCP 计划表

公司名称：									
关键控制点 CCP	显著危害	关键限值 CL	监控				纠正	验证	记录
			对象	方法	频率	人员			

【任务实施】

步骤一　确定关键限值

关键限值是区分可接受和不可接受的判定值。它是一个生物的、化学的或物理的参数的最大和/或最小值，在关键控制点用来预防、消除或减少食品安全危害至可接受水平，确保终产品的安全危害不超过已知的可接受水平。

对每个关键控制点，必须规定关键限值，如有可能，应予以确认。1 个 CCP 可以有 1 个或 1 个以上的关键限值。

关键限值通常采用的指标包括对温度、时间、湿度、pH、A_w、有效氯的测量以及感官参数（如外观和组织形态）等。

步骤二　建立 CCP 的监视系统

应对每个关键控制点建立监视系统，以证实关键控制点处于受控状态。该系统应包括所有针对关键限值的有计划的测量或观察，包括监视对象、方法、频率和人员。

步骤三　制定关键限值偏离时采取的纠正

应对每一个关键控制点都应预先制定相应的纠正，以便在出现偏离时实施，确保潜在不安全产品不被放行、查明不合格的原因、CCP的控制参数在关键限值并防止再次发生。

在评估受影响产品时，可进行生物、化学或物理特性的测量或检验，若核查结果表明危害处于可接受水平内，可放行产品至后续操作；否则，应采取返工、降级、改变用途、废弃等处理方法。

步骤四　建立验证程序

验证是通过提供客观证据对规定要求已得到满足的认定。验证在活动后进行，以提供合格认定的信息。

CCP的验证主要包括监控设备的校准、校准记录的复查、对性的采样检测和CCP记录的复查。

将步骤一至步骤四的结果记录在表6-11中。

【知识链接】

鲜鲯鳅鱼片HACCP计划的制订

HACCP体系的核心旨在针对关键控制点（CCPs）实施控制，而CCP的控制则通过HACCP计划来实现。HACCP计划是根据HACCP原理所制定的，以确保食品链各环节中对食品安全有显著影响的危害得以控制的文件。

一、确定关键限值

1. 建立关键限值的信息来源

关键限值的确定应以科学为依据，可来源于科学刊物（杂志文章、食品教科书和参考书）、法规性指南（国际、国家、地方指南）、专家（杀菌权威、顾问，食品科学家/微生物学家，设备制造商，公共卫生学家）、试验研究（室内试验、对比试验）等。

2. 关键限值的选择

关键限值通常采用的指标包括对温度、时间、湿度、pH、A_w、有效氯的测量以及感官参数（如外观和组织形态）等。

关键限值的建立应确保终产品的安全危害不超过已知的可接受水平。

当所建立的关键限值不能直接反映终产品的可接受水平时，可以通过确认证实监视参数与可接受水平之间的关系。例如，微生物的指标可以反映终产品的可接受水平，但由于其难以监视，所以，通常采用杀菌的温度和时间或流速作为监视参数——关键限值。

基于主观信息（如对产品、加工过程、处置的视觉检验等）的关键限值，应有指导书、规范和（或）教育及培训的支持。例如，屠宰过程的现场检疫人员必须取得国家颁发的动检资格证书。

加工者有多种选择来控制一种特定危害。每个控制选择通常要求应用不同的关键限值。选择最好的控制方式和最好的关键限值通常是来自实践和经验。以下示例描述了为了消除油炸鱼饼中的细菌性病原体，在油炸（加热）关键控制点上对于有效的控制措施和关键限值的 3 种不同的选择（表 6-12）。

表 6-12　鱼饼的 3 个关键限值

	选择 1	选择 2	选择 3
产品	鱼饼	鱼饼	鱼饼
危害	加热后病原体的残存	加热后病原体的残存	加热后病原体的残存
CCP	油炸	油炸	油炸
关键限值	不得检出病原体	最低中心温度 74℃，至少 36 s	最低油温 177℃ 最大鱼饼厚度 19 mm 最少油炸时间 2 min

选择 1 通常不是最佳选择。将关键限值设为“检测不到病原体”是不大可行的。这类关键限值很难监控，而且通过试验确定关键限值的偏离可能需要几天时间。关键限值必须允许能够及时监控。取样和检测通常更适合作为验证步骤。

选择 2 使用产品中心温度和到达温度的时间作为关键限值。这个关键限值的选择比成品中病原体的检测更具有可操作性。由于不容易监控到所有被加热产品的中心温度和时间，而且在加热中的热传导率会因为很多原因发生改变。因此，难以测量是否所有的产品都符合满足这个限值。

连续监控食品生产过程中的中心温度来保证符合关键限值是不实际的。作为替代，像选择 3 中的关键限值，可以建立保证加热过程达到最低中心温度和时间的必要条件。在这个选择中，油的温度、鱼饼厚度以及鱼饼在热油中煎炸的时间都是影响最终鱼饼温度的因素。这些因素都很容易监控而且测量可以快速完成以判断是否符合关键限值。必须有科学研究（确认）来确保控制这些因素总是能保证达到能杀灭所关注的病原体的中心温度。一般情况下，这个选择比前 2 种更好一些，尽管包含了更多的关键限值。

3. 操作限值和关键限值

在实际应用中，为避免关键限值经常超出而采取纠正措施，或产生不安全产品，通常引入操作限值（OL 值）的概念。当超出关键限值时，产品必须被视为潜在不安全。当超出操作限值，而未超出关键限值时，组织可以通过加工调整使生产恢复受控。

选择操作限值的原因包括：①质量原因（例如，更高的温度能够提高风味或者控制导致腐败的有机物）；②避免偏离关键限值，加工者通常建立一个比关键限值更为严格的操作限值。例如，加工者建立一个加热温度高于 HACCP 关键限值的操作限值。如果监控显示温度低于操作限值，加工者有时间采取加工调整以避免偏离关键限值；③考虑到正常的变化幅度（例如，有 3℃变化幅度的油炸锅，应该设置高于关键限值至少 3℃，避免偏离关键限值）。

在这个示例中的加热过程，操作限值设定为 93℃，而关键限值设定为 88℃。有时候温度在这2个限值的5℃范围内，明智的加工者会通过加工调整使加热温度重回93℃以上。因为调整是在低于关键限值88℃之前完成的，因此不需要纠偏行动记录。然而，直到温度低于关键限值，如果一直没调整，则必须采取适当的纠偏行动，并且纠偏行动记录应存档在HACCP记录文件中。

当必须采取纠偏行动时，加工者必须确定和隔离出受影响的批次。如果批次生产量太大，尽管只有少量产品没符合关键限值，大量的产品需要隔离和纠偏。批次大小也关系到有效的追溯和召回。通过编码把产品分成小批量意味着当偏离关键限值时，只涉及较少的产品。因此，加工者经常更换批次代码，并且将监控频率和代码更换的频率相匹配。

4. 关键限值示例

表6-13是一些关键限值的例子。

表6-13 关键限值的示例

产品	显著危害	CCP	关键限值
熟蟹肉	加热后病原体残存	加热器	中心温度≥71℃、≥1.5 min消除加热蟹中的病原体(如单增李斯特氏菌)
鱼干	病原体的生长	干燥炉	干燥工艺规程——干燥炉温度≥93℃，时间≥120 min，风速≥0.5 m^3/min，产品厚度≤5 cm(水活度≤0.85以控制干燥食品中的病原体)
酸化食品	病原体的生长	酸化	批次工艺规程——产品重量≤45 kg，浸泡时间≥8 h，醋酸浓度≥3.5%，体积≤0.2 m^3(达到最高pH 4.6以控制腌制食品中的肉毒梭菌)
养殖虾	水产养殖用药	原料接收(养殖场)	供应商书面证明(显示正确用药)
牡蛎(活)	天然毒素	原料接收(捕捞者)	所有捕获贝类标记捕捞日期、地点、贝类种类和数量、捕捞船只名称和注册号；且所有捕获贝类来自政府监管机构批准的水域；且所有捕获的贝类来自经过许可的捕获者
生金枪鱼	组胺	储存	鱼体完全被碎冰包裹
裹粉鱼	金黄色葡萄球菌的生长和毒素的形成	裹糊	面糊在10℃下，累计不超过12 h；或者在21℃以下，累计不超过3 h
速冻玉米	金属异物	金属探测(包装后)	产品中没有可检测到的金属碎片
真空包装的热熏鱼	肉毒梭菌毒素的形成	热熏	鱼中心温度≥63℃，至少30 min
即食海鲜沙拉	病原体的生长	冷藏	冷库温度不超过4.4℃
花生包子	花生(食物过敏原)	贴标签	所有的成品包装标签配料表上标明了花生

二、关键控制点的监控

应对每个关键控制点建立监视系统，以证实关键控制点处于受控状态。该系统应包括所有针对关键限值的有计划的测量或观察。

监视系统应由相关程序、指导书和记录构成。包括以下内容：

1. 监控内容

通常通过观察和测量来评估一个 CCP 的操作是否在关键限值内。

监控内容可以包括测量产品或者工序的特性，来确定在 CCP 的关键限值是否得到满足。例如，当冷库温度是关键限值一部分时，可测量冷藏的温度；当 pH 是关键限值一部分时，可测量酸性配料的 pH；当加热时间和加热温度是关键限值一部分时，可测量生产线速度和加热器的温度。

监控也可以包括通过观察来确定在 CCP 的关键限值是否得到满足。例如，当许可来源是关键限值的一部分时，查看原料随附的卖方证明；当足够的冰是关键限值一部分时，检查鱼是否被冰覆盖；当认可来源是关键限值的一部分时，查看捕捞区域是否列在软体贝类容器的标签中。

2. 监控方法

设计的监控措施必须能够快速提供结果。物理和化学检测能够比微生物检测更快地进行，是很好的监控方法。常用的物理、化学监测指标包括时间和温度组合（常用来监控杀死或控制病原体生长的有效程度）、水分活度（A_w）（可通过限制水分活度来控制病原体的生长）。因此可以收集样品检测其水分活度、酸度或 pH（一定的 pH 水平可限制病原体的生长）、感官检验。

监控设备可包括温湿度计、钟表、天平、pH 计、水分活度计、化学分析设备等。

3. 监控频率

监控可以是连续的或非连续的，如有可能，应采取连续监控。连续监控对许多物理或化学参数都是可行的。如果监测不是连续进行的，那么监测的频率应确保关键控制点是在控制之下，能够及时识别是否超出关键限值，以便在产品使用或消费前对产品进行隔离。

影响监控频率的因素包括：

(1)加工过程稳定性：如果监控数据存在较大差异，那监控的频率应增加。

(2)操作限值与关键限值的差异大小：如果二者很接近，那监控频率应增加。

(3)超过关键限值后受影响的产品数量和价值的大小：如果生产能力大，或产品价值高，那监控频率就应增加，以减少损失风险。

表 6-14 为监控系统示例。

4. 监控人员

可以进行 CCP 监控的人员包括：流水线上的人员、设备操作者、监督员、维修人员、质量保证人员等。负责监控CCP的人员必须接受有关CCP监控技术的培训,完全理解CCP监控的重要性,能及时进行监控活动,准确报告每次监控工作,随时报告违反关键限值的情况以便及时采取纠偏活动。

表6-14 监控系统示例

CCP	关键限值	监控什么	怎样监控	监控频率	监控人员
加热	≥100℃,≥3 min	加热器温度和时间	肉眼观察时钟和温度计	每批连续肉眼检查	操作者
鲜鱼冷藏	所有的鱼完全被冰覆盖	充足的冰	肉眼观察	每天2次	冷库管理员
酸化	pH<4.6	pH	用pH计测量	每批	QC
贴标签	产品标签配料表标明了花生	成品标签	肉眼观察	每批次的代表性样品	包装负责人

三、制定关键限值偏离时的纠正和纠正措施

应对每一个关键控制点都应预先建立相应的纠正措施,以便在出现偏离时实施。

纠正应包括:①实施纠正和负责受影响产品放行的人员;②确定并纠正引起偏离的原因;③受影响产品的隔离、评估和处理。

在评估受影响产品时,可进行生物、化学或物理特性的测量或检验,若核查结果表明危害处于可接受水平内,可放行产品至后续操作;否则,应采取返工、降级、改变用途、废弃等处理方法。

当使用检验方法评估时,应着重考虑的内容包括:必须采取有效的取样计划,相关的病原体或者是化学物质必须准确地识别出来,并且必须使用被批准/认可的检测方法。如果产品是经检测而被放行,那么取样方法是相当重要的。使用一种错误的取样方案可能会导致错误地接受不符合要求的产品。必须理解取样计划的局限性。出于谨慎起见,可以咨询专家。

纠正人员应熟悉产品、HACCP计划,经过适当培训并经授权。

当某个关键限值的监视结果反复发生偏离或偏离原因涉及相应控制措施的控制能力时,HACCP小组应重新评估相关控制措施的有效性和适宜性,必要时进行更新。

受影响产品评估示例:制作一种裹糊水产品的加工者已经确定裹糊的步骤是一个对于金黄色葡萄球菌毒素危害的CCP。关键限值是:裹糊温度不得高于10℃。如果监控显示裹糊温度是18℃,那么关键限值得不到满足并且必须采取纠正。为了帮助评估产品的安全性,《美国FDA水产品危害指南》中表#A-2可用于确定毒素是否已经产生。这个表显示对于毒素的产生,温度在10～21℃的累积暴露时间不得超过12 h。监控记录显示,在10～21℃的暴露时间少于4 h。因此,相关裹糊产品未暴露在允许毒素产生并且导致食品安全危害的条件下。

四、建立确认和验证程序

确认是获取证据证实控制措施(或控制措施的组合)能够有效控制显著食品安全危害的步骤。确认在活动实施前进行,并提供关于交付预期结果的能力的信息。因此,制定的HACCP计划在用于生产实际前,需要进行确认,以证实HACCP计划安排的控制措施可以有效地控制潜在的显著食品安全危害。

验证是通过提供客观证据对规定要求已得到满足的认定。验证在活动后进行,并提供合格认定的信息。

1. 确认HACCP要素的有效性

确认是获取证据以证实由HACCP计划安排的控制措施有效。确认在策划后、实施前和变化后进行,确认可以是初始确认、有计划的周期性确认或由特殊事件引发的确认。

确认方法包括但不限于以下几项:

• 预期应用的条件与所参考的确认中识别的条件相一致,参考他人已完成的确认记录或经验知识;

• 用试验模拟过程条件,可要求在试验工厂中按比例调整实验室内的试验,以确保该试验能正确反映加工参数和条件;

• 收集正常操作条件下生物、化学和物理危害的数据,如可通过中间品和(或)成品抽样和检验进行,该抽样和检验基于统计抽样计划和确认的试验方法;

• 统计学设计的调查,如消费者储存易腐食品的习惯;

• 数学模型。

表6-15是关键限值确认的例子。

表6-15 关键限值确认示例

产品	CCP	危害	关键限值	确认
即食去皮和去肠线虾	加热煮制	致病菌残存	100℃ 3 min(中心温度74℃ 40 s)	2010年4月19日对公司连续蒸汽加热设备加工的"即食去皮和去肠线虾产品"的热力穿透测试已经完成,这次测试通过可移动的数据记录装置和12个热电偶进行。 测试数据基于对不同规格的6只虾在加热设备中以100℃加热3 min的中心温度,规格分别为大规格(每千克125～180只)、中规格(每千克181～320只)和小规格(每千克321～600只)。 大规格的虾中心温度超过74℃,中规格超过76℃,小规格超过82℃。在测试中产品中心温度显示已超过公司HACCP计划中设定的74℃ 40 s的关键限值。 实验表明在100℃加热3 min的过程中,产品中心温度可以保持74℃ 40 s以上。这个温度等效于杀灭单增李斯特氏菌的6 *D*操作

续表 6-15

产品	CCP	危害	关键限值	确认
腐竹	大豆验收	重金属、黄曲霉毒素	铅≤1.0 mg/kg；总砷≤0.5 mg/kg；黄曲霉毒素 B_1≤5 μg/kg	1)大豆原料安全指标：霉变粒≤2.0%，黄曲霉毒素 B_1≤5 μg/kg，无机砷（以 As 计）≤0.2 mg/kg，铅（Pb）≤0.2 mg/kg，汞（Hg）≤0.02 mg/kg。 2)终产品中黄曲霉毒素来源于大豆原料和腐竹本身霉变，在控制腐竹水分含量小于 11%的情况，只要控制原料大豆的黄曲霉毒素 B_1≤5 μg/kg，就可以确保腐竹产品黄曲霉毒素 B_1≤5 μg/kg。 3)终产品腐竹的重金属来源于大豆、加工用水和加工器具表面。饮用水卫生指标中重金属指标为：铅≤0.01 mg/kg，砷≤0.01 mg/kg。因此，只要保证加工用器具符合卫生规范要求，加工用水符合 GB 5749—2006 要求，大豆符合 GB 1352—2009 要求，终产品的重金属指标就符合要求

2. CCP 的验证

（1）监控设备的校准　对监控设备进行日常校正和周期性地校准或检定，以确保采取的测量方法的准确度。

（2）校准记录的复查　复查设备的校准日期、校准方法，以及校准结果。

（3）针对性地采样检测　工厂在验证购进的产品没有超过食品安全规范使用食品添加剂时，在收货步骤采用首次进货和每季度取虾的样品在化验室进行亚硫酸盐物质的分析。

定期性取样和检测烟熏水产品中水相的盐浓度来验证盐渍加工达到了需要的盐度。

对捕捞船上的鱼，定期性取样和组胺检测来验证加工者关键限值中的在船上的处理和取样步骤中的因素没有达到导致组胺形成的条件。

对蒸煮产品，定期性取样和微生物检测来验证蒸煮加工足以杀死病原体。

（4）CCP 记录的复查　美国 FDA 法规要求所有的监控和纠偏行动记录在完成后的 1 周内由经过培训的人进行复查。这种复查属于一种验证活动。这些记录都是有用的管理工具，它们提供了书面的关于 CCP 正在建立的安全参数范围内运行以及用安全、合适的方式处理了发生的偏差的文字资料。然而，单独的记录是毫无意义的，除非有监管能力的人员定期地复查它们，才能“验证”关键限值得到满足和确保 HACCP 计划得以执行。

3. HACCP 体系的验证

验证的频率应足以确认 HACCP 体系在有效运行，每年至少进行 1 次或在系统发生故障时、产品原材料或加工过程发生显著改变时或发现了新的危害时进行。

HACCP 体系的验证活动包括：

（1）检查产品描述和工艺流程图的准确性；

（2）检查与关键限值或其他 HACCP 原理相关的新指南或科学信息；

(3)检查 CCP 是否按 HACCP 计划的要求被监控；

(4)工艺过程是否在既定的关键限值内操作；

(5)当监控表明发生了偏离关键限制的情况时，是否执行了纠偏行动；

(6)设备是否按照 HACCP 计划中规定的频率进行了校准；

(7)检查记录是否准确和是否按照要求的时间来完成；

(8)复查卫生记录和其他支持 HACCP 体系的程序；

(9)复查和食品安全相关的消费者和客户投诉；

(10)成品检验；

(11)第三方审核；

(12)监管机构验证。

五、建立记录保持程序

一般来讲，HACCP 体系须保存的记录应包括：

1. HACCP 计划和支持性文件

(1)HACCP 计划　书面的 HACCP 计划是一份准确描述如何控制所有的食品安全显著危害的记录。HACCP 计划是一份正式文件，必须包括公司名称、地址、计划涉及的产品，及它们储存方式、包装、分销和预期用途。HACCP 计划也必须由高层人员或负责人员签名并注明日期，以证明其已由工厂接受。

(2)支持性文件　前提计划、产品描述、经确认的生产工艺流程、危害分析工作单、HACCP 要素确认结果等。

2. CCP 的监控记录

包括企业名称和地址、产品名称、加工日期、操作步骤、CCP、显著危害、关键限值(操作限值)、控制措施、监控方法、监控频率、实际测量或观察结果，监控人员签名和监控日期、监控记录审核签名和日期等。

3. 纠偏措施记录

包括企业名称和地址、产品名称、加工日期、偏离的描述和原因、采取的纠偏措施及结果、受影响产品的批次和隔离位置、受影响产品的评估方法和结果、受影响产品的最终处置、纠偏人员签名和纠偏日期、纠偏记录审核签名和日期等。

4. 验证活动记录

包括监控设备的校正和校准记录、记录复查记录(日期和签名)、抽样检验结果、第三方审核和检验结果。

表 6-16 为 HACCP 计划表示例。

表 6-16　ABC 水产公司鲜鲯鳅鱼片生产 HACCP 计划表

公司名称：ABC 水产公司									
关键控制点 CCP	显著危害	关键限值 CL	监控				纠正	验证	记录
			对象	方法	频率	人员			
原料接收	组胺	接收时鲯鳅鱼片完全被冰覆盖	鱼片有足够的冰覆盖	肉眼检查代表性数量的容器	每批	接收负责人	如果鱼片没有足够的冰覆盖，那么拒收产品，通知供应商并提供产品运输操作要求。直到供应商运输程序得以纠正才继续使用该供应商	(1)每周复查接收记录(监控记录)、纠正措施和验证记录；(2)检查每个新供应商第一批产品的中心温度，以后每季度检查产品中心温度，以确保供应商用来维持产品温度的加冰程序有效；(3)每年1次抽样送第三方检测	(1)接收记录：容器数量、抽查数量、冰覆盖充足性；(2)纠正措施记录；(3)验证记录
原料冷藏	组胺	鲯鳅鱼片在贮存时完全被冰覆盖	鱼片容器冰的充足性	肉眼检查代表性数量的容器	每批	冷库负责人	如果冰量不足，那么冷却并隔离产品，直到完成产品基于暴露的总时间/温度的评估，包含在加工前操作过程中的暴露，加冰并对用冰程序进行调整	(1)每周复查冷库加冰量记录(监控记录)、纠正记录和验证记录；(2)每季度检查鱼片的中心温度，确保冰能保持产品温度；(3)每日校正温度计；(4)每年校准检测产品中心温度的温度计	(1)冷库用冰记录：检查的容器数量、贮存的容器数量、检查冰充足性的结果；(2)纠正措施记录；(3)验证记录
称重/包装/贴标	食物过敏原	所有终产品容器上均加贴了正确商品名称的标签	每个终产品容器上的商品名称	肉眼检查代表性数量的容器	每批	包装负责人	如果容器没有正确加贴标签，那么隔离产品并返工加贴正确的标签，修改加贴标签的规程，必要时实施培训以确保所有产品能被正确识别	每周复查包装间工作记录(监控记录)、纠正措施记录和验证记录	(1)包装间工作记录：检查的容器数量、订单容器数量、标签检查结果；(2)纠正措施记录；(3)验证记录
成品冷藏	组胺	贮存期间鲯鳅鱼片完全被冰覆盖	鱼片容器覆盖冰的充足性	肉眼检查代表性数量的容器	每天工作开始前和结束后	冷库负责人	如果终产品容器冰量不足，那么冷却并隔离产品，直到完成产品基于暴露的总时间/温度的评估，包含在加工前操作过程中的暴露，确定冷库是否有问题并修理	(1)每周复查冷库加冰量记录(监控记录)、纠正记录和验证记录；(2)每季度检查鱼片的中心温度，确保冰能保持产品温度；(3)每日校正温度计；每年校准检测产品中心温度的温度	(1)冷库用冰记录：检查的容器数量、贮存的容器数量、检查冰充足性的结果；(2)纠正措施记录；(3)验证记录

复习思考题

一、单选题

1. CCP的验证包括(　　)。

A. 监控设备的校准　　B. 记录复查　　C. 抽样检测　　D. 以上都包括

2. 建立HACCP体系必须具备的前提条件是(　　)。

A. SSOP和ISO 9000质量体系　　B. GMP和ISO 9000质量体系

C. GMP和SSOP　　D. 以上都不对

3. 建立关键限值应(　　)

A. 科学、合理、可操作性强　　B. 越严格越好

C. 直观　　D. A+C

4. 下列哪些措施是进行纠偏行动时必须采取的(　　)。

A. 对监控人员进行处罚、对职工进行再培训

B. 偏离期间加工的产品进行重新评价和处理、停产整顿

C. 消除使CL产生偏离的因素、对偏离期间加工的产品进行重新评价和处理

D. 维修设备、隔离产品

5. 建立HACCP体系的根本宗旨是(　　)。

A. 全过程的持续预防　　B. 有利于市场营销

C. 保证产品的质量　　D. 以上都不对

6. 哪些产品或加工变化时，不需要重新考虑危害分析(　　)?

A. 原料来源　　B. 产品配方　　C. 产量　　D. 以上都是

7. “HACCP不是一个零风险的体系。”这句话的意思是(　　)

A. HACCP体系可以提高生产管理水平，而不能确保食品产品的安全。

B. HACCP体系只对普通的食品安全危害起作用，而对异常的食品安全危害不起作用。

C. HACCP体系可以最大限度地减少食品安全危害至可接受水平并可以持续改进，而非消除所有危害。

D. HACCP体系只对大部分食品安全危害起作用，而其他的食品安全危害只通过传统的检验方法来解决。

8. HACCP体系体现了(　　)的管理理念。

A. 预防为主　　B. 安全第一　　C. 以人为本　　D. 质量第一

9. 以下哪些工作须经培训有资格的HACCP专业人员来完成？(　　)

A. 进行危害分析和制订HACCP计划

B. HACCP计划确认、在采取纠正措施时涉及的验证与修改HACCP计划

C. 有关记录审核

D. 以上都是

10. 危害识别应基于以下哪方面(　　)。

A. 预备信息和数据　　B. 经验

C. 流行病学调查和其他历史数据　　D. 以上全是

11. 有关 HACCP 的说法哪个是正确的(　　)?

A. HACCP 是一个预防性的控制体系

B. HACCP 要对所有潜在危害均加以同样的控制

C. HACCP 是一个零风险控制体系

D. 以上都是

12. HACCP 中 HA 的含义是(　　)。

A. 危害分析　　B. 风险分析　　C. 风险评价　　D. 关键控制点

13. 在危害分析期间应根据各种危害发生的(　　)来确定某种危害的显著性。

A. 可能性　　B. A+C　　C. 严重性　　D. 频次

14. 不属于危害分析时考虑的因素是(　　)。

A. 原料的种植环境　　B. 加工工序的温度

C. 食品配方　　D. 实验室的检测能力

15. 危害分析活动一般分为以下哪些步骤(　　)?

A. 危害识别　　B. 危害评估　　C. 控制措施的确定　　D. A+B+C

二、判断题

1. HACCP 体系是一个食品方面的质量管理体系。(　　)

2. HACCP 体系体现预防为主的管理理念。(　　)

3. HACCP 体系所关注的是食品的质量是否合格。(　　)

4. HACCP 体系的基础是企业是否建立 ISO 9001 质量管理体系。(　　)

5. HACCP 体系所阐述的关键控制点即产品生产加工过程中的关键工序。(　　)

6. HACCP 体系所说的产品描述即通常所说的产品名称、规格/型号、数量、批号。(　　)

7. HACCP 体系所规定的流程描述即组织的产品生产工艺流程图。(　　)

8. 不合格产品一定有危害,反之亦然。(　　)

9. 合格产品一定没有危害,反之亦然。(　　)

10. 任何建立 HACCP 体系的组织必须完全消除食品中存在的安全危害因素。(　　)

11. 一种危害可由多个预防措施来控制,一个预防措施可以控制多种危害。(　　)

12. 关键限值比操作限值严格,操作人员用来减少偏离操作标准的风险。(　　)

13. 在 HACCP 体系运行期间,若某个 CCP 长期不出现偏差,那就可以不对该点进行监控。(　　)

14. CCP 的关键限值一般采用微生物指标。(　　)

15. 在一个食品企业里一个 HACCP 计划就可以用于控制所有食品的安全。(　　)

三、简答题

1. 请简述 GMP、SSOP 和 HACCP 间的关系。
2. 请简述 HACCP 的 7 个原理。
3. 如何识别食品潜在的食品安全危害？
4. 如何确定某个食品安全危害是否是显著的食品安全危害？
5. 为什么要对 CCP 进行验证？

项目七
食品防护计划

【知识目标】

1. 理解食品防护计划的含义；
2. 理解食品防护计划的原则。

【技能目标】

1. 能评估食品生产企业食品防护现状；
2. 能制订食品生产企业食品防护计划。

【素质目标】

1. 培养学生语言表达、文字表达、团队协作等素质；
2. 培养学生发现问题、分析问题和解决问题的能力。

【思政目标】

1. 树立正确的价值观；
2. 树牢构建社会主义和谐社会的参与意识。

任务一　认知食品防护计划的基本术语和原则

一、术语和定义

1. 食品防护计划

为确保食品生产和供应过程的安全，通过进行食品防护评估、实施食品防护措施等，最大限度降低食品受到生物、化学、物理等因素故意污染或蓄意破坏风险的方法和程序。

2. 故意污染

为谋取不当利益，故意向原辅料或食品中添加非食用物质，故意超范围、超限量使用农兽药和食品（饲料）添加剂或采用其他不适合人类食用的方法生产加工食品等的行为。

3. 蓄意破坏

为伤害他人或扰乱社会，通过生物、化学、物理等因素对食品和食品生产过程进行破坏的行为。

二、食品防护计划的原则

1. 评估原则

通过对食品生产和供应各环节面临的威胁、存在的弱点，造成的影响，以及三者综合作用带来风险的可能性进行食品防护评估，找出薄弱环节，从而采取有效的预防性措施，以防止食品生产和供应过程受到故意污染或蓄意破坏。

2. 预防性原则

通过对潜在可能发生问题的环节进行调查分析，并针对环节制定措施防止其发生，形成预防性的食品防护计划，最大限度地降低食品受到故意污染或蓄意破坏的风险。

3. 保密性原则

通过对企业外部（如：采购方等）和内部（如：不同生产管理部门等）人员允许接触食品防护计划的范围和内容做出规定并进行有效控制，保护食品防护计划的评估过程等核心内容不被泄漏，防止被有故意污染或蓄意破坏意图的人员利用。

4. 整合性原则

通过整合企业现有的食品安全卫生管理体系，避免相互矛盾或重叠，使食品防护计划成为企业食品安全卫生管理体系的有效补充。已实施危害分析和关键控制点（HACCP）体系的食品生产企业进行危害分析时，可参考食品防护评估结果。

5. 沟通原则

通过企业内部之间以及企业与外部公众或社会组织之间信息的发送、接受与反馈的交流，识别发生故意污染或蓄意破坏食品安全事件的可能性，及时做出反应，改进食品防护计划的针对性，提高食品防护计划的有效性，预防重大食品安全事件的发生。

6. 应急反应原则

针对故意污染、蓄意破坏等突发事件和威胁，协调、整合相关资源和能力，建立、制定、维持相关的应急预案并进行演练，以提高准备、抵御、应对、恢复和减损能力。在紧急情况发生时，根据应急预案采取行动，最大限度地降低食品安全事件造成的损失。

7. 灵活性原则

通过分析自身情况，企业可制定独立的食品防护计划，也可将食品防护计划与企业的食品安全卫生管理体系整合，或采取其他合理的方式，达到最大限度地降低食品受到故意污染或蓄意破坏风险的目的。

8. 动态性原则

通过对影响食品防护计划有效性的因素及其变化的信息进行确定、收集和分析，及时调整食品防护计划评估、食品防护措施和食品防护计划，实现动态更新和持续改进，确保食品防护计划的有效性。

任务二　制订并验证食品防护计划

【任务引入】

广西南宁绿悦食品有限责任公司计划生产香蕉醋出口欧盟，在和采购商洽谈过程中，对方要求广西南宁绿悦食品有限责任公司建立、保持并有效实施食品防护计划。请您为广西南宁绿悦食品有限责任公司制订一份食品防护计划。制订食品防护计划后，企业应按照计划要求实施食品防护计划，食品防护小组应验证食品防护计划的实施情况，特别是薄弱环节实施的有效性，减少人为故意污染或蓄意破坏食品风险。

【任务分析】

食品防护计划是针对人为故意污染或蓄意破坏食品风险而制订确保食品安全的计划。企业制订食品防护计划时，可以参照GB/T 27320—2010《食品防护计划及其应用指南　食品生产企业》实施。

【任务实施】

步骤一　成立食品防护小组

食品防护小组成员应包括熟悉食品原材料采购、加工、卫生、保卫、现场管理、销售等方面的人员，一般由4～5人组成，其中1人为组长。食品防护小组的成员按照各自的职责参加食品防护计划的制定、实施和验证等活动。

步骤二　描述产品特性和识别预期用途

食品防护小组成员描述产品特性，包括名称、成分、物理租化学特性、工艺过程、包装、保质期、储藏条件、配送方法等内容；描述最终用户和消费者对产品的使用期望。特定情况下，还应考虑易受伤害的消费群体特点。

步骤三　识别法律法规标准

食品防护小组成员收集和确定企业生产活动和产品需遵守和执行的相关法律、法规、食品安全标准和其他要求。

步骤四　识别新的食品原料、食品添加剂品种、食品相关产品新品种

食品防护小组成员确定企业使用的食品原料、食品添加剂、食品相关产品是否属于需申请许可的新的食品原料、食品添加剂新品种和食品相关产品新品种。

步骤五　绘制流程图、布局图并现场确认流程图和布局图

食品防护小组成员绘制包括所有食品生产和供应步骤的流程图和路径图，包括储藏和运输环节的流程；绘制包括所有食品生产和供应相关区域的布局图，该布局图应包括厂区周边环境和厂区各种出入口、厂区建筑物布局，厂房及内部设施的布局，空气、水、能源等基础条件供给设施的布局等。

食品防护小组成员对所有的流程图和布局图进行现场确认。流程图和布局图与实际情况不符的，应进行修改。

步骤六　准备食品防护评估表并实施评估，确定薄弱环节

食品防护小组可参考表 7-1，通过实地观察、访谈等方法实施食品防护评估，确定企业的薄弱环节。

表 7-1　食品防护评估表

序号	评估内容	现有食品防护措施	是否薄弱环节
1	**外部**		
1.1	厂区应采用围墙、围栏等必要设施限制未经许可人员进入。应对出入人员进行登记，对人员和车辆进行检查，对厂区外围和厂区内部进行定期巡视		
1.2	厂区外围、厂区内应具备监控设施或夜间照明措施，能够发现任何可疑的活动		
1.3	厂区外围除正常大门外的其他出入口应具备自动锁门或其他出入控制措施，以防止出入口的自由进出		
1.4	对进入企业的访问者应提前通知并进行身份识别，如带有照片的身份识别证，进厂证等，只允许访问者进入许可参观或工作的区域		
1.5	下列设施应采取安全防范措施以防止外来人员的进入：a) 正门和其他门应采取严格程度不同的控制措施，对非经常出入门应采取更加严格的监控措施； b) 厂区或车间的窗户应只允许从内部开启。禁止开启的窗户应有标识，对非正常开启的窗户能在最短时间内识别并采取相应的措施； c) 对于屋顶开口处应采取合理有效的管理措施。对于供热、通风、空调等系统，仅允许许可的人员接触，对于进入屋顶的通道采取封闭管理措施； d) 通风口的设计应考虑防止人为破坏，通风口的位置应位于不易接近的区域		

续表 7-1

序号	评估内容	现有食品防护措施	是否薄弱环节
1.6	对进入厂区的运输工具应有足够的措施予以监控，包括：a）应对运输车辆进行备案，并定期检查，应有车辆操作人员的安排计划和管理措施； b）对进出厂区的私人（职工、访问者）运输工具进行管理； c）应对私人运输工具予以登记，必要时，还应检查携带物品； d）应对商业运输工具进出工厂的路线、停放的区域进行规定和管理		
2	**内部**		
2.1	车间的设计布局应按照敏感区域、重要程度的差异予以隔离。对于限制人员进入的区域应有警示性标识		
2.2	车间的每个区域，特别是敏感区域如大规模混料区，应装有足够的停电应急灯		
2.3	对内部设施和加工过程进行监控。企业可通过视频系统进行监控，监控视频文件至少保存到产品的保质期		
2.4	车间应有门禁措施。车间应安装紧急预警系统，包括火警预警和发生其他紧急情况时的疏散系统，并定期进行检查或者进行演练，对员工疏散路线、疏散命令等有统一的要求		
2.5	访问者或其他非加工区域人员进入工作区域前应经过身份的确认、资格的许可，由管理人员全程陪同，并保持相关记录		
2.6	车间内无有毒有害物质的藏匿场所		
2.7	车间内消毒剂、清洁剂等应有专门的存放场所，应由专人管理		
2.8	对卫生间、个人储物柜及储藏区等容易存放私人物品的地方应定期进行检查		
2.9	工器具间应由专人负责，建立领用核销和使用管理规定		
2.10	排风系统应设计合理，有防止异物或不明气体进入的设施		
2.11	下脚料处理区域不易造成废料、气流的回流，无人为的破坏		
2.12	通风系统、空调系统、供电系统、消毒设施和电脑系统等应有防止未经许可人员进入的措施，定期检查		
2.13	设备维修应经相关人员批准，由许可人员维修，应保持维修记录		
3	**加工**		
3.1	应按照加工工艺流程进行分区域管理，不同区域人员应通过易于识别的标识进行区分。不同加工区域应有标识		
3.2	对于原辅料添加区、混合加工区等大规模的、多成分混合的区域应有专人管理，持续监控		
3.3	对于消毒剂、清洁剂等的使用应由专人负责		
3.4	产品传送和传递过程应进行监控		

续表 7-1

序号	评估内容	现有食品防护措施	是否薄弱环节
3.5	产品的标识与包装应处于受控状态以防止盗窃或误用		
3.6	产品的包装和标识应具有破坏存迹(如充氮、抽真空等形式)识别的特性		
3.7	加工过程中应防止故意向食品中添加非食用物质、超范围、超限量使用食品添加剂以及采用其他不适合人类食用的方法加工食品等问题的发生		
4	**贮藏**		
4.1	贮藏库的设计应能防止人为破坏		
4.2	进入贮藏区域的人员应经过许可		
4.3	贮藏区域应建立出入库登记管理规定		
4.4	对贮藏区域的卫生和货物存放应定期进行检查		
4.5	杀虫剂等有毒有害化合物的区域应远离加工区域,由经过培训的人员管理。应建立领用和核销记录。有毒有害化合物应标识清楚,在有效期内使用		
5	**供应链**		
5.1	应对食品原辅料、包装材料等供应方进行食品防护能力的评估		
5.2	应对原辅料的生产管理进行食品防护能力的评估		
5.3	应对饲料的生产、动物的养殖、作物的种植进行食品防护能力的评估		
5.4	食品原材料、包装材料等供应方应建立产品追溯和召回程序		
5.5	应考虑在原辅料生产和供应中故意向食品中添加非食用物质,超范围、超限量使用农兽药和食品(饲料)添加剂的情况		
5.6	应建立合格供应商评估规定并考虑故意污染方面的评估结果,及时获得供应商提供的相关证明性文件		
5.7	在制定原辅料、包装材料等的验收要求和实施验收时,应考虑故意污染方面的评估结果		
5.8	应对运输公司进行食品防护能力的评估		
5.9	货车、集装箱等运输工具在厂区内应进行封闭式管理,禁止未经许可的人接近		
5.10	货车、集装箱等运输工具装卸货物时,应由经过培训的人员进行监控,并保持相关记录。应对集装箱外观、温度、冷藏设施进行检查,确保无可疑的损坏		
5.11	收发货的品种、数量、质量、标识等与货物运输文件相一致		
5.12	货物出入库时应检查包装有无故意污染或蓄意破坏的痕迹		

续表 7-1

序号	评估内容	现有食品防护措施	是否薄弱环节
5.13	产品运输货车、集装箱等运输工具应保证清洁无毒，避免产品间相互污染。适用时，运输过程中对活动物的饲料和饮用水进行必要的防护		
5.14	应对退运产品进行验收和实施防护		
6	**水和冰**		
6.1	加工用水符合国家标准和相关贸易国家(地区)要求		
6.2	水源地、中间储水设施、水处理设施应封闭，由专人管理		
6.3	原辅料的种植/养殖或预加工基地的水源地保护		
6.4	制冰设备应由专人管理，有防止无关人员进入或接近的措施		
6.5	供水系统应定期检查		
6.6	应确保在加工用水不符合要求时，能及时得到通知和纠正		
7	**人员**		
7.1	敏感区域如与原辅料、半成品及成品密切接触及容易发生大范围蓄意破坏的区域(如混料区、包装装填和封口等区域)的操作人员应进行身份背景等调查		
7.2	按照工序、权限不同对员工采取不同身份识别措施，如工作服颜色、上岗证等		
7.3	对于轮岗人员或临时更换人员，例如请假人员的代替者或新进人员应有人员识别清单		
7.4	车间不同安全级别区域有相应的限制进入的设施和管理措施		
7.5	对员工和访问人员的进出携带物品有必要的检查措施		
8	**信息**		
8.1	对企业外部(如采购方等)和内部(如不同生产管理部门等)人员允许接触食品防护计划的范围和内容做出规定并进行有效控制，食品防护计划制定的全过程和内容应有适当的保密规定并得到有效执行		
8.2	加工工艺、配方等应有适当的保密规定并得到有效执行		
8.3	应建立访客、客户、供应商联系档案，对参观内容、参观区域、对外公布信息进行评估		
8.4	应建立紧急情况处理系统，建立相关政府机构的联系方式、电话和传真，并定期审核更新，定期验证联系方式有效性		
8.5	应有专人负责收集国内外食品安全的动态等信息		
8.6	应识别、收集故意污染信息(可来源于国内外食品安全动态、媒体报道、顾客反馈、行业内交流等)，充分评估故意污染可能造成的危害，采取针对性的防护措施，应保持相关的记录以备政府主管部门检查，若发现故意污染具有行业普遍性，应及时向政府主管部门报告		

续表 7-1

序号	评估内容	现有食品防护措施	是否薄弱环节
8.7	应采取措施确保计算机信息的安全和网络的安全		
9	**实验室**		
9.1	应布局合理并与食品加工区域有效隔离		
9.2	应仅允许许可人员进入		
9.3	对各种试剂和药品特别是有毒有害药品应设立单独区域，由专人管理，建立核销台账，对过期药品的处理符合食品防护要求		
9.4	应建立样品（包括阳性样品）处理程序		
9.5	应制定活菌株储藏和处理的程序		

步骤七　制定食品防护措施

针对食品防护评估中确定的薄弱环节，制定经济有效的食品防护措施进行重点防护。食品防护措施可以是企业新增加的控制措施，也可以是企业其他食品安全卫生管理体系中已有的控制措施（表 7-2）。

表 7-2　薄弱环节的食品防护措施

序号	薄弱环节	食品防护措施

步骤八　确认食品防护计划

1. 食品防护评估和食品防护措施的确认

每年应至少对食品防护评估和食品防护措施进行 1 次确认，并保持记录。食品防护小组组长将组员分组到相关现场，将食品防护评估表中的食品防护评估内容和现有食品防护措施及食品防护薄弱环节整改措施与实际情况比对，证实评估内容全面，防护措施适宜、有效。

产品或加工过程改变或其他影响食品防护评估的情况出现时，应重新进行食品防护评估的确认。必要时，根据确认的结果对食品防护评估进行修订。

食品防护评估发生变更或其他影响食品防护措施的情况出现时，应重新进行食品防护措施确认。根据确认的结果对食品防护措施进行修订或保持食品防护措施不需要修订的依据。

2. 食品防护计划有效性的确认

应对食品防护计划的有效性进行确认，并保持记录。确认应在食品防护计划实施之前以及变更后进行。当确认结果表明不能满足上述要求时，应对食品防护计划进行修改和重新确认。食品防护计划有效性确认评估可按表7-3进行。

表7-3 食品防护计划有效性确认表

确认内容	确认结果(是/否)
1. 制订了食品防护计划，所有薄弱环节都制定了针对性的控制措施	
2. 明确了实施食品防护相关人员的职责	
3. 食品防护小组成员和其他企业员工进行了食品防护计划的培训	
4. 有定期食品防护措施演练的要求	
5. 有食品防护计划定期验证的要求	
6. 有适当的保密措施	
7. 有与当地公安和其他相关政府机构的应急联络信息，定期更新，并有可靠的联络手段	
8. 制定了应急预案并进行定期演练	
9. 建立了有效的内外部沟通机制	
10. 制订了召回计划并能保证召回产品得到了恰当处理	
11. 有故意污染信息一览表、评估结果和控制措施	
确认结论：__________(填写“有效”或“需进一步修改”)	

步骤九 验证和改进食品防护计划

1. 薄弱环节验证

经食品防护评估确定的薄弱环节，采取食品防护措施后，食品防护小组成员现场查看薄弱环节的食品防护设施能否正常工作，责任人是否按规定实施食品防护措施，查阅相关的食品防护措施实施记录，走访相关人员了解食品防护措施的实施情况；综合所得的信息，评价薄弱环节的食品防护措施的效果。

2. 全面验证

食品防护小组应定期对食品防护措施进行演练。每次演练可按照食品防护评估内容随机抽取某个环节进行，但一年内要涵盖所有的区域和环节。对验证过程中发现的不符合项应及时采取措施，必要时对食品防护计划进行修订，修订后应重新对食品防护措施情况进行验证。

演练内容包括但不限以下几项：①携带个人物品进入生产区；②检查有毒有害化学品是否受控；③有计划地联系非公司人员参与，如进入厂区大门、进入车间等。

3. 改进

食品防护小组应动态更新和持续改进食品防护计划，确保食品防护计划的有效性。

复习思考题

1. 食品防护计划与 HACCP 计划有什么联系和区别?
2. 企业可以同时培训食品防护计划和 HACCP 计划吗?为什么?
3. 食品防护计划的关注点与 HACCP 计划的关注点有什么不同?

项目八
质量控制与改进技术

【知识目标】

1. 了解全面质量管理内涵；
2. 理解质量波动的原因。

【技能目标】

1. 能绘制排列图并找出主要质量安全问题；
2. 能用因果图找出质量安全问题的原因；
3. 能综合应用直方图、分层法分析质量安全问题；
4. 能用计算机绘制控制图并分析过程质量。

【素质目标】

1. 培养学生语言表达和计算机应用能力；
2. 培养学生发现问题、分析问题和解决问题的能力。

【思政目标】

1. 树立正确的价值观；
2. 培养精益求精的工匠精神。

任务一　认知质量管理基本知识

一、质量管理的基本概念

1. 质量管理

质量管理是在质量方面指挥和控制组织的协调的活动。通常包括制定质量方针和质量目标以及质量策划、质量控制、质量保证和质量改进。

2. 组织

组织是指职责、权限和相互关系得到安排的一组人员及设施。例如：公司、集团、商行、企事业单位、慈善机构、代理商、社团或上述组织的组成部分。组织可以是公有的或私有的，安排通常是有序的。

3. 质量控制

质量控制是质量管理的一部分，致力于满足质量要求。

质量控制是通过采取一系列作业技术和活动对各个过程实施控制的，包括对质量方针和目标控制、文件和记录控制，设计和开发控制、采购控制、生产和服务运作控制、监测设备控制、不合格品控制等。

质量控制是为了使产品、体系过程达到规定的质量要求，是预防不合格发生的重要手段和措施。因此，组织要对影响产品、体系或过程质量的因素加以识别和分析，找出主导因素，实施因素控制，才能取得预期效果。

4. 质量保证

质量保证是质量管理的一部分，致力于提供质量要求会得到满足的信任。

质量保证是组织为了提供足够的信任表明体系、过程或产品能够满足质量要求，而在质量管理体系中实施并根据需要进行证实的全部有计划和有系统的活动。

质量保证定义的关键词是“信任”，对能达到预期的质量提供足够的信任。这种信任是在订货前建立起来的，如果顾客对供方没有这种信任则不会与之订货。质量保证不是买到不合格产品以后的包修、包换、包退。

信任的依据是质量管理体系的建立和运行。因为这样的质量管理体系将所有影响质量的因素，包括技术、管理和人员方面的，都采取了有效的方法进行控制，因而质量管理体系具有持续稳定地满足规定质量要求的能力。

5. 质量改进

质量改进是质量管理的一部分，致力于增强满足质量要求的能力。

作为质量管理的一部分，质量改进的目的在于增强组织满足质量要求的能力，由于要求可以是任何方面的，因此，质量改进的对象也可能会涉及组织的质量管理体系、过程和产品，可能会涉及组织的方方面面。同时，由于各方面的要求不同，为确保有效性、效率或可追溯性，组织应注意识别需改进的项目和关键质量要求，考虑改进所需的过程，以增强组织体系或过程实现产品并使其满足要求的能力。

二、质量管理的发展

1. 质量检验阶段

第二次世界大战以前，主要通过 100%检验的方式来控制和保证产品的质量。此阶段经历了操作工人检验、工长检验和专职检验员检验 3 个小阶段。

2. 统计质量控制(SQC)阶段

这一阶段从第二次世界大战以后至 20 世纪 50 年代，其特征是数理统计方法与质量管理的结合。主要包括统计过程控制和统计抽样检验。

3. 全面质量管理(TQM)阶段

20 世纪 60 年代至今。全面质量管理具有“三全一多样”的特点，即：全面的质量概念、全过程的质量管理、全员的质量管理和多方法的质量管理。

质量管理各阶段特点见表 8-1。

表 8-1　质量管理各阶段特点

质量检验阶段	统计质量控制(SQC)阶段	全面质量管理(TQM)阶段
事后把关，百分之百检验	(1)统计过程控制：预防缺陷，控制过程质量 (2)统计抽样检验：根据概率统计理论确定抽样方案	(1)全面的质量概念 (2)全过程的质量管理 (3)全员的质量管理 (4)多方法的质量管理

三、PDCA 循环

1. PDCA 循环的概念

PDCA 循环，是由策划(Plan)—实施(Do)—检查(Check)—处置(Act)4 个要素构成的一种循环的持续改进的工作方法(图 8-1)。

PDCA 循环最早由统计质量控制的奠基人 W·A·休哈特提出，W·E·戴明将其介绍到日本并进一步充实，所以也把它称为戴明循环。

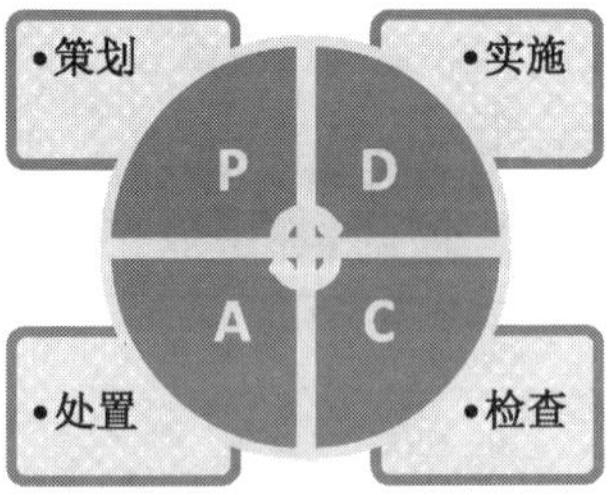

图 8-1　PDCA 循环

2. PDCA 循环的内容

PDCA 环是全面质量管理的基本工作方法，包括 4 个阶段和 7 个步骤。

第一阶段是策划阶段，即 P 阶段。该阶段的任务是：根据顾客的要求和组织的方针，为提供结果建立必要的目标和过程。这个阶段包括 3 个步骤：

第 1 步是调查质量现状，找出存在的质量问题，比如不合格品率、成本、交货期等。利用调查表、直方图、控制图等工具，找出需要解决的质量问题。

第 2 步是利用分层法、因果图、排列图等工具，对第一步提出要解决的质量问题进行分析，确定首先需要解决的主要问题，找出问题的主要原因。

第 3 步是针对影响质量的主要原因，制定对策，拟定管理、技术等方面的措施和实施计划。计划应具体有效，包括计划的理由（Why）、预期达到的目标（What）、实施计划的地点（When）、执行部门和人员（Who）、执行时间（When）、怎样实施（How）等，即 5W1H。

第二阶段是实施阶段，即 D 阶段。这一阶段的任务是：按照 P 阶段所制定的计划去执行。这是实施 PDCA 循环的第 4 步。

第三阶段是检查阶段，即 C 阶段。根据方针、目标和要求，对过程和产品进行监视和测量，并报告成果。这是实施 PDCA 循环的第 5 步。

第四阶段是处置阶段，即 A 阶段。在这一阶段，要把成功的经验加以肯定，形成标准；对于失败的教训也要认真地总结。对于这次循环中还没有解决的问题，要转到下一个 PDCA 循环中加以解决。它包括 2 个步骤：

第 1 步，即防止再发生和标准化。在这一步骤，需再次确认 5W1H，并将质量改进有效的措施进行标准化，制定工作标准，同时进行教育培训。

第 2 步，总结。对改进效果不显著的措施及改进过程中出现的问题进行总结，把没有解决的质量问题和新出现的质量问题转入下一个 PDCA 循环。

PDCA 循环的阶段、步骤与相应的质量管理工具对照见表 8-2。

表 8-2　PDCA 循环的阶段、步骤与相应的质量管理工具对照表

阶段		步骤		工具
一	策划阶段	1	调查现状，明确要解决的问题	调查表、直方图、控制图等
		2	分析问题原因并找出主要原因	分层法、因果图、排列图等
		3	制订计划	对策表
二	实施阶段	4	执行计划	控制图等
三	检查阶段	5	确认效果	调查表、直方图、控制图、排列图等
四	处置阶段	6	标准化	标准化程序
		7	总结，遗留问题转入下一个循环	

3. PDCA 循环的特点

（1）完整的循环　PDCA 循环的 4 个阶段必须是完整的，一个也不能少。这是因为，PDCA 循环是一个既划分为 4 个阶段而又密切衔接的连续过程。制定计划是为了实施，通过检查才能确认实施的效果；检查是处理的前提，而处理才是检查的目的，只有通过处理才能为制定下一个循环的计划确立依据。

（2）大环套小环　PDCA 循环作为全面质量管理的基本工作方法，可以用于组织的各个环节、各个方面的质量管理工作。整个组织的质量管理体系构成一个大的 PDCA 循环，而各个部门、各级单位直至每个人又都有各自的 PDCA 循环，上一级的 PDCA 循环是下一级 PDCA 循环的依据，而下一级的 PDCA 循环则是上一级 PDCA 循环的保证，从而形成一个如图 8-2 所示的“大环套小环，一环扣一环，小环保大环，推动大循环”的综合质量管理体系。

(3)逐步上升的循环　PDCA 循环不是在原地转动，而是像爬楼梯那样(图 8-3)，每循环一次就前进、提高一步，由低到高，逐级攀登上去。如此循环往复，质量问题就不断得到解决，产品质量、过程质量和体系质量就不断得到改进和提高。

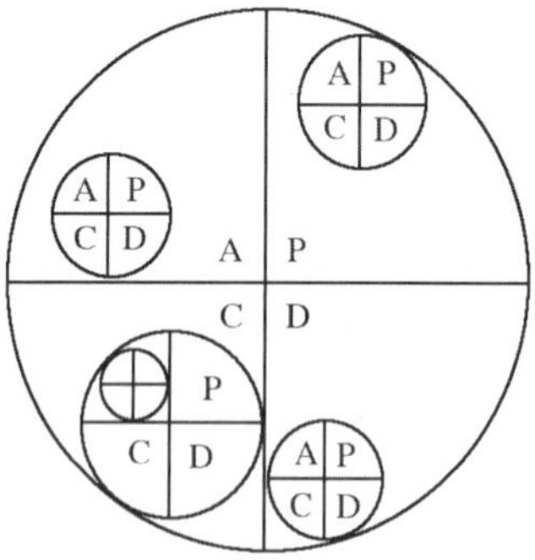

图 8-2　大环套小环

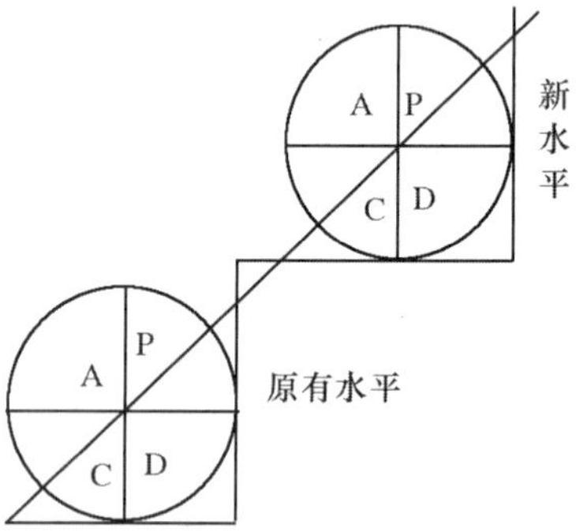

图 8-3　改进上升的循环

四、质量数据

(一)数据分类

数据是反映事物性质的一种量度，全面质量管理的基本观点之一就是“一切用数据说话”。质量数据按其性质基本上可以把它们分为 2 类(表 8-3)。

表 8-3　数据分类

数据类型		定义	示例
计量值数据		可以连续取值，在有限的区间内可以无限取值的数据	长度、面积、体积、重量、密度、糖度、酸度
计数值数据	计件值数据	数产品(或其他事物)的件数而得到的数值	合格品率、不合格品数
	计点值数据	数缺陷数而得到的数值	产品表面的缺陷数、单位时间内机器发生故障的次数

必须注意，以百分数出现的数据属于哪一类数据，要看是由哪一类数据计算所得，就属于哪一类数据。如食品工业产值占国民经济总产值的百分数等属于计量值数据。某企业工程技术人员占全体职工总数的百分数、产品的合格品率等属于计数值数据。计量值数据和计数值数据的性质不同，它们的分布也不同，所用的控制图和抽样方案也不同，所以必须正确区分。

（二）数据的特征值

1. 总体与参数

(1)总体　又叫母体，是研究对象的全体。总体可以是有限的，也可以是无限的。例如，有一批含有 10 000 个产品的总体，它的数量已限制在 10 000 个，是有限的总体。再如总体为某工序，既包括过去、现在，也包括将要生产出来的产品，这个连续的过程可以提供无限个数据，我们说它是无限的总体。

(2)个体　又叫样本单位或样品，是构成总体或样本的基本单位，也就是总体或样本中的每一个单位产品。它可以是一个，也可以是由几个组成。

(3)参数　由总体计算的特征数叫参数，常用希腊字母表示，如用 μ 表示总体平均值，用 σ 表示总体标准差。

2. 样本与统计量

(1)样本　样本又叫子样，它是从总体中抽取出来的一个或多个提供检验的单位产品。在实际工作中，我们常常遇到研究的总体是无限的或包含数量很多的个体，使得全数检查不可能或工作量过大，费用很高。或者有的产品要检查某一质量特性必须进行破坏性试验。因此，在统计工作中常常使用一种从总体中抽取一部分个体进行测试和研究的方法，这一部分个体的全体就叫样本。样本中所含的个体数目称为样本量或样本大小，常用 n 表示。

从总体中抽取部分个体作为样本的过程叫抽样。为了使样本的质量特性数据具有总体的代表性，通常采取随机抽样的方法。随机抽样，就是在每次抽取样本时，总体中所有的个体都有同等机会被抽取的抽样方法。

(2)统计量　由样本计算的特征数叫统计量，常用拉丁字母表示，如用 $\bar{x}$ 表示样本平均数，用 s 表示样本标准差。

1)表示样本的中心位置的统计量

①样本(算术)平均值　其计算公式为 $\bar{x} = \left(\sum_{i=1}^{n} x\right)/n$ 。

②样本中位数　把收集到的统计数据按大小顺序重新排列，排在正中间的那个数就叫作中位数，用符号 $\tilde{x}$ 来表示。当样本量 n 为奇数时，正中间的数只有一个；当 n 为偶数时，正中位置有 2 个数，此时，中位数为正中 2 个数的算术平均值。例如：在 1，4，5，2，3 这 5 个统计数据中，则其中位数为 3；又如，有 2，1，5，4，3，6 这 6 个统计数据，则中位数等于 (3＋4)/2＝3.5。

2)表示样本数据分散程度的统计量

①样本极差 R　一组数据中最大值与最小值之差，常用 R 表示。例如，1，2，3，4，5 5 个数据组成一组，则极差 $R=5-1=4$。

②样本方差 s^2　计算公式 $s^2 = \frac{1}{n-1}\sum_{i=1}^{n}(x_i - \bar{x})^2$

式中 x_i 表示样本中的某一数据。

③样本标准差 s　样本方差 s^2 的正平方根就是样本标准差，也称样本标准偏差，以 s 表示。

五、产品质量的波动

（一）质量波动的原因

经验告诉我们，按照同样的工艺、遵照同样的作业指导书、采用同样的原材料、在同一台设备上、由同一个操作者生产出来的一批产品，其质量特性不可能完全一样，总是存在差异，即存在变异或波动。影响过程（工序）质量主要有 6 个因素，即人（操作者）、机（设备）、料（原材料）、法（操作方法）、测（测量）、环（工作环境），简称 5M1E。上述过程（工序）因素即使处于稳定状态下，在工序实施中也不可能始终保持绝对不变，例如操作者的技术水平和精力集中情况的变化，原材料化学成分在标准范围内的微小差异，工作环境如温、湿度的变化均会造成产品质量特性值的差异。所以尽管由同样操作人员在同一工序中生产的产品，其质量特性值总会存在波动。因此质量波动是客观存在的。产生质量波动的原因有 2 大类。

（二）质量波动的分类

1. 正常波动

由随机因素，又称偶然因素（简称偶因），如机器的固有振动，液体灌装机的正常磨损等引起的质量波动。偶因是固有的，始终存在，对质量的影响较小，难以测量，消除它们成本大，技术上也难以达到。

2. 异常波动

由系统因素，又称异常因素（简称异因，在国际标准和我国国家标准中称为可查明因素），如配方错误、设备故障或过度磨损、违反操作规程等引起的质量波动。异因是非过程固有的，有时存在，有时不存在，它们对质量波动影响大，易于判断其产生原因并除去。

产品质量具有变异性（质量波动），同时产品质量的变异具有规律性（分布）。产品质量的变异不是漫无边际的变异，而是在一定范围内符合一定规律的变异。质量管理的一项重要工作内容就是通过搜集数据、整理数据，找出波动的规律，把正常波动控制在最低限度，消除系统性原因造成的异常波动。

六、质量管理七种工具

质量控制的传统方法有因果图、排列图、散布图、直方图、调查表、分层法和控制图，通常称为质量管理的传统七种工具。这 7 种方法相互结合，灵活运用，可以解决质量管理中的大部分质量问题，有效地服务于控制和改进产品质量，如表 8-4 所示。

表 8-4　质量管理传统七种工具小结

序号	工具	应用
1	因果图	分析和表达因果关系，通过识别症状、分析原因、寻找改进措施，促进问题的解决
2	排列图	按重要性顺序表示每一项目对整体的影响，排列改进的顺序
3	分层法	根据数据产生的特征（层）将数据进行分类
4	调查表	收集数据以得到事实的真实状况

续表 8-4

序号	工具	应用
5	直方图	显示数据波动的形态，直观表达过程状态，传达需在何处进行改进
6	散布图	分析 2 组数据间的关系，确定因果关系，确认改进效果
7	控制图	监控过程状态，诊断过程是否稳定，确定过程改进点

任务二 应用调查表、排列图和因果图改进产品质量

【任务引入】

凤凰食品厂品管部使用不合格项调查表，统计了近一周的月饼检验结果，将所有的不合格类型进行汇总，结果如表 8-5 所示。请您用排列图排出主要不合格项，然后用因果图分析、查找主要不合格项的原因并提出改进建议。

表 8-5 月饼不合格项调查表

批次	批量（箱）	样本数（个）	不合格类型					
			外形歪	露馅	净重超范围	封口不严	霉菌超标	烤焦
1	1 000	100	2	1	0	2	2	0
2	1 000	100	1	0	0	4	2	0
3	1 000	100	0	1	1	1	4	0
4	1 000	100	3	1	0	2	7	1
5	1 000	100	1	1	0	3	13	0
6	1 000	100	3	1	1	3	11	1
7	1 000	100	3	1	0	5	13	0
合计	7 000	700	13	6	3	20	52	2

【任务分析】

本次任务的实施，要先用排列图排出主要不合格项，然后用因果图分析、查找主要不合格项的原因，最后提出整改建议以消除不合格原因，防止不合格的再次出现。

【任务实施】

步骤一 制作排列图(以 MINITAB 软件为例)

(1)进入 MINITAB，在数据表的 C1 列输入不合格项名称：外形、露馅、净重、封口、霉菌超标、烤焦，在 C2 列输入对应的不合格项目数目：13、6、3、20、52、2。

(2)点击“统计—质量工具—pareto 图”,选择“已整理成表格的缺陷数据(H)”,光标于“标签位于”,双击 C1 ,光标于“频率位于(F)”,双击 C2—确定。

(3)单击“X 轴—编辑器—编辑 x 尺度”,可分别对 X 轴做不同的修改。

(4)双击图内虚线,选择“显示”,将“显示主刻度的网格线”钩去掉—确定。

(5)单击“编辑器—添加—参考线”,在“显示 Y 辅尺度值等参考线(Y)”下输入:100 90 80(注意数字间不要标点符号,留空格)—确定。

(6)双击图中“参考线”,在“属性”中选择“自定义”,“类型”选虚线,在“显示”中不选择“显示标签”—确定。

步骤二　分析排列图

从图中找出导致产品不合格的主要项目:霉菌超标和封口。

步骤三　制作因果图

(1)召集同该质量问题有关的人员参加的会议,充分发扬民主,各抒己见,集思广益,把每个人的分析意见都记录在图上。

(2)画一条带箭头的主干线,箭头指向右端,将质量问题“霉菌超标”写在图的右边,影响产品质量的人、机、料、法、环、测(5M1E)6 大因素为第一层原因,再展开查找第二层原因、第三层原因,逐级分析展开到能采取措施为止。

(3)讨论分析主要原因,把主要的、关键的原因分别用粗线或其他颜色的线标记出来。

(4)再重复以上步骤,查找“封口”问题的原因。

步骤四　提出改进建议

针对不合格原因,提出改进建议,以消除不合格原因,防止不合格的再次出现。

【知识链接】

调查表、排列图和因果图

一、调查表

(一)调查表的概念和作用

调查表又叫检查表、核对表、统计分析表,是用来检查有关项目的表格。调查表的形式多种多样,一般根据所调查的质量特性的要求不同而自行设计;一般是事先印制好的(当然也可临时制作),用来收集数据容易、简单明了。

调查表的作用:①收集、积累数据比较容易;②数据使用、处理起来也比较方便;③可对数据进行粗略的整理和分析。

(二)调查表的种类

1. 工序分布调查表

又称质量分布调查表,是对计量值数据进行现场调查的有效工具。它是根据以往的资料,将某一质量特性项目的数据分布范围分成若干区间而制成的表格,用以记录和统计每一质量特性数据落在某一区间的频数(表 8-6)。从表格形式看,质量分布调查表与直方图的频数分布表相似。所不同的是,质量分布调查表的区间范围是根据以往资料,首先划分区间范围,然后制成表格,以供现场调查记录数据;而频数分布表则是首先收集数据,再适当划分区间,然后制成图表,以供分析现场质量分布状况之用。

表 8-6　产品重量实测值分布调查表

产品名称:糖水菠萝罐头　　生产线:A　　调查者:张三　　日期:2012-2-2

重量/g	频数								小计
	5	10	15	20	25	30	35		
495.5~500.5									
500.5~505.5	/								1
505.5~510.5	//								2
510.5~515.5	// // /	// /							8
515.5~520.5	// // /	// // /							10
520.5~525.5	// // /	// // /	// // /	// // /	/				21
525.5~530.5	// // /	// // /	// // /	// // /	// // /	// //			29
530.5~535.5	// // /	// // /	// // /						15
535.5~540.5	// // /	// /							8
540.5~545.5	// //								4
545.5~550.5	//								2
550.5~555.5									
合　计									100

注:/表示 1 个产品。

2. 不合格项调查表

不合格项调查表主要用来调查生产现场不合格项目频数和不合格品率,以便继而用于排列图等分析研究。表 8-7 是某食品企业在某月玻璃瓶装酱油抽样检验中外观不合格项目调查记录表。从外观不合格项目的频次可以看出,标签歪和标签擦伤的问题较为突出,说明贴标机工作不正常,需要调整、修理。

表 8-7 玻璃瓶装酱油外观不合格项目调查表

调查者：李四　　地点：包装车间　　日期：　年　月　日

批次	产品规格	批量/箱	抽样数/瓶	不合格品数/瓶	批不合格品率/%	外观不合格项目					
						封口不严	液高不符	标签歪	标签擦伤	沉淀	批号模糊
1	生抽	100	50	1	2			1	1		
2	生抽	100	50	0	0						
3	生抽	100	50	2	4			2	1		
4	生抽	100	50	0	0						
⋮	⋮	⋮	⋮								
250	生抽	100	50	1	2		1		1		
合计		25 000	12 500	175	1.4	5	10	75	65	10	10

3. 不合格位置调查表

或称缺陷位置调查表，就是先画出产品平面示意图，把图面划分成若干小区域，并规定不同外观质量缺陷的表示符号。调查时，按照产品的缺陷位置在平面图的相应小区域内打记号，最后统计记号，可以得出某一缺陷比较集中在哪一部位上的规律，这就能为进一步调查或找出解决办法提供可靠的依据。

现以奶粉包装袋的印刷质量缺陷位置调查为例说明，结果见表 8-8。调查结果表明色斑最严重，而且集中在 E、F 和 H 区；条状纹其次，主要集中在 A 区；排在第 3 位的是套色错位，集中在 B、C、D 区。接下去就可以用因果图首先对色斑问题进行分析，找出原因，制定改进措施；然后依次对条状纹和套色错位进行分析。

表 8-8 奶粉包装袋印刷质量缺陷位置调查表

品名	奶粉包装袋	检查起止日期	3 月 10—20 日
工序	印刷	检查者	王五
调查目的	彩印质量	检查件数	500

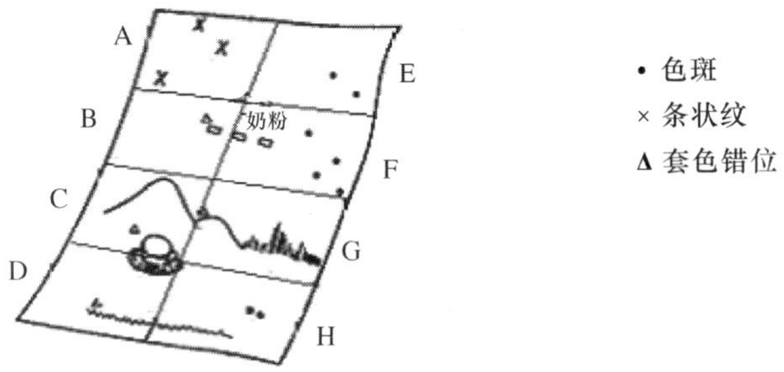

区域		A	B	C	D	E	F	G	H	合计
缺陷	色斑					34	40		20	94
	条状纹	30		7						37
	套色错位		16	12	7					25

4. 矩阵调查表

矩阵调查表，又称不合格原因调查表，是一种多因素调查表，它要求把产生问题的对应因素分别排列成行和列，在其交叉点上标出调查到的各种缺陷和问题以及数量。表 8-9 是某饮料厂 PET 瓶生产车间对两台注塑机生产的 PET 瓶制品的外观质量的调查表。从表中可以看出：1# 机发生的外观质量缺陷较多，操作工 B 生产出的产品不合格最多。对原因进行分析表明，1# 注塑机维护保养较差，而且操作工 B 不按规定及时更换模具。从 2 月 3 日两台注塑机所生产的产品的外观看质量缺陷都比较多，而且气孔缺陷尤为严重，经调查分析是当天的原材料湿度较大所致。

表 8-9　PET 瓶外观不合格原因调查表

设备	操作者	2 月 1 日		2 月 2 日		2 月 3 日		2 月 4 日		2 月 5 日	
		上午	下午	上午	下午	上午	下午	上午	下午	上午	下午
1#	A	○○●	○××□	○×●	○○×□	○○●○○○×	○○○○×○	○○××	○×□	○×△△	×●□
	B	○●××	○○●××□	×××□●△	○××	○○○○○○●××	○○○○○○●×	○●●○×××	○○●●××△	○○●×□	○×××○
2#	C	○×	□	○×	●	○○○○○×	○○○○×	○△	○●×	○	○
	D	○□	○●×	○	○△	○○○×□	○○○○○	○●□	○×	○	○

注：○气孔　△裂纹　●疵点　×变形　□其他

二、排列图

（一）排列图的概念

排列图又叫帕累托图（有的译为巴雷特图）。它是将质量改进项目从最重要到次要进行排列而采用的一种简单的图示技术。排列图由一个横坐标、两个纵坐标、几个按高低顺序排列的矩形和一条累计百分比折线组成。通过区分最重要和其他次要的项目，就可以用最少的努力获得最大的改进。

（二）排列图的应用案例

表 8-10 是某蛋糕店针对其某个月销售的裱花蛋糕的不合格项调查汇总表。

表 8-10　裱花蛋糕不合格项调查汇总表

不合格类型	微生物	卡通	蛋糕坯	外形	杂质	奶油	小计
不合格数	42	18	8	13	3	6	90

用 MINITAB 统计软件制作的排列图如下：

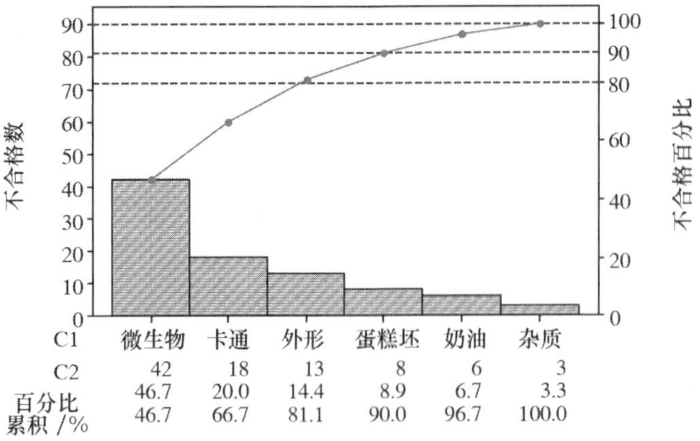

图 8-4 裱花蛋糕不合格项目排列图

从图 8-4 中可以看出,出现不合格品的主要原因是微生物,只要把“微生物”这个“关键的少数”解决了,不合格率就可以降低 46.7%。

三、因果图

(一)因果图的概念

因果图,又称鱼刺图,是一种用于分析质量特性(结果)与可能影响质量特性的因素(原因)的一种工具。它可用于以下几个方面:分析因果关系、表达因果关系及通过识别症状、分析原因、寻找措施,促进问题解决。日本东京大学教授石川馨第一次提出了因果图,所以因果图又称石川图。

(二)因果图的制作

1. 因果图的制作步骤

(1)确定需要分析的质量特性,例如产品质量、质量成本、产量、工作质量等问题。

(2)召集同该质量问题有关的人员参加的会议,充分发扬民主,各抒己见,集思广益,把每个人的分析意见都记录在图上。

(3)画一条带箭头的主干线,箭头指向右端,将质量问题写在图的右边,确定造成质量问题的原因类别。影响产品质量一般有人、机、料、法、环、测(5M1E)6 大因素,所以经常见到按 6 大因素分类的因果图。然后围绕各原因类别展开,按第一层原因、第二层原因、第三层原因及相互间因果的关系,用长短不等的箭头线画在图上,逐级分析展开到能采取措施为止。

(4)讨论分析主要原因,把主要的、关键的原因分别用粗线或其他颜色的线标记出来,或者加上框框进行现场验证。

(5)记录必要的有关事项,如参加讨论的人员、绘制日期、绘制者等。

2. 因果图制作案例

图 8-5 是针对图 8-4 确定的裱花蛋糕不合格主要项目“微生物”,应用因果图列出裱

花蛋糕菌落总数超标的可能原因，然后再结合实地调查、检验等技术手段逐一排查，最后确定裱花蛋糕菌落总数超标的原因。

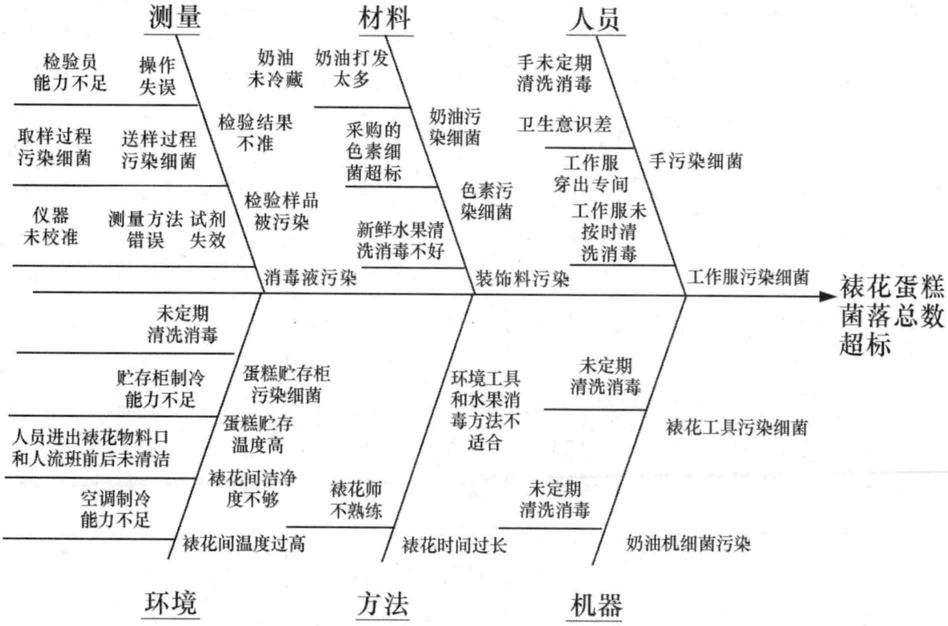

图 8-5　裱花蛋糕微生物超标的因果图

任务三　应用直方图和分层法分析质量问题

【任务引入】

某食品厂用两台机器（Ⅰ和Ⅱ）、2 只烤箱（A 和 B）生产月饼。规定月饼的重量为 250～275 g。每小时从 2 台机器生产的新鲜月饼中随机抽出 4 个测定重量，连续测量 20 h，得到的数据如表 8-11 所示。请用直方图和分层法分析机器和烤箱对月饼重量的影响。

表 8-11　月饼重量记录表

序号	烤箱	机器Ⅰ				机器Ⅱ			
		1	2	3	4	1	2	3	4
1	A	259.2	259.5	260.2	262.0	264.3	271.8	264.6	264.4
2	A	258.5	258.7	256.2	257.0	265.3	266.7	262.3	262.0
3	A	254.2	260.2	260.5	255.9	265.7	263.8	265.2	252.7
4	B	254.0	253.3	248.2	249.9	262.5	260.2	261.3	260.4
5	B	259.6	253.7	263.2	259.6	258.4	264.9	262.8	264.8

续表 8-11

序号	烤箱	机器Ⅰ				机器Ⅱ			
		1	2	3	4	1	2	3	4
6	A	258.1	257.9	261.0	256.2	262.3	266.2	258.4	260.8
7	A	255.2	254.8	248.7	255.8	258.1	261.9	262.9	259.0
8	B	249.0	247.7	252.0	263.1	257.5	259.9	260.6	262.3
9	B	247.2	260.6	249.5	265.3	256.9	257.1	263.6	262.2
10	B	249.1	257.2	250.8	251.2	259.6	259.5	256.8	264.2
11	A	254.6	257.0	250.8	254.6	262.2	259.8	257.6	262.6
12	B	264.7	257.5	255.8	250.9	261.4	261.2	264.4	262.6
13	B	254.1	246.6	251.6	249.4	259.6	259.2	256.1	257.1
14	A	250.2	255.5	258.0	252.7	253.5	256.9	260.6	262.3
15	A	251.1	259.2	255.5	250.0	259.1	256.3	259.8	261.4
16	A	251.3	253.1	246.3	255.5	258.0	257.9	255.3	253.6
17	B	252.3	254.4	252.1	256.6	260.0	259.4	259.1	257.0
18	B	244.1	261.0	258.4	252.6	265.6	261.8	255.4	259.0
19	B	254.8	251.3	258.4	262.3	264.5	257.5	262.9	254.3
20	A	250.6	252.3	254.3	251.4	259.1	255.8	262.0	254.2

【任务分析】

从表 8-11 的庞大数据,我们很难发现月饼重量分布的规律性,更不用说分析机器和烤箱对月饼重量形成的影响了。因此,我们需要借助一些统计工具来完成这一任务。直方图和分层法就是很好的工具。

【任务实施】

步骤一　制作总直方图(以 MINITAB 软件为例)

(1)进入 MINITAB,在数据表的 C1 列中输入(复制)烤箱列,C2 列输入机器Ⅰ、Ⅱ,C3 列输入对应的数据,如表 8-12 所示。

表 8-12

	C1-T	C2-T	C3
	烤箱	机器	重量
1	A	Ⅰ	259.2
2	A	Ⅰ	258.5
⋮			
	B	Ⅱ	262.5
	B	Ⅱ	258.4

(2)点击"图形—直方图—包含拟合"—确定—"图形变量"—双击"C3 重量"—单击"尺度"—选择"参考线",在数据值处显示参考线(D)栏内输入 250 275—确定,得到显示了月饼规格限(重量范围)的直方图。

步骤二　分析直方图

根据直方图的形状,分析月饼生产过程是否处于稳定状态;根据月饼重量分布范围与月饼规格限的富裕程度,分析月饼生产的过程能力能否满足要求。

步骤三　制作分层直方图

(1)进入 MINITAB 数据表界面—"图形—直方图—包含拟合"—确定—"图形变量"—双击"C3 重量"—单击"尺度"—选择"参考线",在数据值处显示参考线(D)栏内输入 250 275—确定—"多图形"—单击"按变量",在"按分组变量在不同图中分列"中选择机器或烘箱,单击 OK,得到以机器或烘箱分层的直方图。

(3)点击"图形—直方图—包含拟合"—确定—"图形变量"—双击"C3 重量"—"多图形"—单击"按变量",在"按分组变量在同一图中分列"中选择机器或烘箱,在"按分组变量在不同图中分列"中选择烘箱或机器,单击确定,得到同时以机器和烘箱分层的直方图。

步骤四　分析直方图

根据分层直方图的形状及其分布与规格限的富裕程度,分析是烤箱还是机器以及是那台烤箱或机器造成月饼重量形成过程异常。

【知识链接】

直方图和分层法

一、直方图

(一)直方图的概念和作用

直方图是从总体中随机抽取样本,将从样本中获得的数据进行整理后,用一系列宽度相等、高度不等的矩形表示数据分布的图。矩形的宽度表示数据范围的间隔,矩形的高度表示在给定间隔内的数据频数。

直方图的作用:①较直观地传递有关过程质量状况的信息,显示质量波动分布的状态;②通过对数据分布和与公差的相对位置的研究,可以对过程能力进行判断。

(二)直方图的分析

1. 对直方图形状的分析

观察直方图应该着眼于整个图形的形态,对于局部的参差不齐不必计较。常见的直方图形态如图 8-6 所示。根据直方图的形状,可以对总体进行初步分析。

(1)标准型(对称型)。数据的平均值与最大值和最小值的中间值相同或接近,平均值附近的数据的频数最多,频数在中间值向两边缓慢下降,以平均值左右对称,说明过程处于统计控制状态(稳定状态)。

(2)锯齿型。直方图出现参差不齐,但图形整体形状还是中间高、两边低、左右基本对称。造成这种情况不是生产上的原因,而是作频数分布表时分组过多,或测量方法有问题,或读错测量数据造成。

(3)偏峰型。数据的平均值位于中间值的左侧(或右侧),从左至右(或从右至左),数据分布的频数增加后突然减少,形状不对称。原因可能由单向公差要求或加工习惯等引起。

(4)陡壁型。平均值左离(或右离)直方图的中间值,频数自左至右减少(或增加),直方图不对称。当工序能力不足,为找出符合要求的产品经过全数检查,或过程中存在自动反馈调整时,常出现这种形状。

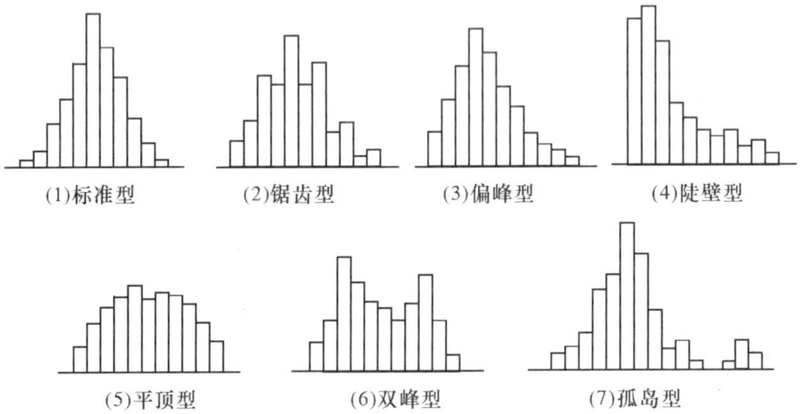

图 8-6　直方图的常见类型

(5)平顶型。当几种平均值不同的分布混在一起,或过程中某种要素缓慢劣化(如机器磨损、操作者疲劳)时,常出现这种形状。

(6)双峰型。靠近直方图中间值的频数较少,两侧各有一个"峰"。当有 2 种不同的平均值相差大的分布混在一起时,常出现这种形状。比如,把来自 2 个工人或 2 台设备加工的产品混为一批等。

(7)孤岛型。出现这种情况,说明过程中可能发生原料混杂、操作疏忽、短时间内有不熟练工人替岗、测量错误、混有另一分布的少量数据等情况。

2. 直方图与规格限的比较

评价总体时,可将规格限用 2 条线在直方图上表示出来,并与直方图的分布进行比较,以判定过程满足规范要求的程度。典型的 5 种情况如图 8-7 所示。

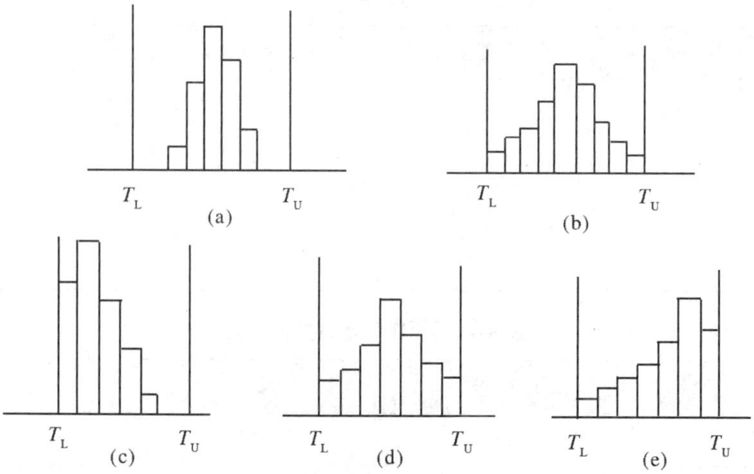

图 8-7　直方图与公差限的比较

(1)理想型:如图(a)所示,图形对称分布,符合公差要求且两边各有一定的富余量,是理想状态,不需要调整。

(2)无富余型:如图(b)所示,直方图能满足公差要求,但不充分。这种情况下,应考虑采取措施,减少波动。

(3)陡壁型:如图(c)所示,直方图不满足公差要求,必须采取措施,使平均值接近规范的中间值。

(4)能力不足型:如图(d)所示,易出现不合格品,要采取措施,以减少变异。

(5)能力不足加偏心型:如图(e)所示,要同时采取(3)和(4)的措施,既要使平均值接近规格的中间值,又要减少波动。

二、分层法

1. 分层法的概念和分层方法

分层法又叫分类法、分组法。它是按照一定的标志,把搜集到的大量有关某一特定主题的统计数据加以归类、整理和汇总的一种方法。分层的目的在于把杂乱无章和错综复杂的数据和意见加以归类汇总,使之更能确切地反映客观事实。

分层的原则是使同一层次内的数据波动幅度尽可能小,而层与层之间的差别尽可能大,否则就起不到归类汇总的作用。一般来说,分层有以下几种:按操作者分层、按机器设备分层、按原料分层、按加工方法分层、按时间分层、按作业环境状况分层、按测量分层等。

2. 分层法应用案例

某食品厂的糖水水果旋盖玻璃罐头经常发生漏气,造成产品发酵、变质。经抽检 100 罐产品后发现,一是由于 A、B、C 3 台封罐机的生产厂家不同;二是所使用的罐盖是由 2 个制造厂提供的。在用分层法分析漏气原因时采用按封罐机生产厂家分层(表 8-13)和按罐盖生产厂家分层(表 8-14)两种情况。

表 8-13　按封罐机生产厂家分层

封罐机生产厂家	漏气(罐)	不漏气(罐)	漏气率(%)
A	12	26	32
B	6	18	25
C	20	18	53
合计	38	62	38

表 8-14　按罐盖生产厂家分层

罐盖生产厂家	漏气(罐)	不漏气(罐)	漏气率(%)
一厂	18	28	39
二厂	20	34	37
合计	38	62	38

由表 8-13 和表 8-14 容易得出：为降低漏气率，应采用 B 厂的封罐机和选用二厂的罐盖。然而事实并非如此，当采用此方法后，漏气率反而高达 43%(6/14=0.43，见表 8-15)。因此，这样的简单分层是有问题的。正确的方法应该是：①当采用一厂生产的罐盖时，应采用 B 厂的封罐机。②当采用二厂生产的罐盖时，应采用 A 厂的封罐机。这时它们的漏气率平均为 0%(表 8-15)。因此运用分层法时，不宜简单地按单一因素分层，必须考虑各因素的综合影响效果。

表 8-15　多因素分层法

封罐机生产厂家	漏气情况	罐盖生产厂家		合计
		一厂	二厂	
A	漏气(罐) 不漏气(罐)	12 4	0 22	12 26
B	漏气(罐) 不漏气(罐)	0 10	6 8	6 18
C	漏气(罐) 不漏气(罐)	6 14	14 4	20 18
小计	漏气(罐) 不漏气(罐)	18 28	20 34	38 62
合　计		46	54	100

任务四　应用控制图分析和控制生产过程质量

【任务引入】

某植物油生产厂，采用灌装机灌装，每桶标称重量为 5 000 g，要求溢出量为 0～50 g。为准确控制溢出量，厂领导决定采用 $\overline{X}-R$ 控制图对灌装过程进行质量控制。请您绘制车间灌装工序使用的控制图。

【任务分析】

控制图是对过程质量特性值进行测定、记录、评估和监察过程是否处于统计控制状态的一种用统计方法设计的图。若过程只受随机因素的影响，则过程处于统计控制状态，即过程处于稳定状态。需要注意的是，过程处于稳定状态不能等同于生产的产品就是合格品。在本任务中，每桶油的净重在 5 000±50(4 950～5 050)g 范围内就是合格品，否则就是不合格品。而过程处于稳定状态表达的意思是灌装机工作过程正常，仅受随机因素或称偶然因素，如机器的固有振动，液体灌装机的正常磨损等的影响，不存在系统因素或称异常因素，如配方错误、设备故障或过度磨损、违反操作规程等引起的质量波动。当然，使用控制图的目的是要保证灌装机生产的产品合格，因此，首先要保证灌装机在正常工作状态下生产的产品是合格的，才能保证正常工作的灌装机生产的产品是合格的。

【任务实施】

步骤一　抽样

每间隔 30 min 在灌装生产线连续抽取 $n=5$ 的样本计量溢出量，共抽取 25 组样本，将数据记入数据表(表 8-16)。理论上讲，预备数据的组数应大于 20 组，在实际应用中最好取 25 组数据，当个别组数据属于可查明原因的异常时，经剔除后所余数据依然大于 20 组时，仍可利用这些数据做分析用控制图。若剔除异常数据后不足 20 组，则须在排除异因后重新收集 25 组数据。取样分组的原则是尽量使样本组内的变异小(由正常波动造成)，样本组间的变异大(由异常波动造成)，这样控制图才能有效发挥作用。因此，取样时组内样本必须连续抽取，而样本组间则间隔一定时间。

步骤二　制作分析用控制图

(1)在 Minitab 数据表内 C1～C5 列中分别输入测定值 X_1～X_5 列中的数值；

(2)选择“统计—控制图—子组的变量控制图—Xbar-R 或 Xbar-S”

(3)选择“子组的观测值位于多列的同一行中”，选中 C1～C5 溢出量，单击“选择”；

(4)单击“Xbar-R”“估计”，选中“Rbar”或“合并标准差”—单击“检验”，选中所有方框，单击确定，得到控制图。

表 8-16　溢出量控制图数据表

组号	测定值					$\overline{X}$	R	组号	测定值					$\overline{X}$	R
	X_1	X_2	X_3	X_4	X_5				X_1	X_2	X_3	X_4	X_5		
1	47	32	44	35	20	35.6	27	14	37	32	12	38	30	29.8	26
2	19	37	31	25	34	29.2	18	15	25	40	24	50	19	31.6	31
3	19	11	16	11	44	20.2	33	16	7	31	23	18	32	22.2	25
4	29	29	42	59	38	39.4	30	17	38	0	41	40	37	31.2	41
5	28	12	45	36	25	29.2	33	18	35	12	29	48	20	28.8	36
6	40	35	11	38	33	31.4	29	19	31	20	35	24	47	31.4	27
7	15	30	12	33	26	23.2	21	20	12	27	38	40	31	29.6	28
8	35	44	32	11	38	32.0	33	21	52	42	52	24	25	39.0	28
9	27	37	26	20	35	29.0	17	22	20	31	15	3	28	19.4	28
10	23	45	26	37	32	32.6	22	23	29	47	41	32	22	34.2	25
11	28	44	40	31	18	32.2	26	24	28	27	32	22	54	32.6	32
12	31	25	24	32	22	26.8	10	25	42	34	15	29	21	28.2	27
13	22	37	19	47	14	27.8	33	合 计						746.5	686

步骤三　分析控制图,评估生产过程的稳定性

控制图对过程异常的判断以小概率事件原理为理论依据,其判异准则有 2 类:一是点子出界就判异,二是界内点子排列不随机就判异。常规控制图有 8 种判异准则(图 8-8)。如果控制图出现 8 种异常之一,那就可以判定生产过程出现异常情况,需要及时查找原因并加以消除,以避免不合格产品的出现。

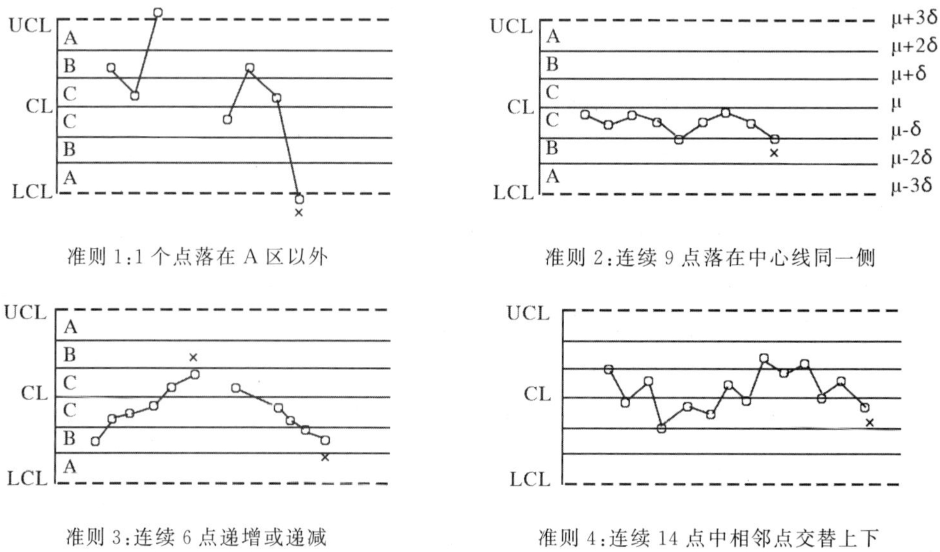

图 8-8

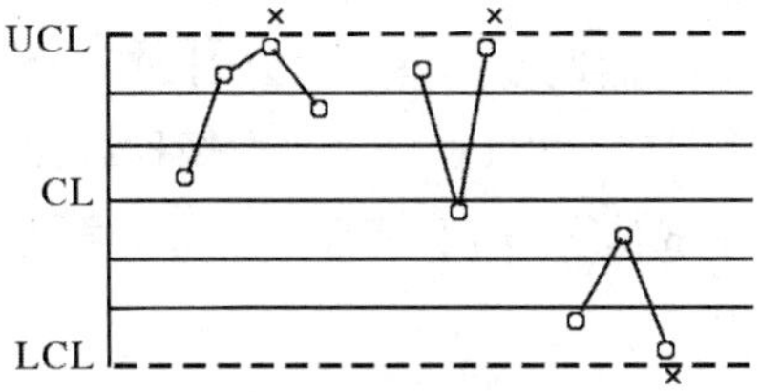

准则5:连续3点中有2点落在中心线同一侧的B区以外

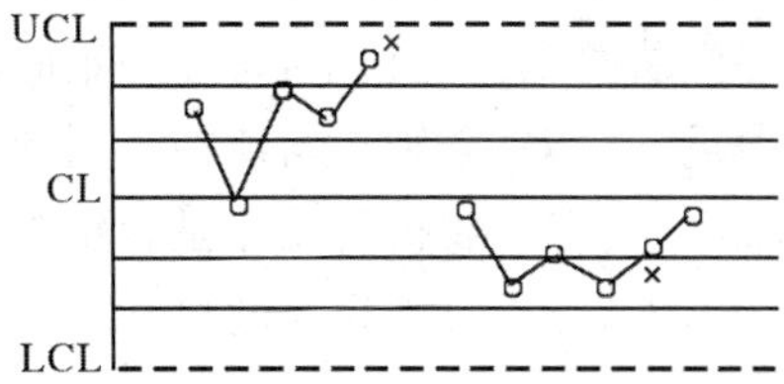

准则6:连续5点中有4点落在中心线同一侧的C区以外

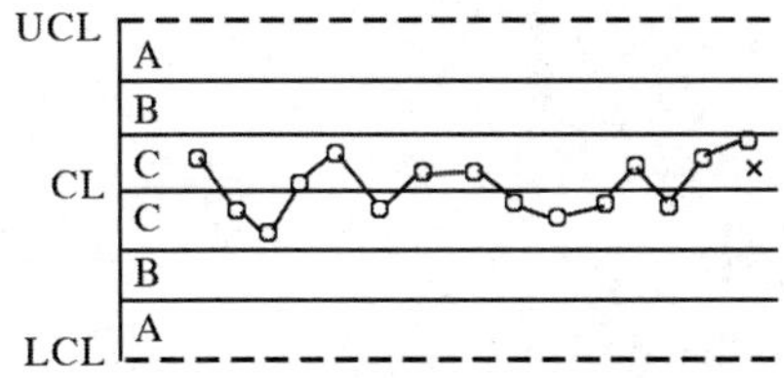

准则7:连续15点落在中心线两侧的C区内

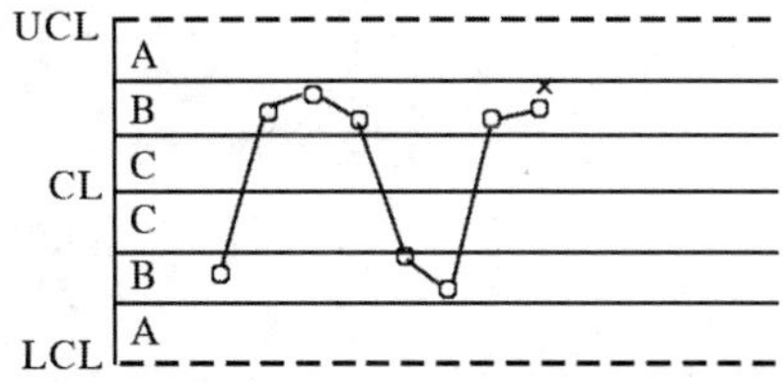

准则8:连续8点落在中心线两侧且无一在C区内

续图 8-8　常规控制图 8 种判异准则

注:图中×代表异常点

步骤四　制作控制用控制图

如果步骤一制作的分析用控制图显示灌装过程正常,上下控制限与规定的灌装溢出量(0～50 g)有一定的富余量,那就说明灌装机不仅工作正常而且过程能力可以保证不合格品(即灌装溢出量低于0 g或超过50 g)出现的概率很低。这时,就可以用步骤一所得的分析用控制图作为基准,将其中心线和上下控制线作为标准制作一张控制用均值控制图和一张控制用极差控制图(图8-9),供灌装生产一线使用。

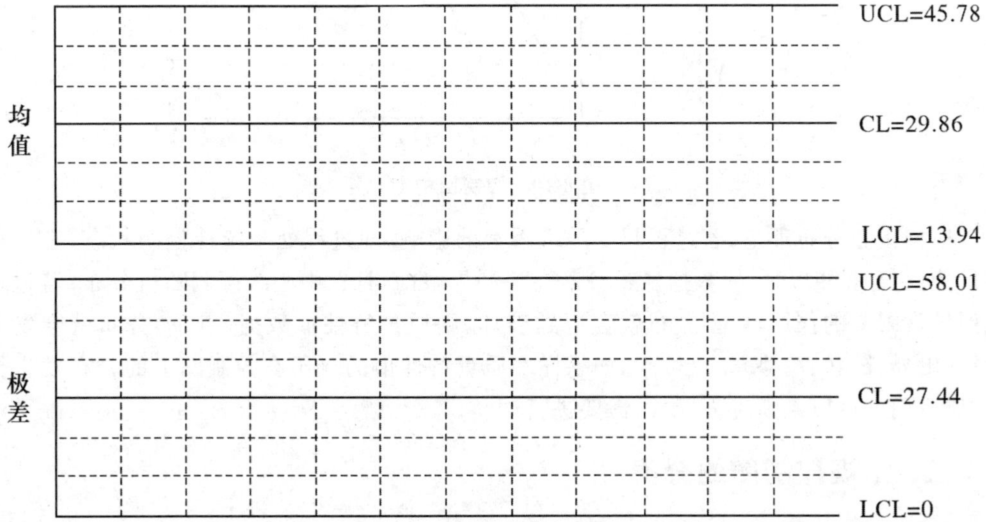

图 8-9　控制用均值-极差控制图

步骤五　定期抽样、打点并判定灌装过程的稳定性

在灌装机工作过程中，每隔一定时间(0.5 h 或 1 h)抽取 5 桶油，称重，计算 5 桶油的平均净重和极差，分别在均值控制图和极差控制图中打点，并根据图 8-8 常规控制图 8 种判异准则，判定灌装机的工作是否正常。如果出现异常情况，那就要查找原因，消除引起异常的因素，必要时维修灌装机。

【知识链接】

常规控制图

一、常规控制图的构造与原理

控制图是对过程质量特性值进行测定、记录、评估和监察过程是否处于统计控制状态的一种用统计方法设计的图。将通常的正态分布图转个方向，使自变量增加的方向垂直向上，并将 μ(总体平均值)、$\mu+3\sigma$ 和 $\mu-3\sigma$(σ 表示总体标准差)分别标为 CL、UCL 和 LCL，这样就得到了一张控制图。图中的 UCL 为上控制线，CL 为中心线，LCL 为下控制线(图 8-10)。

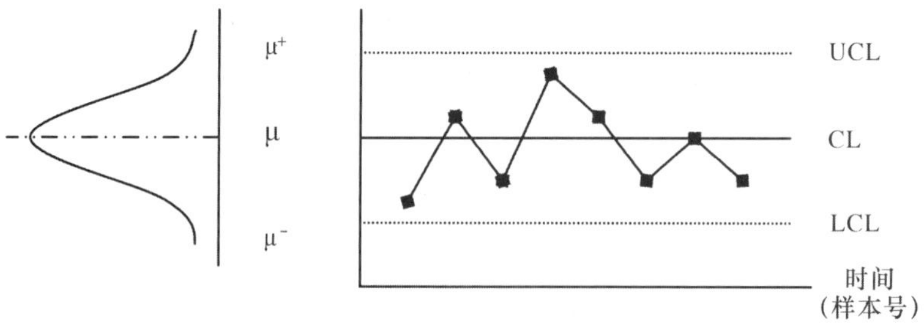

图 8-10　控制图构造

根据正态分布理论，若过程只受随机因素的影响，即过程处于统计控制状态，则过程质量特性值有 99.73%的数据(点子)落在控制界限内，且在中心线两侧随机分布；若过程受到异常因素的作用，典型分布就会遭到破坏，则质量特性值数据(点子)分布就会发生异常(出界、链状、趋势)。反过来，如果样本质量特性值的点子在控制图上的分布发生异常，那我们就可以判断过程异常，需要进行调整。

二、常规控制图的分类

1. 按被控制对象的数据性质分类

按被控制对象的数据性质不同，常规控制图可分为计量值控制图、计件值控制图和计点值控制图；每类又可分为若干种(表 8-17)。

2. 按用途分类

按用途不同，常规控制图可分为分析用控制图和控制用控制图。

分析用控制图用于对已经完成的过程或阶段进行分析，以评估过程是否稳定或确认改进效果；而控制用控制图则用于对正在进行中的过程，以保持过程的稳定受控状态。

表 8-17 常规控制图的分类

分布	控制图代号	控制图名称	分布	控制图代号	控制图名称
正态分布(计量值)	$\overline{X}-R$	均值-极差控制图	二项分布(计件值)	p	不合格品率控制图
	$\overline{X}-s$	均值-标准差控制图		np	不合格品数控制图
	Me－R	中位数-极差控制图	泊松分布(计点值)	u	单位不合格数控制图
	X－Rs	单值-移动极差控制图		c	不合格数控制图

三、常规控制图的应用案例

(一)单值一移动极差控制图

X-Rs 控制图多用于下列场合：对每一个产品都进行检验，采用自动化检查和测量的场合；取样费时、昂贵的场合；以及如发酵等气体与液体流程式过程，样品均匀的场合。

[**例**]某发酵厂每 0.5 h 对发酵醪进行温度测定，结果如表 8-18 所示。表中 X 表示测定的温度值，Rs 代表移动极差。请制作控制图并对过程进行判定。

表 8-18 发酵醪温度测定值及统计表

序号	1	2	3	4	5	6	7	8	9	10	11	12	13
X	36.8	36.9	37.5	37.8	39.6	38.0	37.4	37.1	36.9	36.5	36.0	36.9	36.8
Rs		0.1	0.6	0.3	1.8	1.6	0.6	0.3	0.2	0.4	0.5	0.4	0.4
序号	14	15	16	17	18	19	20	21	22	23	24	25	平均
X	36.9	37.5	37.8	37.3	37.7	36.8	36.0	34.0	36.8	37.6	38.0	37.5	37.10
Rs	0.1	0.6	0.3	0.5	0.4	0.9	0.8	2.0	2.8	0.8	0.4	0.5	0.72

解：(1)将表 8-18 中的温度数据输入 MINITAB 数据表的 C1 列；

(2)选择“统计—控制图—单值的变量控制图—单值—变量”—双击“C1”—单击“单值控制图选项”—单击“检验”，选中所有方框，确定，得到单值图。

(3)选择“统计—控制图—单值的变量控制图—移动极差”—双击“C1”—单击“MR选项”，然后单击“检验”，选中所有方框，确定，得到移动极差图。

(4)从图 8-11 上图可见，从第 6 点开始直到第 14 点，连续 9 点落在中心线的同一侧，依据判异准则的准则 2，属于异常链；第 22 点超出上控制限，属于异常。从图 8-11 下图可见，第 5 点和第 21 点分别超出上、下控制限，属于异常；第 6 点至第 11 点连续 6 点递减，符合判异准则的准则 3，属于异常链。综合以上判断，发酵醪温度控制过程出现异常，应尽快查找异常原因并加以消除；然后再重新收集 25 个数据制作控制图，以判定过程的稳定性。

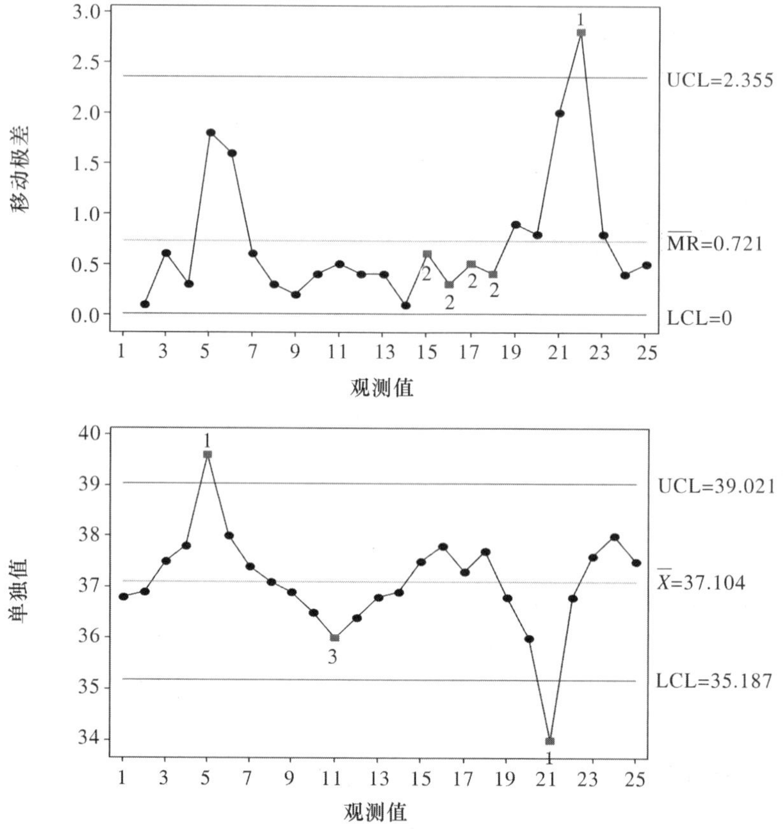

图 8-11　分析用发酵醪温度控制图

（二）不合格品数控制图

不合格品数控制图用于控制对象为不合格品数的场合。设 n 为样本量，p 为不合格品率，则 np 为不合格品数。由于当样本量 n 变化时 np 控制图的控制线都成为凹凸状，不但作图难，而且无法判异、判稳，故只在样本量相同的情况下，方才应用此图。

［**例**］某食品厂计划对糖果单粒包装机的包装质量进行控制。现每 0.5 h 取 100 粒糖果进行包装外观检验，结果如表 8-19 所示。请作 np 图并判定过程是否处于统计控制状态。

表 8-19　糖果单粒包装数据

子组号	不合格品数 np	子组号	不合格品数 np	子组号	不合格品数 np	子组号	不合格品数 np	子组号	不合格品数 np
1	2	6	1	11	2	16	3	21	3
2	5	7	4	12	1	17	1	22	6
3	1	8	3	13	1	18	5	23	1
4	2	9	2	14	4	19	1	24	2
5	5	10	6	15	1	20	3	25	3
合　计									68

解：(1)将表 8-19 中的不合格品数数据输入 MINITAB 数据表的 C1 列；

(2)选择“统计—控制图—属性控制图—*np*—变量”—双击“C1—子组大小 100”—单击“NP 控制图选项”—单击“检验”，选中所有方框，确定，得到控制图(图 8-12)。

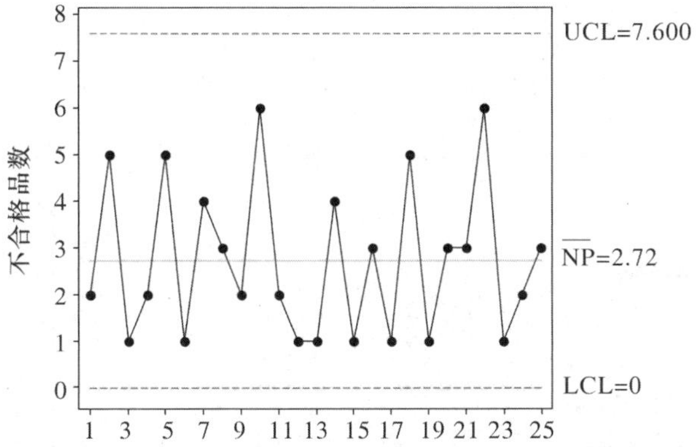

图 8-12　糖果包装不合格品数控制图

(3)图 8-12 显示控制图没有异常，糖果单粒包装机工作过程处于统计控制状态。

任务五　应用散点图分析和控制生产过程质量

【任务引入】

某酒厂为了研究中间产品酒醅中的酸度含量和酒度 2 个变量之间存在什么关系，对酒醅样品进行了化验分析，结果如表 8-20 所示。请分析酸度与酒度间的关系。

表 8-20　酒醅中酸度和酒度分析数据表

序号	1	2	3	4	5	6	7	8	9	10	11	12	13	14	15
酸度	0.5	0.9	1.2	1.0	0.9	0.7	1.4	0.8	0.7	0.9	1.2	0.8	1.2	1.6	1.5
酒度	6.3	5.8	4.8	4.6	5.4	5.8	3.8	5.7	6.0	6.1	5.3	5.9	4.7	3.8	3.4
序号	16	17	18	19	20	21	22	23	24	25	26	27	28	29	30
酸度	1.4	0.9	0.7	0.6	0.5	0.5	1.2	0.6	1.3	1.0	1.5	0.7	1.3	1.0	1.2
酒度	3.8	5.0	6.3	6.4	6.4	6.4	4.7	6.5	4.3	5.3	4.4	6.6	4.6	4.8	4.1

【任务分析】

研究 2 个变量之间的关系即相关分析，可以使用散布图(也叫散点图、相关图)进行分析。在相关图中，成对的数据形成点子云，研究点子云的分布状态，便可推断成对数据之间的相关程度。当 x 值增加，相应地 y 值也增加，就称 x 和 y 之间是正相关；当 x 值增加,相应的 y 值减少,则称 x 和 y 之间是负相关。图 8-13 是 6 种常见的相关图形状。

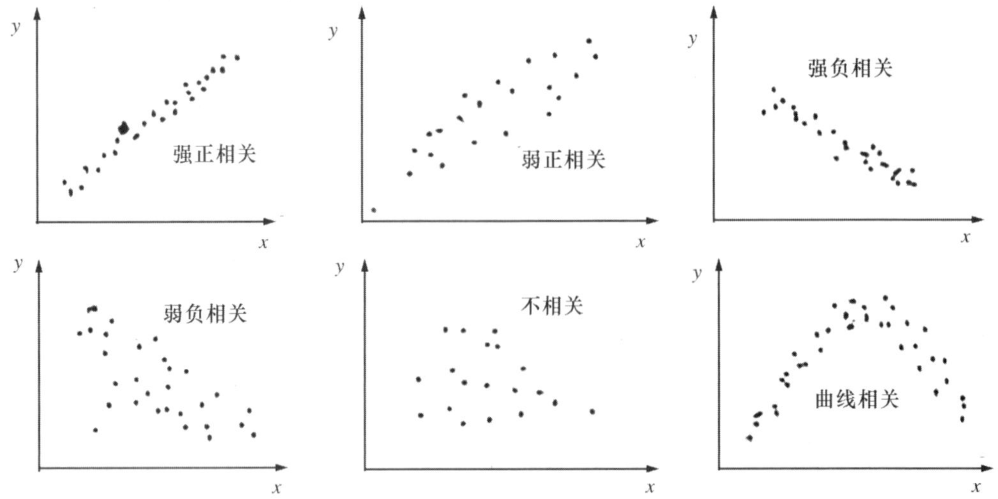

图 8-13　典型相关图

【任务实施】

步骤一　制作散布图

在 EXCEL 中,1 行输入表 8-20 中酸度的数据,2 行输入酒度的数据,选择所有数据,单击“插入—散点图”,得到酸度-酒度散点图。

步骤二　相关性分析

对照图 8-13,分析所制作的散点图属于哪一种相关。或者在 EXCEL 中,右键单击散点图中的散点,选择“添加趋势线—显示 R 平方值”,得到相关系数的平方值,根据 R 平方值的大小判定酸度与酒度的相关性。

复习思考题

一、单项选择题

1. 下列关于质量的概念正确的是(　　)。

A. 质量是产品的一种物理属性,即耐用性

B. 一组固有特性满足要求的程度

C. 服务的快捷性、准确性及安全性

D. 质量是产品满足需求的稳定性,可靠性及时间性

2. 质量控制是一个(　　)。

A. 具体的质量检验过程

B. 设定标准,测量结果,判定是否达到了预期要求

C. 对质量问题采取措施进行补救并防止再发生的过程

D. 设定标准(根据质量要求)、测量结果,判定是否达到了预期要求,对质量问题采取措施进行补救并防止再发生的过程

3. 下列对全面质量管理的含义表述正确的是(　　)。

A. 以质量为中心,以全员参与为基础,目的在于通过让顾客满意和本组织所有者、员工、供方、合作伙伴或社会等相关方受益而达到长期成功的一种管理途径

B. 以质量为中心,以监督抽查为手段,通过本组织所有者、员工、供方、合作伙伴或社会等相关方共同努力而提高产品质量的一种管理方法

C. 以质量为中心,以全员参与为基础,以质量专业技术人员为核心的一种质量控制方法

D. 以质量为中心,以质量专业技术人员为核心,以消费者为监督的一套控制质量的措施

4. 全面质量管理常用英文缩写(　　)来代表。

A. AQP　　B. TQM　　C. TQC　　D. TQP

5. 宾馆要求餐饮部中从事烹饪作业的人员持健康证上岗,这是为了满足(　　)。

A. 顾客明确的要求　　B. 顾客隐含的要求

C. 相关法律法规的要求　　D. 组织特定的附加要求

6. 生产要素的5M1E是指(　　)。

A. 人、机、料、法、测、环　　B. 人、检、料、法、测、机

C. 机、料、法、检、环、测　　D. 人、机、料、检、环、测

7. 5M1E的5M中,(　　)是最活跃的因素。

A. 人　　B. 机　　C. 料　　D. 法　　E. 测

8. PDCA循环中P的含义是(　　)。

A. 实施　　B. 检查　　C. 处置　　D. 策划

9. 控制产品长度的控制图是(　　)。

A. 计点值控制图　　B. 计件值控制图

C. 计量值控制图　　D. 计数值控制图

10. 质量改进是(　　)的一部分,致力于增强满足质量要求的能力。

A. 质量保证　　B. 质量突破　　C. 质量控制　　D. 质量管理

11. 质量要求指(　　)需求或期望。

A. 明示的　　B. 通常隐含的　　C. 必须履行的　　D. 以上都是

12. 质量特性包括(　　)。

A. 产品质量特性　　B. 过程质量特性　　C. 体系质量特性　　D. 以上都是

13. 在质量方面指挥和控制组织的协调的活动是(　　)。

A. 质量管理　　B. 质量保证　　C. 质量控制　　D. 质量改进

14. PDCA循环中C的含义是(　　)。

A. 实施　　B. 检查　　C. 处置　　D. 策划

15. PDCA 循环也称为(　　)循环。

A. 戴明　　B. 休哈特　　C. 朱兰　　D. 以上都不是

二、判断题

1. 质量保证就是买到不合格产品以后的包修、包换、包退。
2. 食品质量特性不包括食品安全特性。
3. QA 和 QC 的意思不一样。
4. 通过因果图可以找出质量问题的主要原因。
5. 产品检验中由检验员不熟练造成的结果差异属于正常波动。
6. 排列图主要用于查找质量问题的原因。
7. 因果图可用于确定质量问题的主要方面。
8. 全面质量管理不需要质量检验。
9. 控制图无异常说明生产过程只有正常波动,无异常波动。
10. 散布图可用于分析两组数据间的关系。
11. 体系质量特性是指与产品质量、安全等管理体系有关的质量特性。
12. 食品的含糖量、酒精度、净重等技术特性是食品的固有特性。
13. 通常隐含的质量要求是指组织、顾客和其他相关方的惯例或一般做法。
14. 指法律法规要求的或有强制性标准要求是必须履行的要求。
15. 质量改进是质量管理的一部分,致力于满足质量要求。

三、简答题

1. 质量管理常用的 7 种工具是什么?
2. 简述直方图的不同图形与过程质量的关系。
3. 分层法的作用是什么?它可以用在什么场合?
4. 调查表的用途是什么?
5. 质量的波动是由哪些因素造成的?
6. 结合你的工作学习经历,说明 PDCA 循环的应用。

项目九
抽样检验技术

【知识目标】

1. 理解质量检验的定义、作用和分类；
2. 理解抽样检验常用术语的含义。

【技能目标】

1. 能应用 GB/T 2828.1—2012 制订抽样检验方案；
2. 能根据抽样检验结果进行批产品质量的判定。

【素质目标】

1. 树立抽样检验的风险意识；
2. 树立全过程检验的质量意识。

【思政目标】

1. 树立正确的价值观；
2. 培养精益求精的工匠精神。

任务一　认知质量检验的基本术语

一、质量检验的定义、作用和分类

(一)质量检验的定义和作用

1. 检验的定义

检验指为确定产品或服务的各种特性是否合格,测量、检查、测试或量测产品或服务的一种或多种特性,并且与规定要求进行比较的活动。

2. 质量检验的作用

(1)评价(鉴别)作用　企业的质量检验机构根据技术标准、合同、法规等依据,对产品质量形成的各阶段进行检验,并将检验结果与标准比较,做出符合或不符合标准的判断,或对产品质量水平进行评价。不进行鉴别就不能确定产品的质量状况,也就难以实现质量"把关"。鉴别主要由专职检验人员完成。

(2)把关作用　检验人员通过对原材料、外购件、外协件和成品的检验和试验,将不合格品分选或剔出,严格把住每个环节的质量关,做到不合格的原材料、外购外协件不进厂,不合格的半成品不转序,不合格的产品(成品)不出厂。这是质量检验最重要、最基本的职能和作用。

(3)预防作用　检验的预防作用表现在通过抽样检验,进行过程能力分析和控制图判断过程状态,从而预防不合格品的出现。另外,检验人员通过进货检验、首件检验、巡回检验及抽样检验等,及早发现不合格品,防止不合格品进入工序加工和大批量的产品不合格,避免造成更大的损失。

(4)报告作用　通过各阶段的检验和试验,记录和汇集了产品质量的各种数据,这些质量记录是证实产品符合性及质量管理体系有效运行的重要证据。另一方面当产品质量发生变异时,这些检验记录能及时向有关部门及领导报告,起到重要信息反馈作用。

(二)质量检验的分类

质量检验方式可按不同的方法进行分类(表 9-1)。

表 9-1　质量检验的分类

分类方法	检验方式	
一、按生产过程顺序分类	1. 进货检验	首件(批)样品进货检验
		成批进货检验
	2. 过程检验	首件检验
		巡回检验
		在线检验
		完工检验
	3. 最终检验	成品入库检验
		型式检验
		出厂检验
二、按检验地点分类	1. 固定场所检验	
	2. 流动检验	
三、按检验方法分类	1. 感官检验	
	2. 理化检验	
	3. 微生物检验	
四、按被检验产品的数量分类	1. 免检	
	2. 抽样检验	
	3. 全数检验	
五、按数据性质分类	1. 计量值检验	
	2. 计数值检验	

分类方法	检验方式
六、按检验后样品的状况分类	1. 破坏性检验
	2. 非破坏性检验
七、按检验目的分类	1. 生产检验
	2. 验收检验
	3. 监督检验
	4. 验证检验
	5. 仲裁检验
八、按供需关系分类	1. 第一方检验
	2. 第二方检验
	3. 第三方检验
九、按检验人员分类	1. 自检
	2. 互检
	3. 专检
十、按检验周期分类	1. 逐批检验
	2. 周期检验
十一、按检验的效果分类	1. 判定性检验
	2. 信息性检验
	3. 寻因性检验
十二、按检验项目性质分类	1. 常规检验
	2. 非常规检验

1. 按生产过程的顺序分类

(1)进货检验　食品企业生产所需的原料、配料、包装材料等多由其他企业生产。进货检验是企业对所采购的原材料及半成品等在入库之前所进行的检验。其目的是防止不合格品进入仓库,防止由于使用不合格品而影响产品质量,打乱正常的生产秩序。这对于把好质量关,减少企业不必要的经济损失是至关重要的。进货检验应由企业专职检验员,严格按照技术文件认真检验。进货检验包括首件(批)样品进货检验和成批进货检验。

①首件(批)样品进货检验:对首件(批)进货样品,按程序文件、检验规程以及该产品的规格要求或特殊要求进行全面检验或全数检验或某项质量特性的试验;详细记录检测和试验数据,以便分析首件(批)样品的符合性质量及缺陷,并预测今后可能发生的缺陷,及时与供方沟通进行改进或提高。在首次交货、供方产品设计上有较大的变更、产品(供货)的制造工艺有了较大的改变、供货停产较长时间后恢复生产、需方质量要求有了改变等情况下应进行首件(批)样品的进货检验。

②成批进货检验:按入厂原材料、半成品对产品质量的影响程度分为 A、B、C 3 类。

A类是关键件，必检；B类是重要件，抽检；C类是一般件，对产品型号规格、合格标志等进行验证。通过A、B、C分类检验，可使检验工作分清主次，集中主要力量检测关键件和重要件，确保进货质量。

(2)过程检验　过程检验也称工序检验，是在产品形成过程中对各加工工序之间进行的检验。其目的在于保证各工序的不合格半成品不得流入下道工序，防止对不合格半成品的继续加工和成批半成品不合格，确保正常的生产秩序。由于过程检验是按生产工艺流程和操作规程进行检验，因而起到验证工艺和保证工艺规程贯彻执行的作用。过程检验一般由生产部门和质检部门分工协作共同完成。过程检验根据过程的各阶段又可分为首件检验、巡回检验、在线检验和完工检验。

①首件检验：是对加工的第一件产品进行的检验；或在生产开始时(上班或换班)或工序因素调整(调整工装、设备、工艺)后前几件产品进行检验，其目的及早发现过程中影响产品质量的系统因素，防止产品成批报废。

②巡回检验：是指检验员在生产现场按一定的时间间隔对有关工序的产品和生产条件进行的监督检验。巡回检验不仅要抽检产品，还需检查影响产品质量的生产因素(5M1E，人、机、料、法、测、环)。巡回检验的重点是关键工序。

③在线检验：是在流水线生产中，完成每道或数道工序后所进行的检验。一般要在流水线中设置几个检验工序，由生产部门或品质部门派员在此进行在线检验。

④完工检验：是对一批加工完的半成品进行全面的检验。完工检验的工作内容包括验证前面各工序的检验是否完成，检验结果是否符合要求，即对前面所有的检验数据进行复核。目的是发现和剔除不合格品，使合格品继续转入下道工序或进入半成品库。

(3)最终检验　最终检验，是完工后的产品入库前或发到用户手中之前进行的一次全面检验；这是最关键的检验。因此，必须根据合同规定(如有的话)及有关技术标准或技术要求，对产品实施最终检验。其目的在于保证不合格产品不出厂。最终检验不仅要管好出厂前的检验，而且还应对在此之前进行的进货检验，过程检验是否都符合要求进行核对。只有所有规定的进货检验、过程检验都已完成，各项检验结果满足规定要求后，才能进行最终检验。最终检验的形式一般有：成品(入库)检验、型式检验和出厂检验。

①成品检验：是在生产结束后产品入库前对产品进行的常规检验。食品的入库检验项目为常规检验项目，如感官指标、部分理化指标、非致病性微生物指标、包装等。

②型式检验：检验项目包括该产品标准对产品的全部要求，即包括常规检验项目和非常规检验项目。由于非常规检验(农药兽药残留、重金属、致病菌等)大多历时长、耗费大，不可能每批入库(或出厂)时都做。一般情况下，每个生产季度应进行一次型式检验。有下列情况之一者，亦应进行型式检验：a)新产品或老产品转厂生产时；b)长期停产，恢复生产时；c)正式生产后，当主要原辅材料、配方、工艺和关键生产设备有较大改变，可能影响产品质量时；d)国家质量监督机构提出进行型式检验要求时；e)出厂检验结果与上次型式检验有较大差异时。

③出厂检验：或称交收检验，是指在将仓库中的产品送交客户前进行的检验。虽然

产品入库前已经进行了严格的检验，但由于食品有保质期，所以出厂检验是必要的。出厂检验的项目可以同入库检验一样，也可以从入库检验的项目中选择一部分进行。但要注意，只有型式检验在有效期内，出厂检验合格的产品，才有根据判定它符合质量要求。

2. 按被检验产品的数量分类

(1)全数检验　全数检验也称为百分之百检验，是对所提交检验的全部产品逐件按规定的标准全数检验。全数检验在以下情况进行：价值高但检验费用不高的产品，生产批量不大，质量又无可靠措施保证的产品，手工操作比重大、质量不稳定的加工工序所生产的产品，抽样方案判为不合格批需全数重检筛选的产品。

应注意，即使全数检验由于错验和漏验也不能保证百分之百合格。如果希望得到的产品百分之百都是合格产品，必须重复多次全数检验才能接近百分之百合格。

(2)抽样检验　抽样检验是按预先确定的抽样方案，从交验批中抽取规定数量的样品构成一个样本，通过对样本的检验推断批合格或批不合格。

抽样检验适用于以下情况：①生产批量大、自动化程度高，产品质量比较稳定的情况；②带有破坏性检验项目的产品；③产品价值不高但检验费用较高时；④某些生产效率高、检验时间长的产品；⑤外协件、外购件大量进货时。

抽样检验方案的确定依据不同时，又可分为统计抽样检验和非统计抽样检验。非统计抽样检验(如百分比抽样检验)的方案不是由统计技术决定的，其对交验批的接收概率不只受批质量水平的影响，还受到批量大小的影响，是不科学、不合理的抽样检验，应予以淘汰。

(3)免检　免检即无试验检验，并不意味着不进行“验证”，而是对经国家权威部门产品质量认证合格的产品或信得过产品在买入时执行的无试验检验，接收与否以供应方的合格证或检验数据为依据。执行免检时，顾客往往要对供应方的生产过程进行监督。监督方式可采用派员进驻或索取生产过程的控制图等方式进行。

3. 按质量特性的数据性质分类

(1)计量值检验　计量值检验需要测量和记录质量特性的具体数值，取得计量值数据，并根据数据值与标准对比，判断产品是否合格。计量值检验所取得的质量数据，可应用直方图、控制图等统计方法进行质量分析，可以获得较多的质量信息。

(2)计数值检验　所获得的质量数据为合格品数、不合格品数等计数值数据，而不能取得质量特性的具体数值。

4. 按检验后样品的状况分类

(1)破坏性检验　破坏性检验指只有将被检验的样品破坏以后才能取得检验结果的检验，如食品化学检验等。

(2)非破坏性检验　非破坏性检验是指检验过程中产品不受到破坏，产品质量不发生实质性变化的检验。如食品重量的测量等检验。现在由于无损探伤技术的发展，非破坏性检验的范围在逐渐扩大。

5. 按检验目的分类

(1)生产检验　生产检验指生产企业在产品形成的整个生产过程中的各个阶段所进行的检验。生产检验的目的在于保证生产企业所生产的产品质量。食品的出厂检验或称交收检验就属于生产检验。生产检验执行内控标准。

(2)验收检验　验收检验是顾客(需方)对生产企业(供方)提供的产品所进行的检验。验收检验的目的是顾客为了保证验收产品的质量。验收检验执行验收标准。

(3)监督检验　监督检验指经各级政府主管部门所授权的独立检验机构,按质量监督管理部门制订的计划,从市场抽取商品或直接从生产企业抽取产品所进行的市场抽查监督检验。监督检验的目的是对投入市场的产品质量进行宏观控制。

(4)验证检验　验证检验指各级政府主管部门所授权的独立检验机构,从企业生产的产品中抽取样品,通过检验验证企业所生产的产品是否符合所执行的质量标准要求的检验。如产品质量认证中的型式试验就属于验证检验。

(5)仲裁检验　仲裁检验指当供需双方因产品质量发生争议时,由各级政府主管部门所授权的独立检验机构抽取样品进行检验,提供仲裁机构作为裁决的技术依据。

6. 按供需关系分类

(1)第一方检验　生产方(供方)称为第一方。第一方检验指生产企业自己对自己所生产的产品进行的检验。第一方检验实际就是生产检验。

(2)第二方检验　使用方(顾客、需方)称为第二方。需方对采购的产品或原材料、外购件、外协件及配套产品等所进行的检验称为第二方检验。第二方检验实际就是进货检验(买人检验)和验收检验。

(3)第三方检验　由各级政府主管部门所授权的独立检验机构称为公正的第三方。第三方检验包括监督检验、验证检验、仲裁检验等。

7. 按检验人员分类

(1)自检　自检是指由操作工人自己对自己所加工的产品所进行的检验。自检的目的是操作者通过检验了解被加工产品的质量状况,以便不断调整生产过程生产出完全符合质量要求的产品。

(2)互检　互检是由同工种或上下道工序的操作者相互检验所加工的产品。互检的目的在于通过检验及时发现不符合工艺规程规定的质量问题,以便及时采取纠正措施,从而保证加工产品的质量。

(3)专检　专检是指由企业质量检验机构直接领导,专职从事质量检验的人员所进行的检验。

8. 按检验周期分类

(1)逐批检验　逐批检验是指对生产过程所产生的每一批产品,逐批进行的检验。逐批检验的目的在于判断批产品的合格与否。

(2)周期检验　周期检验是从逐批检验合格的某批或若干批中按确定的时间间隔(季或月)所进行的检验。周期检验的目的在于判断周期内的生产过程是否稳定。

周期检验和逐批检验构成企业的完整检验体系。周期检验是为了判定生产过程中系统因素作用的检验，而逐批检验是为了判定随机因素作用的检验。二者是投产和维持生产的完整的检验体系。周期检验是逐批检验的前提，没有周期检验或周期检验不合格的生产系统不存在逐批检验。逐批检验是周期检验的补充，逐批检验是在经周期检验杜绝系统因素作用的基础上而进行的控制随机因素作用的检验。

9. 按检验的效果分类

(1)判定性检验　判定性检验是依据产品的质量标准，通过检验判断产品合格与否的符合性判断。判定性检验的主要职能是把关，其预防职能的体现是非常微弱的。

(2)信息性检验　信息性检验是利用检验所获得的信息进行质量控制的一种现代检验方法。因为信息性检验既是检验又是质量控制，所以具有很强的预防功能。

(3)寻因性检验　寻因性检验是在产品的设计阶段，通过充分的预测，寻找可能产生不合格的原因(寻因)，有针对性地设计和制造防差错装置，用于产品的生产制造过程，杜绝不合格品的产生。寻因性检验具有很强的预防功能。

10. 按检验项目性质分类

(1)常规检验　每批产品必须进行的检验，如感官指标、净含量、部分理化指标、非致病性微生物指标、包装等。

(2)非常规检验　非逐批进行的检验，如农药兽药残留、重金属、致病菌等。

二、抽样检验的样品采集

样品采集的原则是随机抽样，就是保证在抽取样本的过程中，排除一切主观意向，使批中的每个单位产品都有同等被抽取的机会的一种抽取方法。

1. 简单随机抽样法

这种方法就是平常所说的随机抽样法，就是指总体中的每个个体被抽到的机会是相同的。可采用抽签、抓阄、掷骰、查随机数值表(乱数表)等办法。抽奖时摇奖的方法就是一种简单随机抽样法。简单随机抽样法的优点是抽样误差小，缺点是抽样手续比较繁杂。

2. 系统随机抽样法

又叫等距抽样法或机械抽样法，是每隔一定时间或一定编号进行，而每一次又是从一定时间间隔内生产出的产品或一段编号的产品中任意抽取一个。像在流水线上定时抽 1 件产品进行检验就是系统随机抽样的一个例子。系统随机抽样操作简便，实施起来不易出差错。但在总体发生周期性变化的场合，不宜使用这种抽样的方法。

3. 分层抽样法

又叫类型抽样法。它是从一个可以分成不同层(或称子体)的总体中，按规定的比例从不同层中随机抽取样品的方法。层别可以按设备分、按操作人员分、按操作方法分。分层抽样法常用于产品质量验收。分层抽样法的优点是样本代表性比较好，抽样误差比较小。缺点是抽样手续较简单随机抽样还要繁杂些。

4. 整群抽样法

又叫集团抽样法。这种方法是将总体分成许多群(组)，每个群(组)由个体按一定方式结合而成，然后随机地抽取若干群(组)，并由这些群(组)中的所有个体组成样本。比如，对某种产品来说，每隔 20 h 抽出其中 1 h 的产量组成样本。整群抽样法的优点是抽样实施方便；缺点是：由于样本个别几个群体，而不能均匀地分布在总体中，因而代表性差，抽样误差大。

[**例**]假设有某种成品分别装在 20 个箱中，每箱各装 50 个，总共是 1 000 个。如果想从中取 100 个成品作为样本进行测试研究，那么应该怎样运用上述 4 种抽样方法呢？

(1)简单随机抽样：将 20 箱成品倒在一起，混合均匀，并将成品从 1～1 000 一一编号，然后用查随机数表或抽签的办法从中抽出编号毫无规律的 100 个成品组成样本。

(2)系统随机抽样：将 20 箱成品倒在一起，混合均匀，并将成品从 1～1 000 逐一编号，然后用查随机数表或抽签的办法先决定起始编号，比如 16 号，那么后面入选样本的成品编号依次为 26，36，46，56……，906，916，926……，996，06，于是就由这样 100 个成品组成样本。

(3)分层抽样：对所有 20 箱成品，每箱都随机抽出 5 个成品，共 100 件组成样本。

(4)整群抽样：先从 20 箱成品随机抽出 2 箱，然后对这 2 箱成品进行全数检查，即把 2 箱成品看成“整群”，由它们组成样本。

三、抽样检验常用术语

1. 批量 *N*

批量是检验批中单位产品的数量，常用 N 来表示。检验批必须是由质量均匀的产品所构成的。不同原材料、零部件制造的产品不得归为同一批提交检验；由不同设备、不同工艺方法所制造的产品不得归为同一批交付检验；不同时期或交替轮番生产的产品不得归为同一批交付检验。

批量 N 的大小要适宜。对构成交验批的批量大小并无特殊规定，但应注意到：批量 N 过于小时，相对于批量 N 的抽样比例加大；批量 N 过于大时，一旦发生误判所造成的损失亦大；从交验批的批量 N 中抽取用于检验的样本 n，一定要做到随机抽样。

2. 接收质量限 AQL

接收质量限 AQL 是指当一个连续系列批被提交验收抽样时，可允许的最差过程平均质量水平。它是对生产方的过程质量提出的要求，是允许的生产方过程平均(不合格品率)的最大值。

AQL 的数值可以表征“每百件产品中的不合格品数”，也可以表征“每百件产品中的不合格数”。GB/T 2828.1 标准中规定的 AQL 值取值范围为 0.01%～1 000%。当 AQL≤10%时，既可表征百件产品中的不合格品数又可表征百件产品中的不合格数。但当 AQL＞10%时，则只能表征百件产品中的不合格数。

AQL 值一般在技术标准、质量标准或供需双方签订的订货合同或协议中应明确规定。确定 AQL 值的总原则应根据需求的必要性和生产的可能性、不合格类型产品质量和安全的影响程度等因素确定(表 9-2)。如我国《进出口罐头食品检验规程　第 4 部分:容器》(SN/T 0400.4—2005)规定,蒸煮袋外观检验 AQL 为 2.0,密封性和耐压能力检验 AQL 为 0.5;《进出口罐头检验规程　第 12 部分:口岸检验》(SN/T 0400.12—2015)规定,进口罐头食品包装检验的抽样方案为:净重≤4.5 kg 的产品,检验水平为Ⅰ,一般缺陷的 AQL 为 1.0,严重缺陷的 AQL 为 0.010; 4.5 kg≤净重≤20 kg 的产品,检验水平为Ⅱ,一般缺陷的 AQL 为 6.5;净重≥20 kg 的产品,检验水平为Ⅰ,一般缺陷的 AQL 为 6.5。

表 9-2　不合格品种类与 AQL 值的参考值

企业类型	检验类别	不合格品种类	AQL 值/%
一般工厂	进货检验	A、B 类不合格品	0.65、1.5、2.5
		C 类不合格品	4.0、6.5
	成品出厂检验	A 类不合格品	1.5、2.5
		B、C 类不合格品	4.0、6.5

3. 检验水平 IL

检验水平是为确定判断能力而规定的批量 N 与样本大小 n 之间关系的等级划分。一般说来批量 N 越大,样本 n 也越大,但不是正比关系,大批量样本占的比例比小批量样本占的比例小。

在抽样检验过程中,检验水平用于表征抽样检验方案的判断能力。检验水平高,判断能力强,即优于或等于 AQL 质量批的接收概率将有所提高,劣质批(例如质量为 10AQL 的批)的接收概率,将有较明显的降低。但需注意的是,检验水平越高,检验样本量越大,检验费用也相应提高。

GB/T 2828.1 给出了 3 个一般检验水平,分别是Ⅰ、Ⅱ、Ⅲ,还有 4 个特殊检验水平,分别是 S-1、S-2、S-3、S-4。数码越大,等级越高,判断能力越强;一般检验水平高于特殊检验水平。水平Ⅰ的样本量不到水平Ⅱ的样本量一半,水平Ⅲ的样本量大约是水平Ⅱ的 1.5 倍。

检验水平的判断能力:Ⅲ>Ⅱ>Ⅰ>S-4>S-3>S-2>S-1。没有特别规定时,首先采用一般检验水平Ⅱ。

4. 抽样检验的严格度

GB/T 2828.1—2012 标准规定有正常检验、放宽检验和加严检验 3 种不同的严格程度的检验。当产品批初次被送交检验时,除非另有规定,否则一律从正常检验开始。开始正常检验经历一段时间后,如果认为送交检验的每一批质量水平一致优于合格质量水平时,为鼓励生产方不断提高和保证产品质量方面所做的努力,应转为采用放宽检验。如果认为送交检验的各批质量水平低于合格质量水平,出现多批被拒收时,当然会认为被接收的批质量水平也是低劣的。为了弥补这种缺陷,必须由正常检验转入加严检验,通过降低接收概率来拒绝许多批的通过,促使生产方努力提高产品的质量水平。可见,调整型抽样检验,无论是放宽还是加严都有利于促进生产方不断提高产品的质量水平。

检验严格度的转移规则如图 9-1 所示。

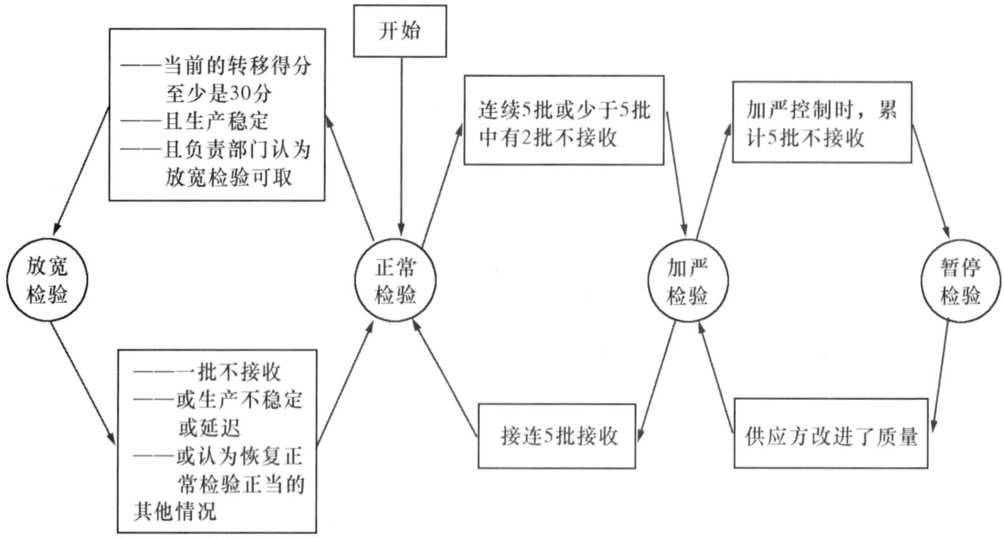

图 9-1　GB/T 2828.1—2012 检验严格度的转移规则

任务二　制定抽样方案

【任务引入】

广西南宁绿悦食品有限责任公司检验规程规定：外购的塑料包装袋外观及尺寸偏差的检验，采用 GB/T 2828.1—2012 规定的正常检验二次抽样方案，一般检验水平Ⅱ，AQL 为 2.5。今天，公司采购的一批 5 万个塑料包装袋刚好到货，需要您进行进货检验。请您制定该批包装袋外观及尺寸偏差检验的抽样方案。

【任务分析】

本任务是依据 GB/T 2828.1—2012《计数抽样检验程序　第 1 部分：按接收质量限(AQL)检索的逐批检验抽样计划》规定，制定一个产品检验的抽样方法。要完成此次任务，需要理解 GB/T 2828.1 的规定，掌握其应用方法。

【任务实施】

步骤一　查样本量字码

根据批量 $N=50\ 000$ 和一般检验水平Ⅱ，查样本量字码表(表 9-3)，从样本量字码表中批量 50 000 所在的行与一般检查水平Ⅱ所在的列相交处，读取样本量字码。

步骤二　抽样方案的检索

查阅“正常检验二次抽样方案”(表 9-7)，从样本量字码行与 AQL2.5 列的交叉处读取的二次抽样方案为[n_1,Ac_1,Re_1],[n_2,Ac_2,Re_2]。

步骤三　样本的抽取与检验

随机从5万个塑料包装袋中抽取第1个样本n_1个塑料袋,按照检验规程分别进行外观及尺寸偏差的检验。如果发现其中有d_1个塑料袋不合格,且$d_1 \leqslant Ac_1$则判批塑料袋为合格,予以接收;若$d_1 \geqslant Re_1$,则判批为不合格,予以拒收;若$Re_1 > d_1 > Ac_1$时,则暂不作决定,需再抽取第2个样本n_2个塑料袋。

随机从该批塑料包装袋中抽取第2个样本n_2个塑料袋,按照检验规程分别进行外观及尺寸偏差的检验。如果发现其中有d_2个塑料袋不合格,且$(d_1+d_2) \leqslant Ac_2$,则判该批塑料袋合格,予以接收;若$(d_1+d_2) \geqslant Re_2$,则判该批塑料袋不合格,予以拒收。

【知识链接】

GB/T 2828.1—2012简介

一、GB/T 2828.1—2012应用要点

GB/T 2828.1—2012《计数抽样检验程序　第1部分:按接收质量限(AQL)检索的逐批检验抽样计划》的目的是通过批不被接收使供方在经济上和心理上产生的压力,促使其将过程平均质量水平值保持在规定的接收质量限以下,而同时给使用方接收劣质批的概率提供一个上限;该标准可用于检验最终产品、零部件和原材料、操作、在制品、库存品、维修操作、数据或记录、管理程序等,应用范围非常广泛。在使用时,应注意以下几个要点。

1. 确定检验项目、质量标准和不合格分类

明确规定区分质量特性合格标准或不合格的标准,根据产品特点和实际需要将产品分为A、B、C类不合格或不合格品。

2. 抽样方案检索要素的确定

确定接收质量限AQL、检验水平IL、抽样方案类型(一、二、多次)、检验严格度和检验批组成。

3. 抽样方案的检索

据批量N和规定的检验水平IL,查样本量字码表得出样本量字码CL;再根据以前的检验信息及检验严格度转移规则,判断采用正常、加严或放宽检验;最后使用抽检表检索抽样方案。

4. 样本的抽取与检测

根据随机方法进行抽样,并按照规定的方法进行测量或检测。

5. 批接收或不接收的判定

对于一次抽样方案，根据样本检验的结果，若样本中的不合格(品)数小于或等于接收数，则判该批产品接收；若样本中的不合格(品)数大于接收数，则判该批产品不接收。在对批接收性做出判断时要注意，如果产品的质量特性进行了分类，只有当该批产品的所有的抽样方案检验结果均为接收时，才能判定该批产品最终接收。

6. 检验后不合格批的处理

抽检后，如判为不合格时，该批可施行全数检查，把不合格品剔除后，再送去抽检。

二、抽样方案

(一)一次抽样方案

1. 一次抽样检验方案的构成为[*N*, *n*, Ac]

其中：*N* 为交验批的批量；*n* 为样本大小；Ac 为合格判定数。

方案中还应包括不合格判定数 Re，在一次抽样检验方案中总有 Re＝Ac＋1，所以往往在方案中不标出。

2. 一次抽样方案的判定程序

从交验批 *N* 件产品中随机抽取 *n* 件产品组成样本，按标准预先设定一个合格判定数 Ac，对样本中的 *n* 件产品进行检验，若发现样本 *n* 中的不合格品数为 *d*，则用 *d* 与 Ac 做比较后进行判定：若 $d \leqslant$ Ac 时，判批(*N* 件产品)为合格，对整批产品接收；若 $d >$ Ac 时，判批(*N* 件产品)为不合格，对整批产品拒收(图 9-2)。

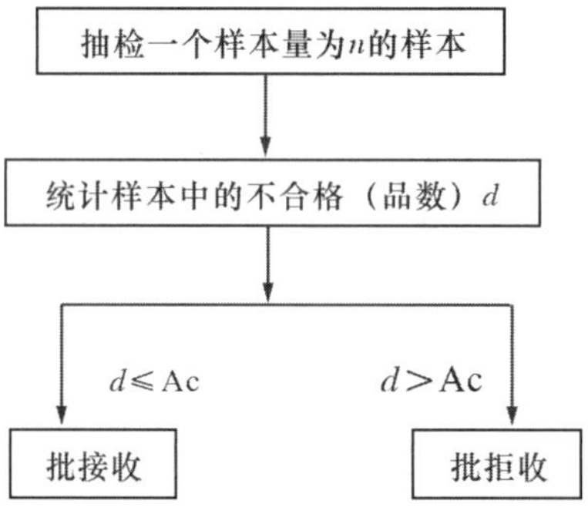

图 9-2 一次抽样方案示意图

3. 应用案例

某产品出厂试验，采用 GB/T 2828.1—2012，规定 AQL＝1.5，检验水平Ⅱ，求 *N*＝2 500 正常检验、加严检验、放宽检验一次抽样方案。

【解】(1)正常检验一次抽样方案的检索：①读取样本大小字码：从样本量字码表(表 9-3)中批量 *N*＝2 500 所在的行，与一般检查水平Ⅱ所在的列相交处，读取样本量字码为 K；②查 GB/T 2828.1—2012 正常检验一次抽样方案(表 9-3，表 9-4)，由样本量字码 K 所在的行向右，在样本量栏读取样本量 *n*＝125，继续向右与 AQL＝1.5 所在列相交处读取[5，6]；③确定抽样方案：[125，5，6]。

(2)加严检验一次抽样方案的检索:按(1)步骤,查表 9-3 和表 9-5 可得到加严检验一次抽样方案为:[125,3,4]。

(3)放宽检验一次抽样方案的检索:按(1)步骤,查表 9-3 和表 9-6 可得到放宽检验一次抽样方案为:[50,3,4]。

(二)二次抽样(复式抽样)方案

1. 二次抽样方案的构成为[n_1,Ac_1,Re_1],[n_2,Ac_2,Re_2]

式中:n_1为所抽取的第 1 个样本的大小;n_2为所抽取的第 2 个样本的大小;Ac_1为第 1 个样本的合格判定数;Re_1为第 1 个样本的不合格判定数;Ac_2为第 2 个样本与第 1 个样本的累积合格判定数;Re_2为第 2 个样本与第 1 个样本的累积不合格判定数(图 9-3)。

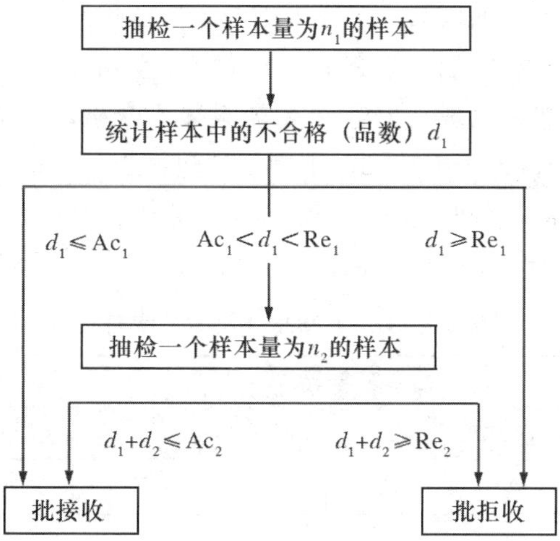

图 9-3　二次抽样方案示意图

2. 二次抽样方案的判定程序

首先从交验批 N 件产品中抽取第 1 个样本 n_1 件产品。检验第 1 个样本的 n_1 件产品,发现其中有 d_1 件不合格品。若 $d_1 \leqslant Ac_1$ 则判批为合格,予以接收。若 $d_1 \geqslant Re_1$ 则判批为不合格,予以拒收。由于 Re_1 与 Ac_1 之间没有加 1 的关系(即不是连续的自然数),因此,当 $Re_1 > d_1 > Ac_1$ 时,则暂不作决定,需再抽取第 2 个样本 n_2 件产品。检验第 2 个样本,发现其中有 d_2 件不合格品,继续做如下判断及处理:若$(d_1+d_2) \leqslant Ac_2$则判批合格,予以接收。若$(d_1+d_2) \geqslant Re_2$则判批不合格,予以拒收。

另外还有五次和七次抽样方案。但只要设定的 AQL 值和检验水平 IL 相同,一次、二次、五次或七次抽样方案对产品的质量保证能力(检验的判断能力)基本上是相同的。

3. 应用案例

某企业外购 PET 塑料瓶进行外观抽样检验,采用 GB/T 2828.1 规定的正常检验二次抽样方案,一般检验水平Ⅱ,AQL 为 6.5。请制定批量 10 万个塑料包装袋外观及尺寸偏差检验的抽样检验计划。

【解】(1)查样本量字码:根据批量 N=100 000 和一般检验水平Ⅱ,查样本量字码表

(表 9-3),从样本量字码表中批量 100 000 所在的行与一般检查水平Ⅱ所在的列相交处,读取样本量字码为 N。

(2)检索抽样方案:查阅“正常检验二次抽样方案”(表 9-7),样本量字码 N 行与 AQL=6.5 列的交叉处为向上箭头,沿箭头方向得到箭头上面的第一个抽样方案 $Ac_1=11$,$Re_1=16$,$Ac_2=26$,$Re_2=27$ 然后由该方案所在行与样本量列交叉处读取相应的样本量为 $n_1=125$,$n_2=125$(样本量字码为 L),得到的二次抽样方案为[$n_1=125$,$Ac_1=11$,$Re_1=16$],[$n_2=125$,$Ac_2=26$,$Re_2=27$]。

(3)样本的抽取与检验:随机从 10 万个塑料包装袋中抽取第 1 个样本 125 个塑料袋,按照检验规程分别进行外观及尺寸偏差的检验。如果发现其中有 d_1 个塑料袋不合格,且 $d_1 \leqslant 11$ 则判批塑料袋为合格,予以接收;若 $d_1 \geqslant 16$,则判批为不合格,予以拒收;若 $12 \leqslant d_1 \leqslant 15$,则暂不作决定,需再抽取第 2 个样本 125 个塑料袋。

随机从该批塑料包装袋中抽取第 2 个样本 125 个塑料袋,按照检验规程分别进行外观及尺寸偏差的检验。如果发现其中有 d_2 个塑料袋不合格,且 $(d_1+d_2) \leqslant 26$,则判该批塑料袋合格,予以接收;若 $(d_1+d_2) \geqslant 27$,则判该批塑料袋不合格,予以拒收。

与一次抽样方案类似,查阅表 9-3 和表 9-8,可得到加严检验二次抽样方案;查阅表 9-3 和表 9-9,可得到放宽检验二次抽样方案。

表 9-3 GB/T 2828.1 样本量字码表

批量	特殊检验水平				一般检验水平		
	S-1	S-2	S-3	S-4	Ⅰ	Ⅱ	Ⅲ
2～8	A	A	A	A	A	A	B
9～15	A	A	A	A	A	B	C
16～25	A	A	B	B	B	C	D
26～50	A	B	B	C	C	D	E
51～90	B	B	C	C	C	E	F
91～150	B	B	C	D	D	F	G
151～280	B	C	D	E	E	G	H
281～500	B	C	D	E	F	H	J
501～1 200	C	C	E	F	G	J	K
1 201～3 200	C	D	E	G	H	K	L
3 201～10 000	C	D	F	G	J	L	M
10 001～35 000	C	D	F	H	K	M	N
35 001～150 000	D	E	G	J	L	N	P
150 001～500 000	D	E	G	J	M	P	Q
500 001 及其以上	D	E	H	K	N	Q	R

表 9-4　GB/T 2828.1 正常检验一次抽样方案(主表)

样本量字码	样本量	接收质量限(AQL) 0.010	0.015	0.025	0.040	0.065	0.10	0.15	0.25	0.40	0.65	1.0	1.5	2.5	4.0	6.5	10	15	25	40	65	100	150	250	400	650	1 000
		Ac Re	Ac Re	Ac Re	Ac Re	Ac Re	Ac Re	Ac Re	Ac Re	Ac Re	Ac Re	Ac Re	Ac Re	Ac Re	Ac Re	Ac Re	Ac Re	Ac Re	Ac Re	Ac Re	Ac Re	Ac Re	Ac Re	Ac Re	Ac Re	Ac Re	Ac Re
A	2	↓	↓	↓	↓	↓	↓	↓	↓	↓	↓	↓	↓	↓	↓	0 1	↓	↓	1 2	2 3	3 4	5 6	7 8	10 11	14 15	21 22	30 31
B	3	↓	↓	↓	↓	↓	↓	↓	↓	↓	↓	↓	↓	↓	0 1	↑	↓	1 2	2 3	3 4	5 6	7 8	10 11	14 15	21 22	30 31	44 45
C	5	↓	↓	↓	↓	↓	↓	↓	↓	↓	↓	↓	↓	0 1	↑	↓	1 2	2 3	3 4	5 6	7 8	10 11	14 15	21 22	30 31	44 45	↑
D	8	↓	↓	↓	↓	↓	↓	↓	↓	↓	↓	↓	0 1	↑	↓	1 2	2 3	3 4	5 6	7 8	10 11	14 15	21 22	30 31	44 45	↑	↑
E	13	↓	↓	↓	↓	↓	↓	↓	↓	↓	↓	0 1	↑	↓	1 2	2 3	3 4	5 6	7 8	10 11	14 15	21 22	30 31	44 45	↑	↑	↑
F	20	↓	↓	↓	↓	↓	↓	↓	↓	↓	0 1	↑	↓	1 2	2 3	3 4	5 6	7 8	10 11	14 15	21 22	↑	↑	↑	↑	↑	↑
G	32	↓	↓	↓	↓	↓	↓	↓	↓	0 1	↑	↓	1 2	2 3	3 4	5 6	7 8	10 11	14 15	21 22	↑	↑	↑	↑	↑	↑	↑
H	50	↓	↓	↓	↓	↓	↓	↓	0 1	↑	↓	1 2	2 3	3 4	5 6	7 8	10 11	14 15	21 22	↑	↑	↑	↑	↑	↑	↑	↑
J	80	↓	↓	↓	↓	↓	↓	0 1	↑	↓	1 2	2 3	3 4	5 6	7 8	10 11	14 15	21 22	↑	↑	↑	↑	↑	↑	↑	↑	↑
K	125	↓	↓	↓	↓	↓	0 1	↑	↓	1 2	2 3	3 4	5 6	7 8	10 11	14 15	21 22	↑	↑	↑	↑	↑	↑	↑	↑	↑	↑
L	200	↓	↓	↓	↓	0 1	↑	↓	1 2	2 3	3 4	5 6	7 8	10 11	14 15	21 22	↑	↑	↑	↑	↑	↑	↑	↑	↑	↑	↑
M	315	↓	↓	↓	0 1	↑	↓	1 2	2 3	3 4	5 6	7 8	10 11	14 15	21 22	↑	↑	↑	↑	↑	↑	↑	↑	↑	↑	↑	↑
N	500	↓	↓	0 1	↑	↓	1 2	2 3	3 4	5 6	7 8	10 11	14 15	21 22	↑	↑	↑	↑	↑	↑	↑	↑	↑	↑	↑	↑	↑
P	800	↓	0 1	↑	↓	1 2	2 3	3 4	5 6	7 8	10 11	14 15	21 22	↑	↑	↑	↑	↑	↑	↑	↑	↑	↑	↑	↑	↑	↑
Q	1 250	0 1	↑	↓	1 2	2 3	3 4	5 6	7 8	10 11	14 15	21 22	↑	↑	↑	↑	↑	↑	↑	↑	↑	↑	↑	↑	↑	↑	↑
R	2 000	↑	↑	1 2	2 3	3 4	5 6	7 8	10 11	14 15	21 22	↑	↑	↑	↑	↑	↑	↑	↑	↑	↑	↑	↑	↑	↑	↑	↑

注：⇩—使用箭头下面的第一个抽样方案。如果样本量等或超过批量，则执行 100％检验。

⇧—使用箭头上面的第一个抽样方案。

Ac—接收数。

Re—拒收数。

表 9-5 GB/T 2828.1 加严检验一次抽样方案(主表)

样本量字码	样本量	接收质量限(AQL)																									
		0.010	0.015	0.025	0.040	0.065	0.10	0.15	0.25	0.40	0.65	1.0	1.5	2.5	4.0	6.5	10	15	25	40	65	100	150	250	400	650	1 000
		Ac Re	Ac Re	Ac Re	Ac Re	Ac Re	Ac Re	Ac Re	Ac Re	Ac Re	Ac Re	Ac Re	Ac Re	Ac Re	Ac Re	Ac Re	Ac Re	Ac Re	Ac Re	Ac Re	Ac Re	Ac Re	Ac Re	Ac Re	Ac Re	Ac Re	Ac Re
A	2	↓	↓	↓	↓	↓	↓	↓	↓	↓	↓	↓	↓	↓	↓	↓	0 1	↓	↓	1 2	2 3	3 4	5 6	8 9	12 13	18 19	27 28
B	3	↓	↓	↓	↓	↓	↓	↓	↓	↓	↓	↓	↓	↓	↓	0 1	↓	↓	1 2	2 3	3 4	5 6	8 9	12 13	18 19	27 28	41 42
C	5	↓	↓	↓	↓	↓	↓	↓	↓	↓	↓	↓	↓	↓	0 1	↓	↓	1 2	2 3	3 4	5 6	8 9	12 13	18 19	27 28	41 42	↑
D	8	↓	↓	↓	↓	↓	↓	↓	↓	↓	↓	↓	↓	0 1	↓	↓	1 2	2 3	3 4	5 6	8 9	12 13	18 19	27 28	41 42	↑	↑
E	13	↓	↓	↓	↓	↓	↓	↓	↓	↓	↓	↓	0 1	↓	↓	1 2	2 3	3 4	5 6	8 9	12 13	18 19	27 28	41 42	↑	↑	↑
F	20	↓	↓	↓	↓	↓	↓	↓	↓	↓	↓	0 1	↓	↓	1 2	2 3	3 4	5 6	8 9	12 13	18 19	↑	↑	↑	↑	↑	↑
G	32	↓	↓	↓	↓	↓	↓	↓	↓	↓	0 1	↓	↓	1 2	2 3	3 4	5 6	8 9	12 13	18 19	↑	↑	↑	↑	↑	↑	↑
H	50	↓	↓	↓	↓	↓	↓	↓	↓	0 1	↓	↓	1 2	2 3	3 4	5 6	8 9	12 13	18 19	↑	↑	↑	↑	↑	↑	↑	↑
J	80	↓	↓	↓	↓	↓	↓	↓	0 1	↓	↓	1 2	2 3	3 4	5 6	8 9	12 13	18 19	↑	↑	↑	↑	↑	↑	↑	↑	↑
K	125	↓	↓	↓	↓	↓	↓	0 1	↓	↓	1 2	2 3	3 4	5 6	8 9	12 13	18 19	↑	↑	↑	↑	↑	↑	↑	↑	↑	↑
L	200	↓	↓	↓	↓	↓	0 1	↓	↓	1 2	2 3	3 4	5 6	8 9	12 13	18 19	↑	↑	↑	↑	↑	↑	↑	↑	↑	↑	↑
M	315	↓	↓	↓	↓	0 1	↓	↓	1 2	2 3	3 4	5 6	8 9	12 13	18 19	↑	↑	↑	↑	↑	↑	↑	↑	↑	↑	↑	↑
N	500	↓	↓	↓	0 1	↓	↓	1 2	2 3	3 4	5 6	8 9	12 13	18 19	↑	↑	↑	↑	↑	↑	↑	↑	↑	↑	↑	↑	↑
P	800	↓	↓	0 1	↓	↓	1 2	2 3	3 4	5 6	8 9	12 13	18 19	↑	↑	↑	↑	↑	↑	↑	↑	↑	↑	↑	↑	↑	↑
Q	1 250	↓	0 1	↓	↓	1 2	2 3	3 4	5 6	8 9	12 13	18 19	↑	↑	↑	↑	↑	↑	↑	↑	↑	↑	↑	↑	↑	↑	↑
R	2 000	0 1	↑	↓	1 2	2 3	3 4	5 6	8 9	12 13	18 19	↑	↑	↑	↑	↑	↑	↑	↑	↑	↑	↑	↑	↑	↑	↑	↑
S	3 150			1 2																							

注：⇩—使用箭头下面的第一个抽样方案。如果样本量等或超过批量，则执行 100%检验。

⇧—使用箭头上面的第一个抽样方案。

Ac—接收数。

Re—拒收数。

表 9-6　GB/T 2828.1 放宽检验一次抽样方案(主表)

样本量字码	样本量	接收质量限(AQL)																									
		0.010	0.015	0.025	0.040	0.065	0.10	0.15	0.25	0.40	0.65	1.0	1.5	2.5	4.0	6.5	10	15	25	40	65	100	150	250	400	650	1 000
		Ac Re	Ac Re	Ac Re	Ac Re	Ac Re	Ac Re	Ac Re	Ac Re	Ac Re	Ac Re	Ac Re	Ac Re	Ac Re	Ac Re	Ac Re	Ac Re	Ac Re	Ac Re	Ac Re	Ac Re	Ac Re	Ac Re	Ac Re	Ac Re	Ac Re	Ac Re
A	2	⇩	⇩	⇩	⇩	⇩	⇩	⇩	⇩	⇩	⇩	⇩	⇩	⇩	⇩	0 1	⇩	⇩	1 2	2 3	3 4	5 6	7 8	10 11	14 15	21 22	30 31
B	2	⇩	⇩	⇩	⇩	⇩	⇩	⇩	⇩	⇩	⇩	⇩	⇩	⇩	0 1	⇧	⇩	⇩	1 2	2 3	3 4	5 6	7 8	10 11	14 15	21 22	30 31
C	2	⇩	⇩	⇩	⇩	⇩	⇩	⇩	⇩	⇩	⇩	⇩	⇩	0 1	⇧	⇩	⇩	1 2	2 3	3 4	5 6	6 7	8 9	10 11	14 15	21 22	⇧
D	3	⇩	⇩	⇩	⇩	⇩	⇩	⇩	⇩	⇩	⇩	⇩	0 1	⇧	⇩	⇩	1 2	2 3	3 4	5 6	6 7	8 9	10 11	14 15	21 22	⇧	⇧
E	5	⇩	⇩	⇩	⇩	⇩	⇩	⇩	⇩	⇩	⇩	0 1	⇧	⇩	⇩	1 2	2 3	3 4	5 6	6 7	8 9	10 11	14 15	21 22	⇧	⇧	⇧
F	8	⇩	⇩	⇩	⇩	⇩	⇩	⇩	⇩	⇩	0 1	⇧	⇩	⇩	1 2	2 3	3 4	5 6	6 7	8 9	10 11	⇧	⇧	⇧	⇧	⇧	⇧
G	13	⇩	⇩	⇩	⇩	⇩	⇩	⇩	⇩	0 1	⇧	⇩	⇩	1 2	2 3	3 4	5 6	6 7	8 9	10 11	⇧	⇧	⇧	⇧	⇧	⇧	⇧
H	20	⇩	⇩	⇩	⇩	⇩	⇩	⇩	0 1	⇧	⇩	⇩	1 2	2 3	3 4	5 6	6 7	8 9	10 11	⇧	⇧	⇧	⇧	⇧	⇧	⇧	⇧
J	32	⇩	⇩	⇩	⇩	⇩	⇩	0 1	⇧	⇩	⇩	1 2	2 3	3 4	5 6	6 7	8 9	10 11	⇧	⇧	⇧	⇧	⇧	⇧	⇧	⇧	⇧
K	50	⇩	⇩	⇩	⇩	⇩	0 1	⇧	⇩	⇩	1 2	2 3	3 4	5 6	6 7	8 9	10 11	⇧	⇧	⇧	⇧	⇧	⇧	⇧	⇧	⇧	⇧
L	80	⇩	⇩	⇩	⇩	0 1	⇧	⇩	⇩	1 2	2 3	3 4	5 6	6 7	8 9	10 11	⇧	⇧	⇧	⇧	⇧	⇧	⇧	⇧	⇧	⇧	⇧
M	125	⇩	⇩	⇩	0 1	⇧	⇩	⇩	1 2	2 3	3 4	5 6	6 7	8 9	10 11	⇧	⇧	⇧	⇧	⇧	⇧	⇧	⇧	⇧	⇧	⇧	⇧
N	200	⇩	⇩	0 1	⇧	⇩	⇩	1 2	2 3	3 4	5 6	6 7	8 9	10 11	⇧	⇧	⇧	⇧	⇧	⇧	⇧	⇧	⇧	⇧	⇧	⇧	⇧
P	315	⇩	0 1	⇧	⇩	⇩	1 2	2 3	3 4	5 6	6 7	8 9	10 11	⇧	⇧	⇧	⇧	⇧	⇧	⇧	⇧	⇧	⇧	⇧	⇧	⇧	⇧
Q	500	0 1	⇧	⇧	⇩	1 2	2 3	3 4	5 6	6 7	8 9	10 11	⇧	⇧	⇧	⇧	⇧	⇧	⇧	⇧	⇧	⇧	⇧	⇧	⇧	⇧	⇧
R	800	⇧	⇧	⇧	1 2	2 3	3 4	5 6	6 7	8 9	10 11	⇧	⇧	⇧	⇧	⇧	⇧	⇧	⇧	⇧	⇧	⇧	⇧	⇧	⇧	⇧	⇧

注：⇩—使用箭头下面的第一个抽样方案。如果样本量等或超过批量，则执行 100% 检验。

⇧—使用箭头上面的第一个抽样方案。

Ac—接收数。

Re—拒收数。

表 9-7　GB/T 2828.1 正常检验二次抽样方案(主表)

样本量字码	样本	样本量	累计样本量	接收质量限(AQL)																									
				0.010	0.015	0.025	0.040	0.065	0.10	0.15	0.25	0.40	0.65	1.0	1.5	2.5	4.0	6.5	10	15	25	40	65	100	150	250	400	650	1 000
				Ac Re	Ac Re	Ac Re	Ac Re	Ac Re	Ac Re	Ac Re	Ac Re	Ac Re	Ac Re	Ac Re	Ac Re	Ac Re	Ac Re	Ac Re	Ac Re	Ac Re	Ac Re	Ac Re	Ac Re	Ac Re	Ac Re	Ac Re	Ac Re	Ac Re	Ac Re
A				↓	↓	↓	↓	↓	↓	↓	↓	↓	↓	↓	↓	↓	↓	•	↓	↓	•	•	•	•	•	•	•	•	•
B	第一 第二	2 2	2 4	↓	↓	↓	↓	↓	↓	↓	↓	↓	↓	↓	↓	↓	•	↑	↓	0 2 1 2	0 3 3 4	1 3 4 5	2 5 6 7	3 6 9 10	5 9 12 13	7 11 18 19	11 16 26 27	17 22 37 38	25 31 56 57
C	第一 第二	3 3	3 6	↓	↓	↓	↓	↓	↓	↓	↓	↓	↓	↓	↓	•	↑	↓	0 2 1 2	0 3 3 4	1 3 4 5	2 5 6 7	3 6 9 10	5 9 12 13	7 11 18 19	11 16 26 27	17 22 37 38	25 31 56 57	↑
D	第一 第二	5 5	5 10	↓	↓	↓	↓	↓	↓	↓	↓	↓	↓	↓	•	↑	↓	0 2 1 2	0 3 3 4	1 3 4 5	2 5 6 7	3 6 9 10	5 9 12 13	7 11 18 19	11 16 26 27	17 22 37 38	25 31 56 57	↑	↑
E	第一 第二	8 8	8 16	↓	↓	↓	↓	↓	↓	↓	↓	↓	↓	•	↑	↓	0 2 1 2	0 3 3 4	1 3 4 5	2 5 6 7	3 6 9 10	5 9 12 13	7 11 18 19	11 16 26 27	17 22 37 38	25 31 56 57	↑	↑	↑
F	第一 第二	13 13	13 26	↓	↓	↓	↓	↓	↓	↓	↓	↓	•	↑	↓	0 2 1 2	0 3 3 4	1 3 4 5	2 5 6 7	3 6 9 10	5 9 12 13	7 11 18 19	11 16 26 27	↑	↑	↑	↑	↑	↑
G	第一 第二	20 20	20 40	↓	↓	↓	↓	↓	↓	↓	↓	•	↑	↓	0 2 1 2	0 3 3 4	1 3 4 5	2 5 6 7	3 6 9 10	5 9 12 13	7 11 18 19	11 16 26 27	↑	↑	↑	↑	↑	↑	↑
H	第一 第二	32 32	32 64	↓	↓	↓	↓	↓	↓	↓	•	↑	↓	0 2 1 2	0 3 3 4	1 3 4 5	2 5 6 7	3 6 9 10	5 9 12 13	7 11 18 19	11 16 26 27	↑	↑	↑	↑	↑	↑	↑	↑
J	第一 第二	50 50	50 100	↓	↓	↓	↓	↓	↓	•	↑	↓	0 2 1 2	0 3 3 4	1 3 4 5	2 5 6 7	3 6 9 10	5 9 12 13	7 11 18 19	11 16 26 27	↑	↑	↑	↑	↑	↑	↑	↑	↑
K	第一 第二	80 80	80 160	↓	↓	↓	↓	↓	•	↑	↓	0 2 1 2	0 3 3 4	1 3 4 5	2 5 6 7	3 6 9 10	5 9 12 13	7 11 18 19	11 16 26 27	↑	↑	↑	↑	↑	↑	↑	↑	↑	↑
L	第一 第二	125 125	125 250	↓	↓	↓	↓	•	↑	↓	0 2 1 2	0 3 3 4	1 3 4 5	2 5 6 7	3 6 9 10	5 9 12 13	7 11 18 19	11 16 26 27	↑	↑	↑	↑	↑	↑	↑	↑	↑	↑	↑
M	第一 第二	200 200	200 400	↓	↓	↓	•	↑	↓	0 2 1 2	0 3 3 4	1 3 4 5	2 5 6 7	3 6 9 10	5 9 12 13	7 11 18 19	11 16 26 27	↑	↑	↑	↑	↑	↑	↑	↑	↑	↑	↑	↑
N	第一 第二	315 315	315 630	↓	↓	•	↑	↓	0 2 1 2	0 3 3 4	1 3 4 5	2 5 6 7	3 6 9 10	5 9 12 13	7 11 18 19	11 16 26 27	↑	↑	↑	↑	↑	↑	↑	↑	↑	↑	↑	↑	↑
P	第一 第二	500 500	500 1 000	↓	•	↑	↓	0 2 1 2	0 3 3 4	1 3 4 5	2 5 6 7	3 6 9 10	5 9 12 13	7 11 18 19	11 16 26 27	↑	↑	↑	↑	↑	↑	↑	↑	↑	↑	↑	↑	↑	↑
Q	第一 第二	800 800	800 1 600	•	↑	↓	0 2 1 2	0 3 3 4	1 3 4 5	2 5 6 7	3 6 9 10	5 9 12 13	7 11 18 19	11 16 26 27	↑	↑	↑	↑	↑	↑	↑	↑	↑	↑	↑	↑	↑	↑	↑
R	第一 第二	1 250 1 250	1 250 2 500	↑	↑	0 2 1 2	0 3 3 4	1 3 4 5	2 5 6 7	3 6 9 10	5 9 12 13	7 11 18 19	11 16 26 27	↑	↑	↑	↑	↑	↑	↑	↑	↑	↑	↑	↑	↑	↑	↑	↑

注：⇩—使用箭头下面的第一个抽样方案。如果样本量等或超过批量，则执行100%检验。

⇧—使用箭头上面的第一个抽样方案。

Ac—接收数。

Re—拒收数。

•—使用对应的一次抽样方案(或者使用下面适用的二次抽样方案)。

表 9-8　GB/T 2828.1 加严检验二次抽样方案(主表)

样本量字码	样本	样本量	累计样本量	接收质量限(AQL) 0.010	0.015	0.025	0.040	0.065	0.10	0.15	0.25	0.40	0.65	1.0	1.5	2.5	4.0	6.5	10	15	25	40	65	100	150	250	400	650	1 000
				Ac Re	Ac Re	Ac Re	Ac Re	Ac Re	Ac Re	Ac Re	Ac Re	Ac Re	Ac Re	Ac Re	Ac Re	Ac Re	Ac Re	Ac Re	Ac Re	Ac Re	Ac Re	Ac Re	Ac Re	Ac Re	Ac Re	Ac Re	Ac Re	Ac Re	Ac Re
A				↓	↓	↓	↓	↓	↓	↓	↓	↓	↓	↓	↓	↓	↓	↓	↓	↓	↓	•	•	•	•	•	•	•	•
B	第一	2	2	↓	↓	↓	↓	↓	↓	↓	↓	↓	↓	↓	↓	↓	↓	•	↓	↓	0 2	0 3	1 3	2 5	4 7	6 10	9 14	15 20	23 29
	第二	2	4																		1 2	3 4	4 5	6 7	10 11	15 16	23 24	34 35	52 53
C	第一	3	3	↓	↓	↓	↓	↓	↓	↓	↓	↓	↓	↓	↓	↓	•	↓	↓	0 2	0 3	1 3	2 5	4 7	6 10	9 14	15 20	23 29	↑
	第二	3	6																	1 2	3 4	4 5	6 7	10 11	15 16	23 24	34 35	52 53	
D	第一	5	5	↓	↓	↓	↓	↓	↓	↓	↓	↓	↓	↓	↓	•	↓	↓	0 2	0 3	1 3	2 5	4 7	6 10	9 14	15 20	23 29	↑	↑
	第二	5	10																1 2	3 4	4 5	6 7	10 11	15 16	23 24	34 35	52 53		
E	第一	8	8	↓	↓	↓	↓	↓	↓	↓	↓	↓	↓	↓	•	↓	↓	0 2	0 3	1 3	2 5	4 7	6 10	9 14	15 20	23 29	↑	↑	↑
	第二	8	16															1 2	3 4	4 5	6 7	10 11	15 16	23 24	34 35	52 53			
F	第一	13	13	↓	↓	↓	↓	↓	↓	↓	↓	↓	↓	•	↓	↓	0 2	0 3	1 3	2 5	4 7	6 10	9 14	↑	↑	↑	↑	↑	↑
	第二	13	26														1 2	3 4	4 5	6 7	10 11	15 16	23 24						
G	第一	20	20	↓	↓	↓	↓	↓	↓	↓	↓	↓	•	↓	↓	0 2	0 3	1 3	2 5	4 7	6 10	9 14	↑	↑	↑	↑	↑	↑	↑
	第二	20	40													1 2	3 4	4 5	6 7	10 11	15 16	23 24							
H	第一	32	32	↓	↓	↓	↓	↓	↓	↓	↓	•	↓	↓	0 2	0 3	1 3	2 5	4 7	6 10	9 14	↑	↑	↑	↑	↑	↑	↑	↑
	第二	32	64												1 2	3 4	4 5	6 7	10 11	15 16	23 24								
J	第一	50	50	↓	↓	↓	↓	↓	↓	↓	•	↓	↓	0 2	0 3	1 3	2 5	4 7	6 10	9 14	↑	↑	↑	↑	↑	↑	↑	↑	↑
	第二	50	100											1 2	3 4	4 5	6 7	10 11	15 16	23 24									
K	第一	80	80	↓	↓	↓	↓	↓	↓	•	↓	↓	0 2	0 3	1 3	2 5	4 7	6 10	9 14	↑	↑	↑	↑	↑	↑	↑	↑	↑	↑
	第二	80	160										1 2	3 4	4 5	6 7	10 11	15 16	23 24										
L	第一	125	125	↓	↓	↓	↓	↓	•	↓	↓	0 2	0 3	1 3	2 5	4 7	6 10	9 14	↑	↑	↑	↑	↑	↑	↑	↑	↑	↑	↑
	第二	125	250									1 2	3 4	4 5	6 7	10 11	15 16	23 24											
M	第一	200	200	↓	↓	↓	↓	•	↓	↓	0 2	0 3	1 3	2 5	4 7	6 10	9 14	↑	↑	↑	↑	↑	↑	↑	↑	↑	↑	↑	↑
	第二	200	400								1 2	3 4	4 5	6 7	10 11	15 16	23 24												
N	第一	315	315	↓	↓	↓	•	↓	↓	0 2	0 3	1 3	2 5	4 7	6 10	9 14	↑	↑	↑	↑	↑	↑	↑	↑	↑	↑	↑	↑	↑
	第二	315	630							1 2	3 4	4 5	6 7	10 11	15 16	23 24													
P	第一	500	500	↓	↓	•	↓	↓	0 2	0 3	1 3	2 5	4 7	6 10	9 14	↑	↑	↑	↑	↑	↑	↑	↑	↑	↑	↑	↑	↑	↑
	第二	500	1 000						1 2	3 4	4 5	6 7	10 11	15 16	23 24														
Q	第一	800	800	↓	•	↓	↓	0 2	0 3	1 3	2 5	4 7	6 10	9 14	↑	↑	↑	↑	↑	↑	↑	↑	↑	↑	↑	↑	↑	↑	↑
	第二	800	1 600					1 2	3 4	4 5	6 7	10 11	15 16	23 24															
R	第一	1 250	1 250	•	↑	↓	0 2	0 3	1 3	2 5	4 7	6 10	9 14	↑	↑	↑	↑	↑	↑	↑	↑	↑	↑	↑	↑	↑	↑	↑	↑
	第二	1 250	2 500				1 2	3 4	4 5	6 7	10 11	15 16	23 24																
S	第一	2 000	2 000			0 2																							
	第二	2 000	4 000			1 2																							

注：⇩—使用箭头下面的第一个抽样方案。如果样本量等或超过批量，则执行 100%检验。
⇧—使用箭头上面的第一个抽样方案。
Ac—接收数。
Re—拒收数。
•—使用对应的一次抽样方案(或者使用下面适用的二次抽样方案)。

表 9-9　GB/T 2828.1 放宽检验二次抽样方案(主表)

样本量字码	样本	样本量	累计样本量	接收质量限(AQL) 0.010 Ac Re	0.015 Ac Re	0.025 Ac Re	0.040 Ac Re	0.065 Ac Re	0.10 Ac Re	0.15 Ac Re	0.25 Ac Re	0.40 Ac Re	0.65 Ac Re	1.0 Ac Re	1.5 Ac Re	2.5 Ac Re	4.0 Ac Re	6.5 Ac Re	10 Ac Re	15 Ac Re	25 Ac Re	40 Ac Re	65 Ac Re	100 Ac Re	150 Ac Re	250 Ac Re	400 Ac Re	650 Ac Re	1 000 Ac Re
A				⇩	⇩	⇩	⇩	⇩	⇩	⇩	⇩	⇩	⇩	⇩	⇩	⇩	⇩	•	⇩	⇩	•	•	•	•	•	•	•	•	•
B				⇩	⇩	⇩	⇩	⇩	⇩	⇩	⇩	⇩	⇩	⇩	⇩	⇩	•	⇧	⇩	⇩	•	•	•	•	•	•	•	•	•
C				⇩	⇩	⇩	⇩	⇩	⇩	⇩	⇩	⇩	⇩	⇩	⇩	•	⇧	⇩	⇩	•	•	•	•	•	•	•	•	•	⇧
D	第一 第二	2 2	2 4	⇩	⇩	⇩	⇩	⇩	⇩	⇩	⇩	⇩	⇩	⇩	•	⇧	⇩	⇩	0 2 1 2	0 3 3 4	1 3 4 5	2 4 5 6	3 6 7 8	4 7 10 11	5 9 12 13	7 11 18 19	11 16 26 27	⇧	⇧
E	第一 第二	3 3	3 6	⇩	⇩	⇩	⇩	⇩	⇩	⇩	⇩	⇩	⇩	•	⇧	⇩	⇩	0 2 1 2	0 3 3 4	1 3 4 5	2 4 5 6	3 6 7 8	4 7 10 11	5 9 12 13	7 11 18 19	11 16 26 27	⇧	⇧	⇧
F	第一 第二	5 5	5 10	⇩	⇩	⇩	⇩	⇩	⇩	⇩	⇩	⇩	•	⇧	⇩	⇩	0 2 1 2	0 3 3 4	1 3 4 5	2 4 5 6	3 6 7 8	4 7 10 11	5 9 12 13	⇧	⇧	⇧	⇧	⇧	⇧
G	第一 第二	8 8	8 16	⇩	⇩	⇩	⇩	⇩	⇩	⇩	⇩	•	⇧	⇩	⇩	0 2 1 2	0 3 3 4	1 3 4 5	2 4 5 6	3 6 7 8	4 7 10 11	5 9 12 13	⇧	⇧	⇧	⇧	⇧	⇧	⇧
H	第一 第二	13 13	13 26	⇩	⇩	⇩	⇩	⇩	⇩	⇩	•	⇧	⇩	⇩	0 2 1 2	0 3 3 4	1 3 4 5	2 4 5 6	3 6 7 8	4 7 10 11	5 9 12 13	⇧	⇧	⇧	⇧	⇧	⇧	⇧	⇧
J	第一 第二	20 20	20 40	⇩	⇩	⇩	⇩	⇩	⇩	•	⇧	⇩	⇩	0 2 1 2	0 3 3 4	1 3 4 5	2 4 5 6	3 6 7 8	4 7 10 11	5 9 12 13	⇧	⇧	⇧	⇧	⇧	⇧	⇧	⇧	⇧
K	第一 第二	32 32	32 64	⇩	⇩	⇩	⇩	⇩	•	⇧	⇩	⇩	0 2 1 2	0 3 3 4	1 3 4 5	2 4 5 6	3 6 7 8	4 7 10 11	5 9 12 13	⇧	⇧	⇧	⇧	⇧	⇧	⇧	⇧	⇧	⇧
L	第一 第二	50 50	50 100	⇩	⇩	⇩	⇩	•	⇧	⇩	⇩	0 2 1 2	0 3 3 4	1 3 4 5	2 4 5 6	3 6 7 8	4 7 10 11	5 9 12 13	⇧	⇧	⇧	⇧	⇧	⇧	⇧	⇧	⇧	⇧	⇧
M	第一 第二	80 80	80 160	⇩	⇩	⇩	•	⇧	⇩	⇩	0 2 1 2	0 3 3 4	1 3 4 5	2 4 5 6	3 6 7 8	4 7 10 11	5 9 12 13	⇧	⇧	⇧	⇧	⇧	⇧	⇧	⇧	⇧	⇧	⇧	⇧
N	第一 第二	125 125	125 250	⇩	⇩	•	⇧	⇩	⇩	0 2 1 2	0 3 3 4	1 3 4 5	2 4 5 6	3 6 7 8	4 7 10 11	5 9 12 13	⇧	⇧	⇧	⇧	⇧	⇧	⇧	⇧	⇧	⇧	⇧	⇧	⇧
P	第一 第二	200 200	200 400	⇩	•	⇧	⇩	⇩	0 2 1 2	0 3 3 4	1 3 4 5	2 4 5 6	3 6 7 8	4 7 10 11	5 9 12 13	⇧	⇧	⇧	⇧	⇧	⇧	⇧	⇧	⇧	⇧	⇧	⇧	⇧	⇧
Q	第一 第二	315 315	315 630	•	⇧	⇧	⇩	0 2 1 2	0 3 3 4	1 3 4 5	2 4 5 6	3 6 7 8	4 7 10 11	5 9 12 13	⇧	⇧	⇧	⇧	⇧	⇧	⇧	⇧	⇧	⇧	⇧	⇧	⇧	⇧	⇧
R	第一 第二	500 500	500 1 000	⇧	⇧	⇧	0 2 1 2	0 3 3 4	1 3 4 5	2 4 5 6	3 6 7 8	4 7 10 11	5 9 12 13	⇧	⇧	⇧	⇧	⇧	⇧	⇧	⇧	⇧	⇧	⇧	⇧	⇧	⇧	⇧	⇧

注：⇩—使用箭头下面的第一个抽样方案。如果样本量等或超过批量，则执行 100%检验。

⇧—使用箭头上面的第一个抽样方案。

Ac—接收数。

Re—拒收数。

•—使用对应的一次抽样方案(或者使用下面适用的二次抽样方案)。

复习思考题

1. 进货检验、出厂检验、型式检验之间有什么关系？
2. 按固定的比例(如5%)抽样方法简单，为什么还要采用统计抽样方法？
3. 正常检验、放宽检验和加严检验之间转移的目的是什么？
4. 一次抽样检验和二次抽样检验哪种方法抽取的样本量大？
5. 食品企业如何确定检验水平和AQL值？

项目十
5S管理

【知识目标】

1. 理解5S管理的含义、作用；
2. 理解5S管理的基本原则。

【技能目标】

1. 能制定食品生产企业5S管理活动方案；
2. 能实施5S管理活动。

【素质目标】

1. 培养学生语言表达、文字表达的能力；
2. 培养学生组织协调能力和团队合作精神；
3. 培养学生发现问题、分析问题和解决问题的能力。

【思政目标】

1. 树立自觉遵纪守法的意识；
2. 养成自觉保持干净整洁的卫生习惯。

任务一　认知5S的含义、作用和活动流程

一、5S管理的含义和作用

（一）5S管理的起源与发展

5S管理起源与日本。1955年，日本企业有个宣传口号“安全始于整理，终于整理整顿”。在最开始推出的时候，只是推行了5S中的前2个要素，也就是整理和整顿2个要素，这2个S的提出是为了能够让生产现场保证作业的空间以及人员的安全，后因生产和品质控制的需要又逐步提出了后面的3S，也就是清扫、清洁、素养，从而使5S的应用空间及适用范围进一步拓展，到了1986年，首部5S著作问世，从而对整个现场管理模式起到了冲击的作用，并由此掀起了5S管理的热潮。

5S是整理（Seiri）、整顿（Seiton）、清扫（Seiso）、清洁（Seiketsu）和素养（Shitsuke）这5个词的缩写。因为这5个词日语的中罗马拼音第一个字母都是“S”，所以简称为“5S”。

（二）5S的基本含义

1. 整理

区分现场中的必需物品与非必需物品，将非必需物品清除出现场。

2. 整顿

对现场经整理留下的必需物品进行定量、定位管理和必要的识别管理，使现场物品井然有序。

3. 清扫

将现场环境以及现场中所有物品的脏污部位清扫干净，使现场环境及现场的物品处于洁净状况。

4. 清洁

维持前3S的成果，将3S的实施制度化、标准化。

5. 素养

每个员工都要遵守各项规章制度，养成良好的工作习惯，不断提高素质水平。

5S的各个要素不是相互独立、互不相干的，它们之间存在相辅相成、逐层递进的关系。整理是整顿的基础，整顿是对整理的提升和巩固；清扫是在整理、整顿的基础上清除脏污，使现场整齐有序和洁净，是对整理、整顿行动的深化及效果提升；清洁是对整理、整顿、清扫效果的巩固和标准化；素养则是约束并引导员工自觉遵章守纪，积极主动参与5S活动，逐步养成良好的行为规范和工作习惯，在5S活动过程中提高素质，更好地完成生产工作任务和目标。5S各要素间的关系如图10-1所示。

（三）5S管理的作用

5S管理通过对生产现场人员、设备、材料、方法、环境等生产要素开展“整理、整顿、清扫、清洁、素养”活动，创造一个井然有序、整洁、安全的生产环境，同时培养员工良好的工

作习惯和职业素养。

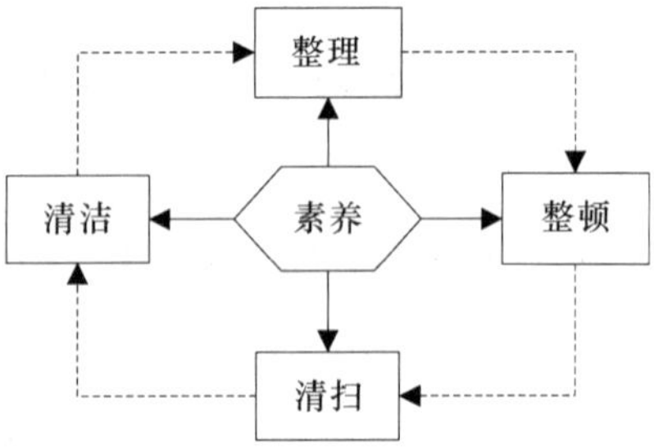

图 10-1 5S 相互关系

1. 减少安全事故

5S 使工作场所的设备设施保持良好状态，各种物件存放于安全位置，处于安全状态，工作通道顺畅，员工遵守安全生产规范，这有助于消除生产安全隐患，避免或减少安全事故的发生。

2. 降低不良品率

5S 要求员工按工艺标准进行生产，整洁有序的生产环境提高了员工的品质意识，并容易发现异常状况，设备设施的良好状态有助于减少次品的发生。

3. 减少浪费

5S 清除了现场不需要的物品，拓展了作业空间，减少了空间和许多不必要的材料、工具的浪费；生产现场中的各种设施、材料和工具等物件处于合理位置，减少了寻找物件时的时间浪费，可缩短作业周期。

4. 提高工作效率

5S 着力提高员工素质，员工良好的工作习惯和作业规范可以有效提高工作（生产）效率，良好状态的生产设施以及生产中节省的寻找物品的时间，都有助于提高工作（生产）效率，准时交货。

5. 营造愉悦的工作环境和氛围

5S 管理可营造出令员工心情愉悦的整洁有序的工作（生产）环境，有助于提升员工的工作热情，增强凝聚力，员工也会乐于自觉保持这种良好环境状态和工作氛围。

6. 让客户留下深刻的印象

清洁、明朗、整齐的工作（生产）环境不仅能吸引员工，激发员工的自豪感，也会给来访客户留下良好印象，增强客户对企业的信心，提高企业形象。

7. 为深入开展现场管理打下坚实基础

5S 管理作为基础性的现场管理方法，简单易行，能使现场（工作场所）环境、生产（工作）状态有明显改观，并促使员工素质提高。以此为基础，可更好更深入地开展现场管理工作，实现现场管理的目标。

二、推行 5S 管理的基本原则

1. 自我管理原则

5S 管理活动必须现场全员参与，人人有责，现场人员亲自动手为自己营造出整齐、清洁、方便、安全的工作（生产）场所，在改造现场环境的同时也提高自己对整洁、安全、美观的意识要求。只有自己动手创造好成果，才容易保持和坚持下去。

2. 真抓实干的原则

企业领导不要把 5S 管理理解成“表面作秀”，要真正认识到这是一种现场管理的科学方法。对提升现场管理水平、提高生产效率、保证生产安全具有重要作用。

3. 持之以恒的原则

开展 5S 管理并不难，但贵在坚持，企业要将 5S 管理纳入岗位责任制和管理绩效考核体系，建立维护、评价机制，并持续执行，不断巩固活动成果。

4. 标准化的原则

为使 5S 活动取得预期效果，要为活动内容、活动要求制定相应的标准和规定，使活动按标准化的要求进行。标准和规定应明确、具体并具有可衡量性，便于检查和评价。

三、食品生产企业开展 5S 管理的流程

食品生产企业开展 5S 管理的流程见图 10 2。

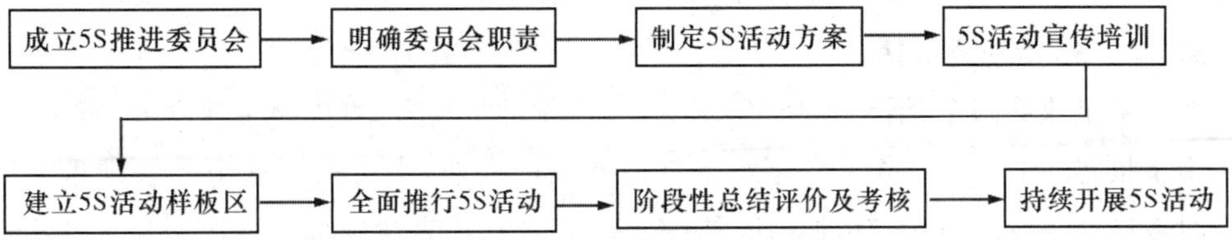

图 10-2　5S 活动流程

1. 成立 5S 推进委员会

5S 推行委员会是企业负责组织领导 5S 活动的兼职性组织机构，成立推行委员会可以更好地组织开展 5S 活动，是确保活动取得成效的组织保证。委员会主任、副主任由企业领导兼任，委员由企业各部门（车间）领导（主管）兼任，可设专职委员或秘书长，由专业管理人员担任。

2. 明确 5S 推进委员会及其成员职责

(1)5S 推进委员会的职责主要包括：策划、部署企业的 5S 活动；制定活动方针和目标；制定活动内容及验收评价标准；建立活动岗位责任制和活动考核奖罚制度等；组织开展 5S 活动的宣传、教育培训；指导、督查各部门 5S 活动的推进，协调解决活动中的问题；及时为活动开展提供资源支持；负责检查活动结果，考核活动成效，执行奖罚制度。

(2)委员会成员的职责

主任：领导委员会的工作，指挥、监督、协调各委员的工作，解决活动推进所需资源，组织考核活动成效，执行奖罚制度。

副主任：协助主任工作，具体负责分管部门（区域）5S 活动的推进。

委员：在主任、副主任领导下，具体负责本部门（区域）5S 活动的推进。

专职委员或秘书长：在主任领导下，负责拟定 5S 活动计划方案，组织开展培训工作，监督检查各部门活动方案的执行与效果。

委员：负责本部门 5S 活动的执行、督导，解决活动中出现的问题，对本部门的活动成效负责。

3. 制定5S活动方案

5S活动方案包括企业开展活动的总体策划；各部门的推行计划；5S各项活动的内容、责任人员及检查验收标准；5S活动阶段性考核评比办法、奖惩办法等。

其中，活动总体策划主要包括企业推行5S管理的方针和目标、时间部署、资源投入计划等，由5S推进委员会负责制定。各部门的5S推进计划由各部门在总体规划的指导下结合本部门具体情况制订草案，经推进委员会审批后形成正式计划。5S活动的内容及检查验收标准由委员会组织制定。

4. 5S活动宣传培训

5S活动方案制定完成后，企业应开展宣传活动，如召开动员大会、出版宣传刊物，制作宣传海报、标语等，为开展5S活动造势。同时，对所有员工进行5S管理知识，活动要求进行培训，使全体员工理解、掌握5S管理的内容及要求。

5. 建立5S活动样板区

大中型企业部门多、活动现场多，现场设施、物件也较多，可以通过建立5S样板区的方法逐步推进5S活动。员工文化水平普遍不高的企业，也可采用这个办法推进5S活动。通常选择经诊断与5S管理要求差距较大，且具有代表性的部门或区域作为样板区，使样板区更具示范性和说服力。

6. 全面推行5S活动

在样板区的5S活动取得预期成效后，5S推进委员会应及时召开表彰大会，总结、宣传样板区的成效，推广样板区的成功活动经验，并开始全面推进5S活动。

7. 5S活动阶段性总结评价

当5S活动已完成推进方案计划的内容，取得一定成效后，5S推进委员会应对企业的5S活动进行总结，按标准对各部门的活动成效进行验收评价，并按考核标准进行奖罚，表彰先进，鞭策落后，更好地巩固活动成果，促进5S活动持续开展。

8. 持续开展5S活动

在总结前期5S活动的基础上，企业要采取针对性的措施解决影响活动成效的各种问题，不断完善现场管理制度，提高活动标准化水平，将5S管理与其他现场管理有机结合，提高员工参与5S管理的自觉性和积极性，推动5S活动持续深入开展。

任务二　制定并实施5S管理方案

【任务引入】

广西南宁绿悦食品有限公司为改善一直存在的生产现场脏乱差环境，提高现场管理水平，计划引入并推行5S管理。请您按企业推行5S管理的程序为该食品企业制定出推行5S活动的方案以及活动的验收评价标准,并按照标准对该企业进行现场诊断。

【任务分析】

5S管理是一种基础性的现场管理方法,包括“整理、整顿、清扫、清洁、素养”5项内容。实施5S管理可有效改善现场环境脏乱差状况,有助于培养员工的良好工作习惯,提高素质水平。5S活动计划方案应根据企业推行5S活动程序及5S活动内容要求,结合企业生产现场现状进行制定,计划方案及活动内容应具有操作性,企业实施后应能有效改善现场脏乱差的面貌。

【任务实施】

步骤一　成立5S活动小组

成立5人小组,1人担任组长,做好组员的分工。

步骤二　编制5S活动指导文件

由小组制定开展5S活动的目标和标准。

步骤三　按5S管理要求对生产现场现状进行诊断

领导小组按5S各项活动内容及标准要求为基准,对生产现场(生产加工车间、仓库等)布局,环境状况,设备设施及各种材料物件的布置和存放状况,生产现场人员的知识技能水平、遵章守纪情况,生产现场相关的管理制度、工艺技术和质量管理规范是否齐备、完善等进行检查,以诊断生产现场现状距离5S管理要求尚存在的差距和存在的主要问题。

步骤四　制定5S活动实施方案,完善现场相关管理制度和规范

小组根据诊断结果,按实施5S管理的目标要求,结合食品卫生、食品安全管理要求组织制定具有针对性的5S实施方案、验收标准、考核要求。并组织编制生产现场推行5S活动需要的各种文件表格。对各项现场管理制度、技术质量管理规范文件进行补充、修订和完善。

步骤五　实施5S活动方案

(一)整理活动的现场实施

1. 区分现场需要物品和不需要物品(表10-1)

其判断基准通常将生产工作中必须使用或经常使用的物品(包括设备设施)作为需要物品,将不用、很少使用、可用可不用的物品作为不需要物品。

表10-1　现场需要与不需要物品统计表

物品名称	使用频率	需要/不需要	处理方法

2. 将现场不需要物品清理出现场，按不需要物品处理方法进行处理(表 10-2)。

表 10-2 不需要物品处理登记表

物品名称：		数量：	日期：
分类	□原材料 □半成品 □产成品 □设备设施 □设备零件 □工器具 □文件 □清洁用品 □其他		
不需要原因	□不再需要 □现时不需要 □贮存过量 □过时物品□不符合管理(使用)要求 □废弃剩余品、暂存品 □其他		
处理方法	□丢弃 □废品回收 □退回仓库 □放置室外 □由车间或仓库统一安置 □其他		
备注			

整理活动由领导小组专职管理人员指导，现场部门领导组织开展，现场全体人员参与，相关部门管理人员配合进行。

(二)整顿活动的现场实施

1. 根据现场生产(工作)流程，结合食品生产卫生规范要求对现场进行合理规划布局，对功能区域合理划分。

2. 对所有现场留下的需要物品按方便使用、安全管理、分类存放、整齐有序的原则确定其放置的区域位置(定点)，以及放置方式(定容)、放置数量(定量)。可将部分经常使用的物品放在工段的最近处。现场全体人员参与。

3. 规定各种工具使用后放回原位，通道上不能存放物品，确保通道顺畅。

4. 在现场设置一定数量的储物货架、储物柜、容器、工具箱等物品存放设施，满足现场物品分类存放的需要。由领导小组负责。

5. 在现场物品按“定点、定容、定量”要求进行定置的同时，对现场各功能区域(场所)、通道用合适的标牌进行标识，并用预先定义的色彩划线进行划分。对储物设施存放的物品类别以及存放的各种物品进行铭牌标识。由现场部门领导负责。

(三)清扫活动的现场实施

1. 建立现场全员清扫区域责任制，责任到人，不留死角。

2. 明确清扫基准，以食品卫生管理要求为主要依据明确对现场环境、现场设施物件的清扫程序、清扫方法、清扫时间及周期、清扫效果，使清扫活动标准化(表 10-3)。

表 10-3 清扫活动标准要求

清扫对象	清扫程序、方法	清扫时间、周期	清扫效果	责任人员
地面				
墙面				
天花板吊顶				
门窗				
灯具				

续表 10-3

清扫对象	清扫程序、方法	清扫时间、周期	清扫效果	责任人员
管道				
设备				
工器具				
材料包装				
其他物件				

3. 检查现场是否有污染源，予以杜绝或隔离。

4. 准备好足够数量的适用的清扫工具，活动开始后对现场进行彻底清扫。现场环境清扫包括地面、墙面、门窗、天花板或吊顶等；现场设施物件的清扫包括现场中的设备器具、照明灯具、各种管道、工作台、各种物件、原材料包装等。现场全员参与。

5. 将设备的清扫与设备点检、设备保养有效结合。

6. 每天检查清扫活动效果，及时发现存在问题并采取行动予以解决(表 10-4)。

表 10-4　清扫检查对策表

清扫发现的问题	问题所在位置	问题出现原因	解决对策
垃圾			
污垢			
灰尘			
粉尘			
油污			
铁锈			
其他杂物			

(四)5S 清洁活动的现场实施

1. 定期检查、回顾前 3S(整理、整顿、清扫)活动的实施情况及实施效果，评价前 3S 活动是否达到预期目标要求(表 10-5，表 10-6，表 10-7)。

表 10-5　5S 整理活动检查表

检查项目	得分	检查状况
通道状况	0	堆放了很大物品，并显得脏乱
	1	堆放有一些物品，推车难以通行
	2	摆放的物品超出通道
	3	有物品超出通道，但有警示牌
	4	畅通、整洁

续表 10-5

检查项目	得分	检查状况
现场各种原料物品	0	有可用 1 个月以上的物品，未在规定区域存放
	1	角落放置有不需要使用的物品
	2	有半个月以后要用的物品，存放紊乱
	3	存放有 1 周内要用的物品，且整理好
	4	存放有 3 日内要用的物品，且整理好
工作台及抽屉	0	有不使用的物品杂乱放置
	1	放置有半个月才用一次的物品
	2	放置 1 周内要用的物品，但过量
	3	放置有当日使用的物品，但杂乱
	4	有当日使用的合理数量的物品，整齐存放
设备设施、工器具、零部件	0	有不需要使用的设备设施、零部件
	1	有很少使用的可搬动设备、工器具、零部件
	2	工器具、零部件数量过多，占用了空间
	3	经常使用的工器具、零部件种类及数量基本合适
	4	设备设施、工器具、零部件数量合适、配比合理

表 10-6　5S 整顿活动检查表

检查项目	得分	检查状况
功能区域划分	0	没有划分功能区域
	1	功能区域划分太简单，不能满足管理要求
	2	功能区域的布局不够合理
	3	功能区域面积分布不够合理
	4	功能区域的划分、布局及面积分布符合需求
物品的定位定量	0	很多物品未在指定位置放置，并显杂乱
	1	部分物品未在指定位置放置
	2	少量物品随意存放，部分材料存放过量
	3	物品存放符合定位要求，但不够整齐
	4	物品符合定位、定量要求，且摆放整齐，方便作业
标识	0	没有对功能区域、物品进行任何标识
	1	仅对功能区域或少数物品进行简单标识，有标识错误
	2	标识牌摆放位置不合理、不牢靠，容易掉落或损坏
	3	基本符合标识要求，但有个别标识牌更新不及时
	4	完全符合标识管理要求

表 10-7　5S 清扫活动检查表

检查项目	得分	检查状况
地面及通道	0	有不少垃圾、污垢、油污存在
	1	有明显积水、灰尘以及少量污物
	2	通道两边及角落有明显灰尘
	3	没有污物和明显灰尘
	4	感觉不到有灰尘,很干净
门窗、墙面、天花板	0	有破损,且没有修理,表面污物较多
	1	表面有污物或灰尘
	2	局部表面有污物、灰尘
	3	所有表面基本干净,无明显污物和灰尘
	4	所有表面很洁净,一尘不染的感觉
工作台、储物架	0	表面未进行清洁,很脏
	1	有明显赃物、灰尘或是铁锈
	2	部分看不到的表面未清洁
	3	所有基本干净,无明显污物和灰尘
	4	所有表面干净明亮
设备、工具、物件	0	设备表面有生锈、污垢,工具和物件表面有明显灰尘
	1	清扫力度不够,表面仍显不够干净
	2	清扫不完全,有部分表面未清扫到
	3	基本干净
	4	采取措施一直保持洁净状态

2. 将前 3S 活动取得成效的成功做法和管理经验进行总结,以工作手册的形式将其标准化,以文件的形式形成制度规范。用以指导今后的 3S 活动,使 3S 活动的成果得到维护和巩固,并继续发扬。

3. 经常进行前 3S 活动实施情况的督查和考核,确保整理、整顿、清扫活动能按标准化要求、制度要求持续开展并达到目标要求(表 10-8)。由领导小组和现场部门领导负责。

表 10-8　5S 清洁活动检查表

检查项目	得分	检查状况
前 3S 活动的开展和督查	0	没有系统性地开展 3S 活动,没有进行督查
	1	3S 活动不完整,很少督查,效果一般
	2	3S 活动成效不明显,督查不到位
	3	3S 活动有明显成效,督查基本到位
	4	3S 活动成果显著且稳定,督查全面到位

续表 10-8

检查项目	得分	检查状况
前 3S 活动的标准化、制度化	0	活动没有形成标准化、制度化
	1	部分活动有规范要求
	2	部分活动已标准化,未形成制度
	3	大部分活动已形成标准化和制度化
	4	所有活动已形成标准化和制度化
清洁状态的维持	0	清扫活动停滞,清洁状态严重不达标
	1	清扫活动不规范,部分清洁状态仍未达标
	2	清洁状态接近达标
	3	维持清扫后清洁状态达标,但维持时间不长
	4	清洁状态达标,并能一直维持

(五)5S 素养活动的现场实施

1. 对原有的相关管理制度、规定、规范,工作流程等进行检视,增加或补充引导、支持和规范 5S 活动的内容,明确 5S 活动是基础性的现场管理方法,从制度上保证 5S 活动能持续、规范地开展。由领导小组负责。

2. 现场部门持续开展前 4S(整理、整顿、清扫、清洁)活动,使 4S 活动逐渐成为现场员工的日常工作习惯。

3. 将行为规范作为"素养"活动的重要内容,定期检查并纳入员工的考核体系,促使员工自觉遵章守纪,不断提高个人素质(表 10-9)。

表 10-9　5S 素养活动检查表

检查项目	得分	检查状况
员工工作服及穿戴	0	工作服不洁净,普遍不按规范穿戴
	1	部分工作服不洁净,部分员工穿戴不规范
	2	少数工作服不够洁净,仍有穿戴不规范现象
	3	能基本保持工作服的洁净,很少出现穿戴不规范
	4	工作服每天都能保持洁净,穿戴完全符合规范
员工行为规范	0	违规违纪现象比较普遍和严重
	1	少数员工违规违纪现象经常发生
	2	个别员工有违规违纪现象
	3	很少出现违规违纪现象
	4	没有违规违纪现象

续表 10-9

检查项目	得分	检查状况
参与 5S 活动	0	较多员工消极对待，没有参与热情
	1	少数员工不够积极主动参与，热情不够
	2	个别员工不积极主动参与
	3	基本都能积极参与
	4	参与热情普遍很高
5S 活动教育培训及考核	0	教育培训和宣传活动没有开展，没有考核
	1	每年进行 1 次教育培训、宣传和考核
	2	每年进行 2 次教育培训、宣传以及考核
	3	每季度进行 1 次教育培训、宣传以及考核
	4	每月进行 1 次教育培训、宣传以及考核

步骤六　5S 活动的验收及考核

为确保 5S 活动能持续开展，巩固活动成果，要将 5S 活动标准化和制度化，并纳入企业正常的管理工作和考核体系当中(表 10-10)。

表 10-10　生产现场 5S 活动验收考核表

活动	验收内容	检查得分	得分权重	考核得分	备注事项
整理	通道状况				
	现场各种原料物品				
	工作台及抽屉				
	设备设施、工器具、零部件				
	小计		10%		
整顿	功能区域划分				
	物品的定位定量				
	标识				
	小计		20%		
清扫	地面及通道				
	门窗、墙面、天花板				
	工作台、储物架				
	设备、工具、物件				
	小计		20%		

续表 10-10

活动	验收内容	检查得分	得分权重	考核得分	备注事项
清洁	前 3S 活动的开展和督查				
	前 3S 活动的标准化、制度化				
	清洁状态的维持				
	小计		25%		
素养	员工工作服及穿戴				
	员工行为规范				
	参与 5S 活动				
	5S 活动教育培训及考核				
	小计		25%		

复习思考题

1. 5S 管理与食品安全与质量控制有什么关系？
2. 您认为 5S 活动的核心是什么？
3. 5S 活动与五常法有什么关系？

项目十一

食品质量与安全认证

【知识目标】

1. 了解管理体系认证和产品认证的异同；
2. 了解农产品质量安全认证的种类与异同；
3. 了解食品质量与安全管理体系认证的基本要求。

【素质目标】

1. 培养学生语言表达、文字表达、团队协作等素质；
2. 培养学生过程方法和体系管理的思维。

【思政目标】

1. 树立正确的价值观；
2. 树立绿色发展的生态观。

任务一 认知管理体系认证和产品认证

认证是指由认证机构证明产品、服务、管理体系符合相关技术规范、相关技术规范的强制性要求或者标准的合格评定活动。目前国际上开展的认证包括管理体系认证、产品认证和服务认证。食品行业开展的认证主要包括管理体系认证和产品认证。

一、管理体系认证

管理体系认证是指以各种管理体系标准为依据开展的认证活动。管理体系的核心思想就是应用基于 PDCA 的过程方法，对影响产品质量的人机料法环测六大因素实施全过程的控制，确保产品质量符合要求。

1. 质量管理体系认证

以 ISO 9001《质量管理体系 要求》为主要依据，应用基于 PDCA 和风险思维的过程方法，从文件、人力资源、基础设施、生产检验设备、原材料采购、原材料贮存、新产品开发、产品生产、产品检验、产品贮存运输、产品销售等方面对生产和服务全过程实施系统的控制，确保终产品的质量符合要求。

2. 危害分析和关键控制点(HACCP)体系认证

以 GB/T 27341《危害分析和关键控制点(HACCP)体系 食品生产企业通用要求》和 GB 14881—2013《食品安全国家标准 食品生产通用卫生规范》为主要依据，运用 HACCP 原理，对食品原料、加工过程、贮存、运输至销售整个过程中的各种潜在危害进行识别、评估，通过 HACCP 计划控制显著食品安全危害和前提方案控制一般食品安全危害，以达到食品安全的目的。

3. 食品安全管理体系认证

以 ISO 22000《食品安全管理体系 食品链中各类组织的要求》标准为主要依据，应用基于 PDCA 和风险思维的过程方法，对食品原料、加工过程、贮存、运输至销售整个过程中的各种潜在危害进行识别、评估，通过 HACCP 计划控制显著食品安全危害和前提方案控制一般食品安全危害，以达到食品安全的目的。

4. BRC 认证

BRC 是英国零售商协会(British Retail Consortium)的简称，BRC 食品安全全球标准得到了欧洲食品零售商的广泛认可，进而被许多欧洲食品零售商和采购集团用来作为对供应商实施准入的一道门槛。因此，通过 BRC 的审核，也就成了食品生产商们把产品销入欧洲市场的一个重要条件。BRC 认证获得了国际食品零售商联合会“全球食品安全倡议(GFSI)”的认可。

5. IFS 认证

IFS 是 International Food Supplier Standard 的英文首写字母缩写，即国际食品供应商标准。该标准是德国和法国食品零售商组织为食品供应商制订的质量体系审核标准，在德国和法国等欧洲国家比较有影响力，许多有名的欧洲超市集团在选择食品供应商时要求供应商要通过 IFS 审核。IFS 也是获得 GFSI 认可的质量体系标准之一。

6. FSSC 22000 食品安全体系认证

FSSC 22000 是由荷兰独立非营利机构“食品安全认证基金”在 2008 年基于 ISO 22000、PAS 220 及 ISO 22002-1 标准开发的,用于食品制造业认证的《食品安全系统认证 22000》标准。该认证得到欧盟食品饮料行业联盟(CIAA)支持,并获得 GFSI 的认可。

7. 环境管理体系认证

以 ISO 14001—2015 即 GB/T 14001—2016《环境管理体系　要求及使用指南》为认证依据,其宗旨是规范企业的环境管理行为,加强预防和控制,不断地改善组织的环境表现和行为,引导组织自觉地遵守环境法律、法规和其他相关的技术要求,改进工艺,促进清洁生产,减少对环境的污染。最基本的要求是满足环境法律法规的要求,核心是保护环境,走可持续发展模式。

8. 职业健康安全管理体系认证

以 ISO 45001—2018《职业健康安全管理体系　要求及使用指南》为认证依据。职业健康安全管理的核心是系统中导致事故的根源——危险源,强调通过危险源识别、风险评估、风险控制来达到控制事故的目的。它采用 PDCA 管理模式,对产品设计、生产、工艺、设备运行、应急准备、事故事件等环节全过程控制,制定合理科学的生产工艺和设备运行的安全措施,从而改善劳动条件,改善工作环境,提高人员的安全风险防护意识,减少企业发生安全事故,防止员工职业病的发生,以达到强化职业健康安全管理的目的。

二、产品认证

产品认证是由第三方通过检验评定企业的质量管理体系和样品型式试验来确认企业的产品、过程或服务是否符合特定要求,是否具备持续稳定地生产符合标准要求产品的能力,并给予书面证明的程序。

产品认证分为强制认证和自愿认证 2 种。我国开展的强制认证主要是 CCC 认证,食品行业开展的自愿性产品认证包括无公害农产品认证、绿色食品认证、有机产品认证、饲料产品认证、GAP 认证等。另外,还有一些认证机构自行推行的认证形式,如安全饮品、葡萄酒认证等。

1. 无公害农产品认证

无公害农产品是指产地环境(土壤、灌溉水、畜禽饮用水、水产养殖水、空气)、生产过程和产品符合国家有关无公害农产品标准和规范的要求,经认证合格获得认证证书并允许使用无公害农产品标志(图 11-1)的未经加工或者初加工的食用农产品。无公害农产品主要关注食品安全,生产过程中应合理使用农药、化肥、兽药,允许采用基因工程获得的生物及其产物。

图 11-1　无公害农产品标志

2. 绿色食品认证

绿色食品是指产地环境、生产过程和产品符合国家有关绿色食品标准和规范的要求，经认证合格获得认证证书并允许使用绿色食品标志商标（图 11-2）的食品。绿色食品主要关注食品安全和环境保护，生产过程中应限制使用农药、化肥、兽药和食品添加剂，禁止采用基因工程获得的生物及其产物。

图 11-2　绿色食品标志

3. 有机产品认证

有机产品是指产地环境、生产过程和产品符合 GB/T 19630《有机产品　生产、加工、标识与管理体系》的要求，经认证合格获得认证证书并允许使用有机产品标志（图 11-3）的产品。有机产品在生产和加工中，不使用化学合成的农药、化肥、生长调节剂、饲料添加剂等物质，尽可能减少使用化学合成的食品添加剂，禁止采用基因工程获得的生物及其产物。除了关注食品安全和环境保护，有机产品还关注动物福利。目前我国有机产品中主要是有机食品。

图 11-3　有机产品标志

4. 良好农业规范认证

良好农业规范要求产地环境符合有关环境质量国家标准、生产过程符合 GB/T 20014 良好农业规范系列标准、产品符合我国国家食品安全标准和销售地国家食品安全标准的要求。良好农业规范生产过程中应合理使用农药、化肥、兽药，允许采用基因工程获得的生物及其产物。除了关注食品安全、环境保护和动物福利，良好农业规范还关注员工福利。

中国良好农业规范认证级别分为一级认证和二级认证，其认证标志如图 11-4 所示。

5. 饲料产品认证

目的是提高饲料质量安全卫生水平，规范饲料产品认证工作，促进饲料工业和养殖业的发展，维护人体健康，保护动物生命安全。企业通过认证，表明饲料和饲料添加剂产品及其生产过程符合有关标准或者技术规范的要求。中国饲料产品认证标志如图 11-5 所示。

一级认证标志　　二级认证标志

图 11-4　有机产品标志

图 11-5　中国饲料产品认证标志

三、产品认证和管理体系认证的区别

1. 认证对象不同

产品认证的对象是批量生产的定型产品，管理体系认证的对象是申请认证方组织的管理体系。

2. 产品检验要求不同

产品认证要求在受审核方现场，按国家规定的抽样方法对认证产品进行抽样，送认证机构指定的检验机构对产品进行型式检验。管理体系认证只要求受审核方提供最近的第三方产品检验报告。

3. 认证的性质不同

产品认证分为强制性认证和自愿认证 2 类，CCC 认证属于强制认证，食品目前属于自愿认证的范围。管理体系认证全部实行自愿的原则。

4. 证明的方式不同

产品认证的证明方式是产品认证证书和产品认证标志，证书和标志证明该产品符合产品标准和认证条件的要求。管理体系认证的证明方式是管理体系认证证书和认证标志，证书和标志只证明该组织的管理体系符合管理体系标准的要求，仅证明该组织有能力稳定地提供满足法律法规和顾客要求的产品、服务，不证明组织生产的产品符合产品标准。

5. 证明的使用不同

产品认证标志可用于获证产品或者产品的最小包装上；管理体系认证证书和认证标志都不能在产品或者产品的最小包装上使用，但可用于宣传资料和产品大包装上。

任务二　认知农产品质量与安全认证

一、无公害农产品认证

（一）无公害农产品认证要求

1. 无公害农产品产地环境要求

无公害农产品的产地境条件应符合无公害农产品产地环境的标准要求，区域范围明确，具备一定的生产规模。应选择在生态环境条件良好，远离污染源，并有可持续发展生产能力的农业生产地区。产地的环境空气、灌溉水、土壤环境中环境污染物的浓度限值必须符合《无公害农产品　种植业产地环境条件》要求。

2. 无公害农产品生产管理要求

(1)生产过程符合无公害农产品质量安全控制规范标准　无公害农产品种植过程应符合以下技术规范：《无公害农产品　生产质量安全控制技术规范　第 1 部分：通则》《无公害农产品　生产质量安全控制技术规范　第 2 部分：大田作物产品》《无公害农产品

生产质量安全控制技术规范　第3部分:蔬菜》《无公害农产品　生产质量安全控制技术规范　第4部分:水果》《无公害农产品　生产质量安全控制技术规范　第5部分:食用菌》《无公害农产品　生产质量安全控制技术规范　第6部分:茶叶》。

无公害农产品养殖过程也要符合相应的无公害农产品质量安全控制规范。

(2)有专业的生产和质量管理人员,至少有一名专职内检员负责无公害农产品生产和质量安全管理。

(3)有组织无公害农产品生产、管理的质量控制措施;

(4)有完整的生产和销售记录档案;

(5)应严格按国家相关规定使用农业投入品,禁止使用国家禁用、淘汰的农业投入品。

3. 无公害农产品要求

无公害农产品经检测符合相应的无公害农产品标准要求。

(二)无公害农产品认证管理

各省、自治区、直辖市和计划单列市农业农村行政主管部门负责本辖区内无公害农产品的认定审核、专家评审、颁发证书及证后监管等工作。

县级农业农村行政主管部门负责受理无公害农产品认定的申请。符合无公害农产品产地条件和生产管理要求的规模生产主体,均可向县级农业农村行政主管部门申请无公害农产品认定。

二、绿色食品认证

(一)绿色食品要求

1. 产品或产品原料产地必须符合绿色食品生态环境质量标准

绿色食品产地环境质量严格按照NY/T391《绿色食品　产地环境质量标准》执行。农业初级产品或食品的主要原料,其生长区域内没有工业企业的直接污染,水域上游、上风口没有污染源对该区域构成污染威胁。该区域内的大气、土壤、水质均符合绿色食品生态环境标准,并有一套保护措施,确保该区域在今后的生产过程中环境质量不下降。

2. 农作物种植、畜禽饲养、水产养殖及加工必须符合绿色食品生产操作规程

农药、肥料、兽药、食品添加剂等生产资料的使用必须符合NY/T 392《绿色食品　食品添加剂使用准则》、NY/T 393《绿色食品　农药使用准则》、NY/T 394《绿色食品　肥料使用准则》、NY/T 471《绿色食品　饲料及饲料添加剂使用准则》、NY/T 472《绿色食品　兽药使用准则》、NY/T 755《绿色食品　渔药使用准则》等标准的要求。

3. 产品必须符合绿色食品产品标准

绿色食品最终产品必须由中国绿色食品发展中心指定的食品检测部门依据绿色食品产品标准检测合格。绿色食品产品标准是参照有关国家、部门、行业标准制定的,与国际组织或发达国家的食品标准接轨,通常高于或等同现行标准,有些还增加了检测项目。

4. 产品的包装、贮运必须符合绿色食品包装贮运标准

产品的外包装除必须符合国家食品标签通用标准外,还必须符合NY/T 658《绿色食

品　包装通用准则》和绿色食品标志使用要求。绿色食品标志是由中国绿色食品发展中心在国家工商行政管理局商标局正式注册的质量证明商标。绿色食品标志作为一种产品质量证明商标，其商标专用权受《中华人民共和国商标法》保护。

（二）绿色食品等级

绿色食品分为2个等级，即AA级绿色食品和A级绿色食品。

AA级绿色食品系指在生态环境质量符合规定标准的产地，生产过程中不使用任何有害化学合成物质，按特定的生产操作生产、加工，产品质量及包装经检测、检查符合特定标准，并经专门机构认定，许可使用AA级绿色食品标志的产品。A级绿色食品系指在生态环境质量符合规定标准的产地，生产过程中允许限量使用限定的化学合成物质，按特定的生产操作规程生产、加工，产品质量及包装经检测、检查符合特定标准，并经专门机构认定，许可使用A级绿色食品标志的产品。

（三）绿色食品认证管理

绿色食品认证由农业农村部下属的中国绿色食品发展中心负责，各省区直辖市农业农村厅(局)下属的绿色食品办公室负责受理认证申请人的申请材料。

除无公害农产品和绿色食品外，其他产品和体系认证均由国家认证认可监督管理委员会批准的第三方认证机构负责实施认证受理、认证检查和颁发认证证书，各地市场监督管理局负责监督管理。

三、有机产品认证

（一）有机产品环境要求

1. 有机生产环境要求

(1)种植基地环境空气质量应符合GB 3095—2012《环境空气质量标准》的规定。

(2)种植基地土壤应符合GB 15618—2018《土壤环境质量　农用地土壤污染风险管控标准》的要求。

(3)农田灌溉水水质应符合GB 5084—2005《农田灌溉水质标准》的规定。

2. 有机养殖环境要求

(1)畜禽饮用水水质应符合GB 5749—2006《生活饮用水卫生标准》要求。

(2)畜禽养殖场污染物的排放应符合GB 18596—2001《畜禽养殖业污染物排放标准》的规定。

(3)水产养殖的水域水质应符合GB 11607—1989《渔业水质标准》的规定。

3. 有机食品加工环境要求

有机食品加工厂应GB 14881—2013《食品安全国家标准　食品生产通用卫生规范》的要求。

（二）有机产品生产和加工过程要求

1. 有机产品生产要求

有机产品生产应遵照特定的农业原则，在生产中不采用基因工程获得的生物及其产物，不使用化学合成的农药、化肥、生长调节剂、饲料添加剂等物质，遵循自然规律和生态学原理，协调种植业和养殖业的平衡，保持生产体系持续稳定的一种农业生产方式。包括选用抗性作物品种，建立包括豆科植物在内的作物轮作体系，利用秸秆还田、施用绿肥和动物粪便等措施培肥土壤保持养分循环，采取物理的和生物的措施防治病虫草害，采用合理的耕种措施，保护环境防止水土流失，保持生产体系及周围环境的基因多样性等。

2. 有机产品加工要求

有机产品加工是主要使用有机配料，加工过程中不采用基因工程获得的生物及其产物，尽可能减少使用化学合成的添加剂、加工助剂、燃料等投入品，最大限度地保持产品的营养成分和/或原有属性的一种加工方式。目前我国开始的有机产品加工认证包括有机食品、饲料和纺织品认证，其中主要是有机食品认证。

（三）有机产品质量安全要求

1. 有机产品标准禁用物质限量要求

GB/T 19630—2019《有机产品　生产、加工、标识与管理体系要求》标准禁用的物质，如化学合成农药、抗生素、禁用的化学合成的添加剂和加工助剂等，均不得检出。

2. 有机产品标准限制使用的物质限量要求

GB/T 19630—2019 标准限制使用的物质，如标准规定可以使用的兽药、化学合成的添加剂和加工助剂等的残留，应符合 GB/T 19630—2019 标准和相关的国家食品安全标准要求。

3. 其他安全指标要求

真菌毒素残留应符合 GB 2761—2017《食品安全国家标准　食品中真菌毒素限量》的规定，重金属等污染物残留应符合 GB 2762—2017《食品安全国家标准　食品中污染物限量》的规定，微生物等其他安全指标应符合产品相应的食品安全国家标准。

（四）管理体系要求

有机生产者在有机产品的生产和流通过程中，有完善的跟踪体系和完整的生产和销售的档案记录，符合 GB/T 19630—2019 标准对管理体系的规定。

四、良好农业规范（GAP）认证

（一）良好农业规范的原则

GLOBALGAP(EUREPGAP)认证即全球良好农业规范认证，是目前全世界范围内获得认可度最高的良好农业规范认证。该标准由 GLOBALGAP(EUREPGAP)秘书处(位于德国的民间组织)管理。

中国良好农业规范(CHINAGAP)标准，以下简称“标准”，以 GLOBALGAP(EUREPGAP)标准为蓝本制定，核心内容与 GLOBALGAP(EUREPGAP)基本一致。

标准主要依据以下 4 个原则：

1. 食品安全危害管理

采用危害分析和关键控制点(HACCP)方法识别、评价和控制食品安全危害。在种植业生产过程中，针对不同作物生产特点，对作物管理、土壤肥力保持、田间操作、植物保护组织管理等提出了要求；在畜禽养殖过程中，针对不同畜禽的生产方式和特点，对养殖场选址、畜禽品种、饲料和饮水的供应、场内的设施设备、畜禽的健康、药物的合理使用、畜禽的养殖方式、畜禽的公路运输、废弃物的无害化处理、养殖生产过程中的记录、追溯以及对员工的培训等提出了要求；在水产养殖过程中，针对养殖水产品的生产方式和共同特点，对养殖场选址、养殖投入品（苗种、化学品、饲料、渔药）管理、设施设备要求、渔病防治、养殖用水管理、捕获与运输、员工培训、养殖生产记录、产品追溯以及体系运转等方面等提出了要求。

2. 农业可持续发展的环境保护要求

标准提出了环境保护的要求，通过要求生产者遵守环境保护的法规和标准，营造农产品生产过程的良性生态环境，协调农产品生产和环境保护的关系。

3. 员工的职业健康、安全和福利要求

标准提出了员工职业健康、安全和福利的要求。

4. 动物福利的要求

标准提出了动物福利的要求。

（二）中国良好农业规范认证的依据

1. 认证依据的标准

GB/T 20014.2 农场基础控制点与符合性规范

GB/T 20014.3 作物基础控制点与符合性规范

GB/T 20014.4 大田作物控制点与符合性规范

GB/T 20014.5 水果和蔬菜控制点与符合性规范

GB/T 20014.6 畜禽基础控制点与符合性规范

GB/T 20014.7 牛羊控制点与符合性规范

GB/T 20014.8 奶牛控制点与符合性规范

GB/T 20014.9 猪控制点与符合性规范

GB/T 20014.10 家禽控制点与符合性规范

GB/T 20014.12 茶叶控制点与符合性规范

GB/T 20014.13 水产养殖基础控制点与符合性规范

GB/T 20014.14 水产池塘养殖基础控制点与符合性规范

GB/T 20014.15 水产工厂化养殖基础控制点与符合性规范

GB/T 20014.16 水产网箱养殖基础控制点与符合性规范

GB/T 20014.17 水产围拦养殖基础控制点与符合性规范

GB/T 20014.18 水产滩涂、吊养、底播养殖基础控制点与符合性规范

GB/T 20014.25 花卉和观赏植物控制点与符合性规范

GB/T 20014.26 烟叶控制点与符合性规范

GB/T 20014.27 蜜蜂控制点与符合性规范

2. 认证依据使用要求

良好农业规范系列国家标准分为农场基础标准(GB/T 20014.2 农场基础控制点与符合性规范)、种类基础标准(如 GB/T 20014.3 作物基础控制点与符合性规范)和产品模块标准(如 GB/T 20014.5 水果和蔬菜控制点与符合性规范)3 类。在实施认证时,应将农场基础标准、种类基础标准和(或)产品模块标准结合使用(图 11-6)。

对某种产品的认证,应同时满足农场基础标准及其对应的种类基础标准和(或)产品模块标准的要求。例如,对猪的认证应当依据农场基础、畜禽基础、猪 3 个标准进行检查;再如,对蜜蜂的认证应当依据农场基础、蜜蜂 2 个标准进行检查。

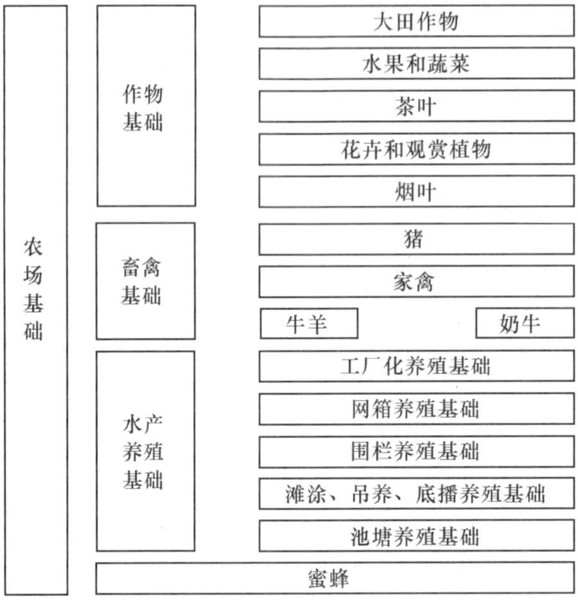

图 11-6 良好农业规范认证标准使用示例

(三)中国良好农业规范认证级别

中国良好农业规范认证级别分一级认证和二级认证。

一级认证要求应符合所有适用的 1 级控制点的要求;应至少符合所有适用的 2 级控制点总数 95%的要求。二级认证要求应至少符合所有适用的 1 级控制点总数 95%的要求,导致消费者、员工、动植物安全和环境严重危害的控制点必须符合要求。

控制点级别划分原则如表 11-1 所示。

表 11-1 控制点级别划分原则

等级	级别内容
1	基于危害分析和关键控制点(HACCP)和与食品安全直接相关的动物福利的所有食品安全要求
2	基于 1 级控制点要求的环境保护、员工福利、动物福利的基本要求
3	基于 1 级和 2 级控制点要求的环境保护、员工福利、动物福利的持续改善措施要求

五、无公害食品、绿色食品、有机食品和GAP的区别

（一）理念不同

无公害食品定位于规范农业生产，保障基本安全，满足大众消费；绿色食品定位于满足更高的食品安全需求、增强市场竞争力，同时保护生态环境；有机食品定位于保持良好生态环境，人与自然和谐共生，保护动物福利；GAP鼓励采用促进减少农用化学品和药品使用的、商业上可行的农业保证方案，保障食品安全，保护动物福利，保护员工的职业健康、安全和福利要求。

（二）生产基地和生产过程要求不同

无公害食品生产是科学应用现代常规农业技术，从选择环境质量良好的农田入手，通过在生产过程中执行国家有关农业标准和规范，合理使用农业投入品，建立农业标准化生产、管理体系。

绿色食品生产是将优良的传统农业技术与现代常规农业技术结合，从选择、改善农业生态环境入手，通过在生产、加工过程中执行特定的生产操作规程，减少化学投入品的使用，并实施"从土地到餐桌"全程质量监控的生产过程。

有机农产品生产是采用有机农业生产方式，建立一种完全不用或基本不用人工合成的化肥、农药、生产调节剂和饲料添加剂以及禁止使用基因工程技术的农业生产技术和管理体系。

GAP规定产地环境和农业投入品的使用，应符合我国相关法律法规要求和产品消费国家/地区的要求。如产品在国内销售，那么产地环境和农业投入品的使用应满足我国相关法律法规和标准的要求，其要求相当于无公害农产品的要求；如果产品的消费地为德国，那么产地环境和农业投入品的使用应同时满足我国和欧盟相关法律法规和标准的要求。

表11-2至表11-6是无公害食品、绿色食品和有机食品在生产基地环境（土壤、空气、灌溉水、养殖用水）质量要求上的差异。从这些表格可以，无公害食品和有机食品对生产基地土壤质量的要求基本一样，而绿色食品则要求高一些（表11-2）；绿色食品和有机食品对生产基地空气质量的要求是一样的，均比无公害食品要求高（表11-3）；在灌溉水方面，绿色食品和有机食品灌溉水的总砷和总镉限量低于无公害食品，其他指标的要求一样（表11-4）；三者对水产养殖用水的质量要求基本一致（表11-5）；绿色食品和有机食品的畜禽养殖用水质量要求一致，均比无公害食品要求高（表11-6）。

表11-7说明了无公害食品、绿色食品和有机食品在生产投入品和生产方式上的差异。

表 11-2　无公害、绿色、有机食品生产基地土壤质量要求的差异

项目		无公害食品			绿色食品			有机食品		
pH		<6.5	6.5～7.5	>7.5	<6.5	6.5～7.5	>7.5	<6.5	6.5～7.5	>7.5
镉≤	水田	0.30	0.30	0.60	0.30	0.30	0.40	0.30	0.60	1.0
	旱地	0.30	0.30	0.60	0.30	0.30	0.40	0.30	0.60	1.0
汞≤	水田	0.30	0.50	1.0	0.30	0.40	0.40	0.30	0.50	1.0
	旱地	0.30	0.50	1.0	0.25	0.30	0.35	0.30	0.50	1.0
总砷≤	水田	30	25	20	20	20	15	30	25	20
	旱地	40	30	25	25	20	20	40	30	25
铜≤	水田	—	—	—	50	60	60	50	100	100
	旱地	150	200	250	50	60	60	150	200	200
铬≤	水田	—	—	—	120	120	120	250	300	350
	旱地	150	200	250	120	120	120	150	200	250
铅≤	水田	250	300	350	50	50	50	250	300	350
	旱地	250	300	350	50	50	50	250	300	350
六六六≤		0.5			—			0.50		
滴滴涕≤		0.05			—			0.50		

注：水旱轮作标准值取严不取宽。

表 11-3　无公害、绿色、有机食品生产基地空气质量要求的差异

项目		无公害食品	绿色食品	有机食品
总悬浮颗粒物/(mg/m^3)≤	日平均	0.30	0.30	0.30
二氧化硫/(mg/m^3)≤	日平均	0.25	0.15	0.15
	1 h 平均	0.50～0.70	0.50	0.50
氮氧化物/(mg/m^3)≤	日平均	0.12	0.10	0.10
	1 h 平均	0.24	0.15	0.15
氟化物/($\mu g/m^3$)≤	日平均	7	7	7
	1 h 平均	20	20	20

注：无公害食品的二氧化硫 1 h 平均指标随不同作物而不同。

表 11-4　无公害、绿色、有机食品生产农田灌溉水质量要求的差异

项目	无公害食品	绿色食品	有机食品
pH	5.5～8.5	5.5～8.5	5.5～8.5
总汞/(mg/L)≤	0.001	0.001	0.001
总镉/(mg/L)≤	0.01	0.005	0.005
总砷/(mg/L)≤	0.10	0.05	0.01(水田和蔬菜) 0.1(旱地)

续表 11-4

项目	无公害食品	绿色食品	有机食品
总铅/(mg/L)≤	0.1	0.1	0.1
六价铬(mg/L)≤	0.1	0.1	0.1
总铜/(mg/L)≤	1.0	—	1.0
氟化物/(mg/L)≤	3.0	2.0	3.0
氰化物/(mg/L)≤	0.50	—	0.5
粪大肠菌群/(个/L)≤	10 000(免去皮水果) 40 000(叶菜类)	10 000	10 000

注:灌溉免去皮水果和菜园用的地表水需测粪大肠菌群,其他情况不测粪大肠菌群。

表 11-5　无公害、绿色、有机食品水产养殖用水质量要求的差异

项目	无公害食品	绿色食品	有机食品
色、臭、味	不得使水产品带异色、异臭和异味	不得使水产品带异色、异臭和异味	不得使水产品带异色、异臭和异味
漂浮物质	—	水面不得出现油膜或浮沫	水面不得出现油膜或浮沫
悬浮物/(mg/L)	—	人为增加的量不得超过10	人为增加的量不得超过10
pH	—	淡水 6.5～8.5,海水 7.0～8.5	淡水 6.5～8.5,海水 7.0～8.5
溶解氧/(mg/L)>	—	5	5
生化需氧/(mg/L)≤	—	5	5
总大肠菌群/(个/L) ≤	5 000(贝类 500)	5 000(贝类 500)	5 000(贝类 500)
总汞/(mg/L) ≤	0.000 2(海水) 0.000 5(淡水)	0.000 5	0.000 5
总铅/(mg/L) ≤	0.05	0.05	0.05
总铜/(mg/L)≤	0.01	0.01	0.01
总镉/(mg/L)≤	0.005	0.005	0.005
总砷/(mg/L)≤	0.03(海水) 0.05(淡水)	0.05	0.05
六价铬/(mg/L)≤	0.01(海水) 0.1(淡水)	0.1	0.1
挥发酚/(mg/L)≤	0.005	0.005	0.005
石油类/(mg/L)≤	0.05	0.05	0.05

表 11-6　无公害、绿色、有机食品畜禽养殖用水质量要求的差异

项目	无公害食品	绿色食品	有机食品
色度(度)	30	15	15
混浊度(度)	20	3	3
臭和味	不得有异臭和异味	不得有异臭和异味	不得有异臭和异味
肉眼可见物	不得含有	不得含有	不得含有
pH	5.5～9	6.5～8.5	6.5～8.5
氟化物/(mg/L)≤	2.0	1.0	1.0
氰化物/(mg/L)≤	0.2	0.05	0.05
总砷/(mg/L)≤	0.2	0.05	0.01
总汞/(mg/L)≤	0.01	0.001	0.001
总镉/(mg/L)≤	0.05	0.01	0.005
六价铬/(mg/L)≤	0.1	0.05	0.05
总铅/(mg/L)≤	0.1	0.05	0.01
菌落总数/(个/mL)≤	—	100	100
总大肠菌群/(个/L)≤	10	3	不得检出

表 11-7　无公害、绿色、有机食品在生产方式上的差别

项目	有机	无公害	A 级绿色	AA 级绿色
生产环境	未受污染	未受污染	未受污染	未受污染
化学物质的使用	禁止使用农药、化肥等	合理使用	限制使用	禁止使用
转基因技术应用	禁止	允许	禁止	禁止
辐射处理	禁止	允许	禁止	禁止
转换期	1～3 年	无	无	无
允许使用的物质	强调使用农场内自产的天然物质，限制使用农场外天然物质	无限制	未做严格规定	同有机
生产方法	开发和应用对环境无害的方法	无特殊规定	无特殊规定	同有机
畜禽养殖	保护动物福利	无要求	无要求	同有机
环境安全	保护生物多样性，减少生态破坏	未规定	未做严格规定	同有机

（三）产品安全水平不同

无公害农产品代表中国普通农产品安全水平，依据标准等同于国内普通食品标准；绿色食品达到发达国家普通食品安全水平，其标准参照国外先进标准制定，通常高于国内同类标准的水平；有机食品的总体安全水平最高。

在具体的食品安全指标上，有机食品和 AA 级绿色食品的产品不允许检出农药残留，同时不得含有转基因成分；而无公害食品和 A 级绿色食品可以有农药残留，当然，A 级绿色食品允许的农药残留品种和限量要少于无公害食品。在重金属含量方面，无公害食品和有机食品的要求基本一样，而绿色食品要求严于前两者。在国内销售的 GAP 产品的安全指标与无公害农产品一样即可，消费地为发达国家（如美国、欧盟、日本等）的 GAP 产品的安全指标则相当于 A 级绿色食品（表 11-8）。

表 11-8　无公害食品、绿色食品和有机食品的重金属含量的差异　mg/kg

项目		无公害食品	绿色食品	有机食品
砷 ≤	总砷	0.5	0.2（蔬菜、食用菌） 0.5	0.5
	无机砷	0.2	0.2 0.05（蔬菜）	0.2
汞≤		0.02 0.1（食用菌）	0.01 0.03（食用菌）	0.01 0.5（香菇）
铅≤		0.2 1.0（食用菌）	0.1（蔬菜、水果） 0.2（谷类） 0.3（叶菜、食用菌）	0.1（蔬菜、水果） 0.2（谷类、浆果） 0.3（叶菜） 1.0（食用菌）
镉≤		0.05（蔬菜、水果） 0.1（除稻谷外谷类） 0.2（稻谷、食用菌） 0.5（香菇）	0.05（蔬菜、水果） 0.1（除稻谷外谷类） 0.2（稻谷、叶菜、食用菌）	0.05（蔬菜、水果） 0.1（除稻谷外谷类） 0.2（稻谷、叶菜、食用菌） 0.5（香菇）
铬≤		—	—	0.5 1.0（谷类）

任务三　认知食品质量与安全管理体系认证

一、ISO 9001 质量管理体系

（一）ISO 9001 质量管理体系的发展

随着质量管理的理论与实践的发展，许多国家和企业为了保证产品质量，选择和控制供应商，纷纷制定国家或公司标准，对公司内部和供方的质量活动制定质量体系要求，产生了质量保证标准。

随着国际贸易的迅速发展，为了适应产品和资本流动的国际化趋势，寻求消除国际贸易中技术壁垒的措施，在总结各国质量管理经验的基础上，国际标准化组织（ISO）于 1987 年制定并颁布了 ISO 9000 系列国际标准，并相继在 1994 年、2000 年、2008 年和 2015 年修订，用于指导各类组织（生产企业、服务企业等任何机构）建立质量管理体系并作为第三方认证的依据。

凡是通过认证的企业，表明其具有稳定地提供满足顾客要求及适用法律法规要求的产品和服务的能力，以及通过体系的有效应用，包括体系改进的过程，以及保证符合顾客要求和适用的法律法规要求，旨在增强顾客满意。

（二）质量管理原则

1. 以顾客为关注焦点

质量管理的主要关注点是满足顾客要求并且努力超越顾客的期望。组织只有赢得顾客和其他相关方的信任才能获得持续成功。与顾客相互作用的每个方面，都提供了为顾客创造更多价值的机会。理解顾客和其他相关方当前和未来的需求，有助于组织的持续成功。

2. 领导作用

各层领导建立统一的宗旨和方向，并且创造全员参与的条件，以实现组织的质量目标。统一的宗旨和方向，以及全员参与，能够使组织将战略、方针、过程和资源保持一致，以实现其目标。

3. 全员参与

整个组织内各级人员的胜任、授权和参与，是提高组织创造和提供价值能力的必要条件。为了有效和高效地管理组织，各级人员得到尊重并参与其中是极其重要的。通过表彰、授权和提高能力，促进在实现组织的质量目标过程中的全员参与。

4. 过程方法

当活动被作为相互关联的功能连贯过程系统进行管理时，可更加有效和高效的始终得到预期的结果。质量管理体系是由相互关联的过程所组成。理解体系是如何产生结果的，能够使组织尽可能地完善其体系和绩效。

5. 改进

成功的组织总是致力于持续改进。改进对于组织保持当前的业绩水平，对其内、外部条件的变化做出反应并创造新的机会都是非常必要的。

6. 循证决策

基于数据和信息的分析和评价的决策更有可能产生期望的结果。决策是一个复杂的过程，并且总是包含一些不确定因素。它经常涉及多种类型和来源的输入及其解释，而这些解释可能是主观的。重要的是理解因果关系和潜在的非预期后果。对事实、证据和数据的分析可导致决策更加客观，因而更有信心。

7. 关系管理

为了持续成功，组织需要管理与供方等相关方的关系。相关方影响组织的绩效。组织管理与所有相关方的关系，以最大限度地发挥其在组织绩效方面的作用。对供方及合作伙伴的关系网的管理是非常重要的。

（三）ISO 9001—2015《质量管理体系　要求》的主要内容

ISO 9001—2015《质量管理体系　要求》标准是 ISO 9001 质量管理体系认证的依据，共有 10 章内容（表 11-9）。

表 11-9 ISO9001—2015《质量管理体系 要求》标准条款

条款号	条款名称	条款号	条款名称
0.1	前言	7.5.2	创建和更新
0.2	引言	7.5.3	成文信息的控制
1	范围	8	运行
2	规范性引用文件	8.1	运行的策划和控制
3	术语和定义	8.2	产品和服务的要求
4	组织环境	8.2.1	顾客沟通
4.1	理解组织及其环境	8.2.2	产品和服务要求的确定
4.2	理解相关方的需求和期望	8.2.3	产品和服务要求的评审
4.3	确定质量管理体系的范围	8.2.4	产品和服务要求的更改
4.4	质量管理体系及其过程	8.3	产品和服务的设计和开发
5	领导作用	8.3.1	总则
5.1	领导作用和承诺	8.3.2	设计和开发策划
5.2	方针	8.3.3	设计和开发策划
5.2.1	制定质量方针	8.3.4	设计和开发输入
5.2.2	沟通质量方针	8.3.5	设计和开发控制
5.3	组织的岗位、职责和权限	8.3.6	设计和开发输出更改
6	策划	8.4	外部提供过程、产品和服务的控制
6.1	应对风险和机遇的措施	8.4.1	总则
6.2	质量目标及其实现的策划	8.4.2	控制类型和程度
6.3	变更的策划	8.4.3	外部供方的信息
7	支持	8.5	生产和服务提供
7.1	资源	8.5.1	生产和服务提供的控制
7.1.1	总则	8.5.2	标识和可追溯性
7.1.2	人员	8.5.3	顾客或外部供方的财产
7.1.3	基础设施	8.5.4	防护
7.1.4	过程运行环境	8.5.5	交付后活动
7.1.5	监视和测量资源	8.5.6	更改控制
7.1.6	组织的知识	8.6	产品和服务的放行
7.2	能力	8.7	不合格输出的控制
7.3	意识	9	绩效评价
7.4	沟通	9.1	监视、测量、分析和评价
7.5	成文信息	9.1.1	总则
7.5.1	总则	9.1.2	顾客满意

续表 11-9

条款号	条款名称	条款号	条款名称
9.1.3	分析和评价	9.3.3	管理评审输出
9.2	内部审核	10	改进
9.3	管理评审	10.1	总则
9.3.1	总则	10.2	不合格和纠正措施
9.3.2	管理评审输入	10.3	持续改进

该标准采用过程方法使组织能够策划过程及其相互作用。过程方法包括按照组织的质量方针和战略方向,对各过程及其相互作用进行系统的规定和管理,从而实现预期结果。可通过采用 PDCA 循环以及始终基于风险的思维对过程和整个体系进行管理,旨在有效利用机遇并防止发生不良结果。

PDCA 循环使组织能够确保其过程得到充分的资源和管理,确定改进机会并采取行动。

基于风险的思维使组织能确定可能导致其过程和质量管理体系偏离策划结果的各种因素,采取预防控制,最大限度地降低不利影响,并最大限度地利用出现的机遇。

单一过程各要素及其相互作用如图 11-7 所示。每一过程均有特定的监视和测量检查点以用于控制,这些检查点根据相关的风险有所不同。

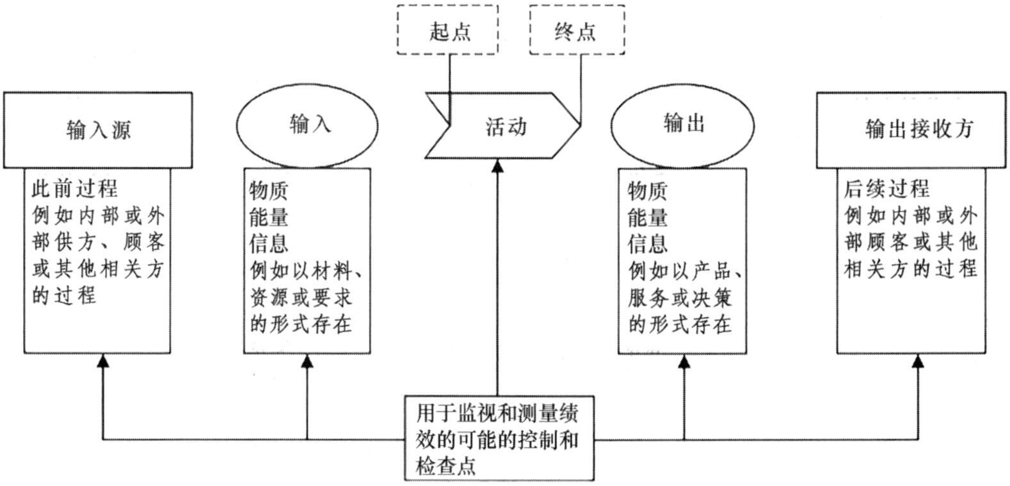

图 11-7 单一过程要素示意图

PDCA 循环能够应用于所有过程以及整个质量管理体系。图 11-8 表明了本标准第 4 章至第 10 章是如何构成 PDCA 循环的。

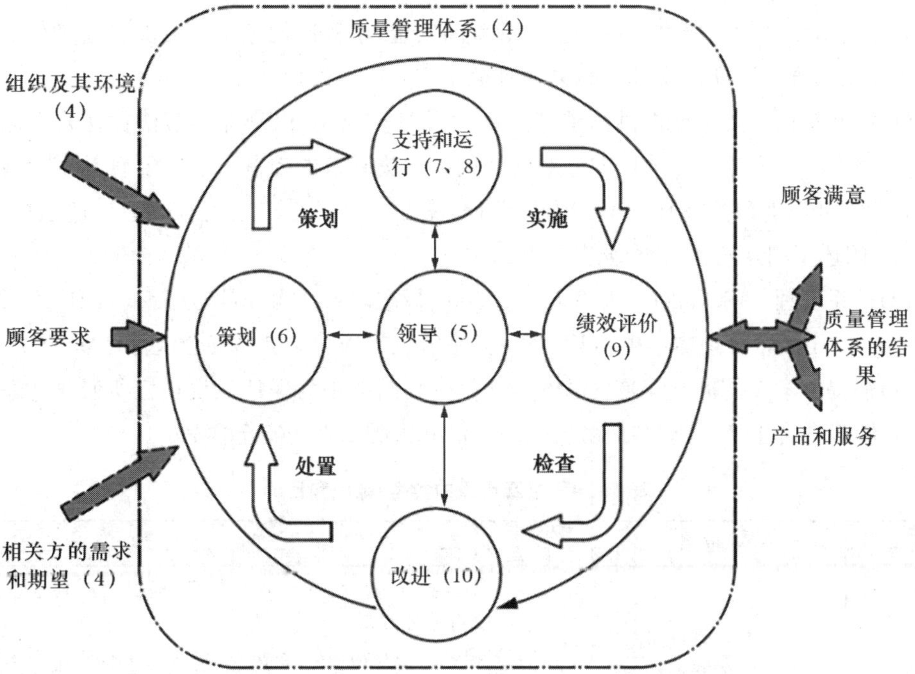

图 11-8　ISO 9001 标准的结构在 PDCA 循环中的展示

PDCA 循环可以简要描述如下：

策划(Plan)：根据顾客的要求和组织的方针，建立体系的目标及其过程，确定实现结果所需的资源，并识别和应对风险和机遇；

实施(Do)：执行所做的策划；

检查(Check)：根据方针、目标、要求和所策划的活动，对过程以及形成的产品和服务进行监视和测量(适用时)，并报告结果；

处置(Act)：必要时，采取措施提高绩效。

二、ISO 22000 食品安全管理体系

(一) ISO 22000 食品安全管理体系的发展

HACCP 推广应用以后，食品生产经营企业、政府监管部门、食品法典委员会等都认为 HACCP 是控制食品安全的有效工具。但由于 HACCP 仅从技术层面规定了食品安全的控制要求，所以无法用作认证依据。为此，在 2005 年国际标准组织将前提方案和 HACCP 原理融合到 ISO 9001 标准中，建立了 ISO 22000 食品安全管理体系标准。

(二) 食品安全管理体系原则

1. 食品安全管理体系特有的原则

食品安全与消费环节(由消费者摄入)食源性危害的存在状况有关。由于食品链的任何环节均可能引入食品安全危害，必须对整个食品链进行充分的控制。因此，食品安全必须

通过食品链中所有参与方的共同努力来保证。

为了确保整个食品链直至最终消费的食品安全，本标准规定了食品安全管理体系的要求。该体系结合了下列普遍认同的关键要素：

(1)相互沟通　要保证提供给消费者的食品是安全的，以确保符合法律法规和顾客的要求，必须在整个食品链各个环节上对食品危害实施有效的控制。这需要食品链上各组织之间对危害的识别和控制有一个共同的认识，需要通过各组织之间有效地沟通达成共识。表11-10阐述了相互沟通的类型、范围和目的。

(2)体系管理　ISO 22000采用了ISO 9001标准体系结构，前提方案和HACCP原理融合到ISO 9001质量管理体系中，利用ISO体系管理的理念对食品安全进行管理。

(3)前提方案　前提方案是食品安全在整个食品链中为保持卫生环境所必需的基本条件和活动，以适合生产、处理和提供安全终产品和人类消费的安全食品。

表11-10　相互沟通的类型、范围和目的

类型	范围	目的
外部沟通	a) 与供方和分包商沟通； b) 与顾客的互动沟通； c) 与立法和执法部门及相关部门的沟通	a) 向供方和分包商传递和收集信息，提出控制要求以利于危害的有效控制； b) 与顾客的相互沟通就食品安全危害的可接受水平的确定达成共识，同时向顾客传递需要进一步控制危害的信息； c) 与立法和执法部门及相关部门的沟通可以从这些部门获得法律、法规的相关信息及政府发布的公众关注的突发或新的食品安全危害的相关信息
内部沟通	组织内不同部门和层次人员之间的沟通	a) 获得充分的信息； b) 提高组织效率； c) 有利于食品安全危害的识别与控制； d) 确保食品安全管理体系的有效性和及时更新

前提方案是控制食品安全危害的控制措施，是保证食品提供过程中的卫生条件的方法和要求，是实施HACCP计划的前提条件。其表现形式是法律、法规、强制性标准要求(如GB 14881—2013食品生产通用卫生规范和GB 12693—2010乳制品良好生产规范)和/或组织针对运行规模和性质而规定的程序或指导书；制定前提方案的目的是保持组织的卫生环境，从而更有效地控制食品安全危害的水平和(或)为控制食品安全危害引入产品和产品加工环境，及控制危害在产品和产品加工环境中污染或扩散的可能性。

(4)HACCP原理

①实施危害分析(HA)

②确定关键控制点(CCP)

③确定关键控制点的关键限值(CL)

④建立关键控制点的监控系统

⑤建立纠正措施

⑥建立验证程序

⑦建立记录保持程序

2. ISO 管理体系的共同原则

①以顾客为关注焦点

②领导作用

③全员积极参与

④过程方法

⑤改进

⑥循证决策

⑦关系管理

(三)ISO 22000—2018《食品安全管理体系　食品链中各类组织的要求》的主要内容

ISO 22000—2018《食品安全管理体系　食品链中各类组织的要求》标准是食品安全管理体系认证的依据,共有10章内容(表11-11)。

对比表11-9和表11-11可以发现,ISO 9001和ISO 22000两个标准的格式完成一样,内容上也有不少部门一样,主要的区别在第8章运行部分。

表11-11　ISO 22000—2018《食品安全管理体系　食品链中各类组织的要求》标准条款

条款号	条款名称	条款号	条款名称
0.1	前言	5.3	组织的岗位、职责和权限
0.2	引言	6	策划
1	范围	6.1	应对风险和机遇的措施
2	规范性引用文件	6.2	食品安全目标及其实现的策划
3	术语和定义	6.3	变更的策划
4	组织环境	7	支持
4.1	理解组织及其环境	7.1	资源
4.2	理解相关方的需求和期望	7.1.1	总则
4.3	确定食品安全管理体系的范围	7.1.2	人员
4.4	食品安全管理体系	7.1.3	基础设施
5	领导作用	7.1.4	工作环境
5.1	领导作用和承诺	7.1.5	外部开发食品安全管理体系要素的控制
5.2	方针	7.1.6	外部提供过程、产品和服务的控制
5.2.1	建立食品安全方针	7.2	能力
5.2.2	沟通食品安全方针	7.3	意识

续表 11-11

条款号	条款名称	条款号	条款名称
7.4	沟通	8.8.1	验证
7.4.1	总则	8.8.2	验证活动结果的分析
7.4.2	外部沟通	8.9	不合格产品和过程的控制
7.4.3	内部沟通	8.9.1	总则
7.5	成文信息	8.9.2	纠正
7.5.1	总则	8.9.3	纠正措施
7.5.2	创建和更新	8.9.4	潜在不安全产品的处置
7.5.3	成文信息的控制	8.9.5	撤回/召回
8	运行	9	绩效评价
8.1	运行的策划和控制	9.1	监视、测量、分析和评价
8.2	前提方案	9.1.1	总则
8.3	可追溯性	9.1.2	分析和评价
8.4	应急准备和响应	9.2	内部审核
8.4.1	总则	9.3	管理评审
8.4.2	紧急情况和事故的处理	9.3.1	总则
8.5	危害控制	9.3.2	管理评审输入
8.5.1	危害分析的预备步骤	9.3.3	管理评审输出
8.5.2	危害分析	10	改进
8.5.3	控制措施和控制措施组合的确认	10.1	不合格和纠正措施
8.5.4	危害控制计划(HACCP 计划/OPRP 计划)	10.2	持续改进
8.6	规定前提方案和危害控制计划信息的更新	10.3	食品安全管理体系更新
8.7	监视和测量的控制		
8.8	前提方案和危害控制计划的验证		

ISO 22000—2018 标准采用 PDCA 循环于过程管理的 2 个层面，第一个层面覆盖食品安全管理体系的全部(标准第 4 章至第 10 章)，第二层面覆盖食品安全管理体系的运行策划和控制部分(标准第 8 章)。

PDCA 循环可以简要描述如图 11-9 所示：

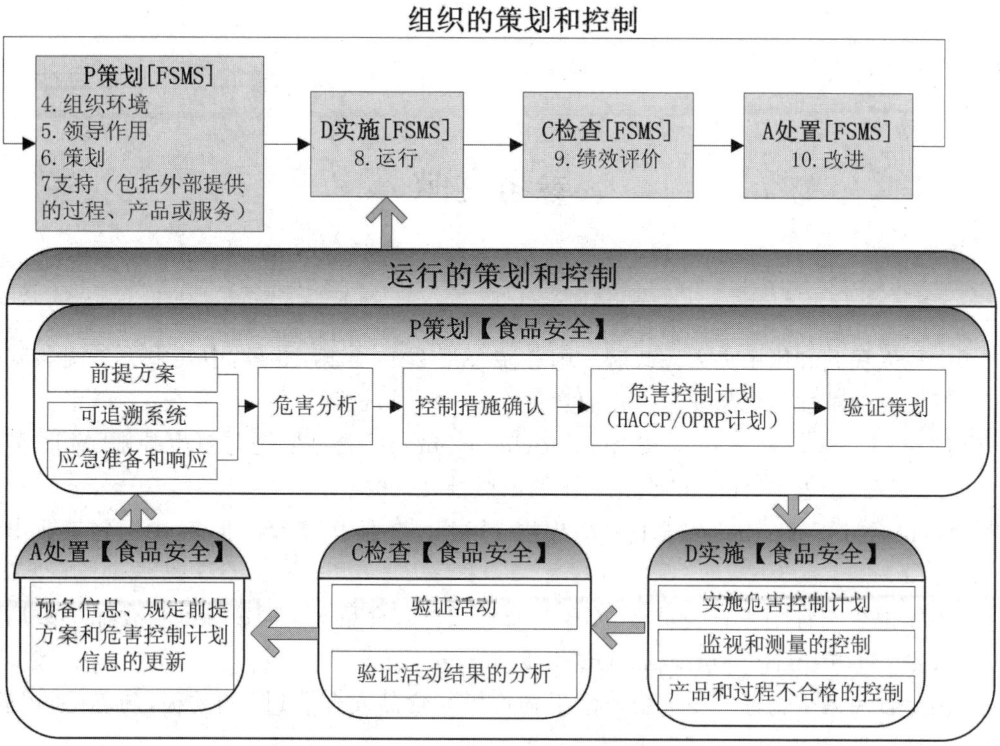

图 11-9　PDCA 循环在 2 个层面的示例

复习思考题

1. IOS 22000 食品安全管理体系认证、HACCP 体系认证、BRC 食品安全认证、IFS 认证、FSSC 22000 食品安全体系认证有什么异同？

2. 无公害农产品、绿色食品、有机食品和良好农业规范之间有什么异同？

3. 产品认证和管理体系认证有什么不同？

4. ISO 9001 质量管理体系与 ISO 22000 食品安全管理体系有什么异同？

参考文献

[1] 中华人民共和国中央人民政府．国务院公报 2019 年第 15 号：中共中央　国务院关于深化改革加强食品安全工作的意见．www. gov. cn

[2] David McSwane，Nancy R. Rue，Richard Linton. 食品安全与卫生基础[M]. 吴永宁，张磊，李志军，译. 北京：化学工业出版社，2006

[3] Stephen J. Forsythe. 安全食品微生物学[M]. 李卫华，等译. 北京：中国轻工业出版社，2007

[4] 国家卫生与计划生育委员会．GB 29921—2013，食品安全国家标准　食品中致病菌限量[S]. https：//sppt. cfsa. net. cn：8086/db

[5] 国际食品微生物标准委员会．微生物检验与食品安全[M]. 刘秀梅，陆苏彪，田静，主译. 北京：中国轻工业出版社，2012

[6] 严卫星，丁晓雯．食品毒理学[M]. 北京：中国农业大学出版社，2009

[7] 英国零售协会．BRC 食品安全全球标准[S]. 7 版．https：//www. brcgs. com/

[8] 国家卫生与计划生育委员会．GB 14881—2013，食品安全国家标准　食品生产通用卫生规范[S]. https：//sppt. cfsa. net. cn：8086/db

[9] 周陶陶，顾绍平，黄斌，等．食品生产企业员工卫生知识和卫生标准操作图解[M]. 北京：中国计量出版社，2006

[10] 周陶陶，黄强，孙海容．食品生产企业卫生要求图解[M]. 北京：中国计量出版社，2006

[11] 徐科．保健食品良好生产规范实施指南[M]. 北京：化学工业出版社，2004

[12] 全国认证认可标准化技术委员会．GB/T 27307—2008，食品安全管理体系　速冻果蔬生产企业要求理解与实施[M]. 北京：中国标准出版社，2009

[13] 美国 FDA 食品安全办公室（中国出入境检验检疫协会编译）. 水产品危害分析和关键控制点（HACCP）指南[M]. 4 版．北京：中国商业出版社，2011

[14] 美国国家海产品培训联盟（中国出入境检验检疫协会编译）. 水产品危害分析和关键控制点（HACCP）培训教程[M]. 5 版．北京：科学技术文献出版社 ，2010

[15] 国家质量监督检验检疫总局质量管理司．质量专业基础知识与实务（初级）[M]. 北京：中国人事出版社，2011

[16] 王毓芳，郝凤．ISO 9000 常用统计技术[M]. 修订版．北京：中国计量出版社，2002

[17] 马林，罗国英．全面质量管理基本知识[M]. 新一版．北京：中国经济出版社，2004